"十四五"职业教育新形态教材

U0742975

建筑信息模型（BIM）

Revit Architecture 2024操作教程

JIANZHU XINXI MOXING

主　编　刘孟良

副主编　李　锐　张曦文

BIM工程师的摇篮

中国建设教育协会教育教学科研课题
《BIM工学结合的模块化实训方案研究》

中南大学出版社
www.csupress.com.cn

出版说明 INSTRUCTIONS

　　为了深入贯彻党的二十大精神和全国教育大会精神，落实《国务院关于印发国家职业教育改革实施方案的通知》(国发〔2019〕4号)和《职业院校教材管理办法》(教材〔2019〕3号)有关要求，深化职业教育"三教"改革，全面推进高等职业院校土建类专业教育教学改革，促进高端技术技能型人才的培养，依据教育部高职高专教育土建类专业教学指导委员会《高职高专土建类专业教学基本要求》和职业教育国家教学标准体系，通过充分的调研，在总结吸收国内优秀高职高专教材建设经验的基础上，我们组织编写和出版了本套高职高专土建类专业新形态教材。

　　高职高专教学改革不断深入，土建行业工程技术日新月异，相应国家标准、规范，行业、企业标准、规范不断更新，作为课程内容载体的教材也必然要顺应教学改革和新形势，适应行业的发展变化。教材建设应该按照最新的职业教育教学改革理念构建教材体系，探索新的编写思路，编写出版一套全新的、高等职业院校普遍认同的、能引导土建专业教学改革的系列教材。为此，我们成立了教材编审委员会。教材编审委员会由全国30多所高职院校的权威教授、专家、院长、教学负责人、专业带头人及企业专家组成。编审委员会通过推荐、遴选，聘请了一批学术水平高、教学经验丰富、工程实践能力强的骨干教师及企业专家组成编写队伍。

　　本套教材具有以下特色：

　　1. 教材遵循《"十四五"职业教育规划教材建设实施方案》的要求，以习近平新时代中国特色社会主义思想为指导，注重立德树人，在教材中有机融入了中国优秀传统文化、"四个自信"、爱国主义、法治意识、工匠精神、职业素养等思政元素。

　　2. 教材依据教育部高职高专教育土建类专业教学指导委员会《高职高专土建类专业教学基本要求》及国家教学标准和职业标准(规范)编写，体现科学性、综合性、实践性、时效性等特点。

　　3. 体现"三教"改革精神，适应高职高专教学改革的要求，以职业能力为主线，采用行动导向、任务驱动、项目载体、教学做一体化模式编写，按实际岗位所需的知识能力来选取教材内容，实现教材与工程实际的无缝对接。

4. 体现先进性特点：将土建学科发展的新成果、新技术、新工艺、新材料、新知识纳入教材，结合最新国家标准、行业标准、规范编写。

5. 产教融合：校企双元开发，教材内容与工程实际紧密联系。教材案例选择符合或接近真实工程实际的，有利于培养学生的工程实践能力。

6. 以社会需求为基本依据，以就业为导向，有机融入"1+X"证书内容，融入建筑企业岗位(八大员)职业资格考试、国家职业技能鉴定标准的相关内容，实现学历教育与职业资格认证的衔接。

7. 教材体系立体化。为了方便教师教学和学生学习，本套教材建立了多媒体教学电子课件、电子图集、教学指导、教学大纲、案例素材等教学资源支持服务平台；部分教材采用了"互联网+"的形式出版，读者扫描书中的二维码，即可阅读丰富的工程图片、演示动画、操作视频、工程案例、拓展知识等。

高职高专土建类专业新形态教材

编 审 委 员 会

前 言 PREFACE

Autodesk 公司的 Revit 2024 是一款三维参数化的建筑设计软件，是有效创建建筑信息模型(building information modeling，简称 BIM)的设计工具。

Revit 2024 打破了传统的二维设计中平、立、剖视图各自独立、互不相关的协作模式。它以三维设计为基础理念，直接采用工程实际的墙体、门窗、楼板、楼梯、屋顶等构件作为命令对象，快速创建出三维虚拟的 BIM 建筑模型，而且在创建三维建筑模型的同时自动完成所有的平面、立面、剖面和明细表等视图，从而节省了大量的绘制与处理图纸的时间，让建筑师的精力能真正地放在设计上而不是绘图上。

Revit 2024 软件在原有版本的基础上，添加了全新功能，并对相应工具的功能进行了修改和完善，可以帮助设计者更加方便快捷地完成设计任务。

本书是指导初学者学习 Revit 2024 中文版绘图软件的操作教程。书中详细地介绍了 Revit 2024 强大的建筑信息模型创建及绘图的应用技巧，读者能够利用该软件方便快捷地创建信息模型和绘制工程图样。

本书特点介绍如下：

1. 以实际工程项目为载体的内容组织形式

本书是以"建工楼"这一实际工程项目为载体，以 Revit 2024 为基础进行全面的操作为依据，引领读者全面学习 Revit 2024 中文版软件。全书内容共分绪论和12个项目，具体如下：

绪论　建筑 Revit 2024 软件的认识，主要介绍 Revit 2024 中文版软件的操作界面及其建筑设计方面的基本功能。

项目一　标高和轴网的创建和编辑，介绍创建和编辑标高、创建和编辑轴网。通过学习标高和轴网的创建开启建筑设计的第一步。

项目二　创建墙，介绍创建基本墙、幕墙和叠层墙的创建方法。无论是墙体还是幕墙的创建，均可以通过墙工具的绘制、拾取线、拾取面创建；墙体还可以通过内建模型来创建。

项目三　创建柱、梁、板，主要介绍如何创建和编辑建筑柱、结构柱，以及梁结构、室内楼板与室外楼板，使读者了解建筑柱和结构柱的应用方法和区别，以及梁结构与楼板的应用范围。

项目四　创建门窗，主要介绍门和窗创建的插入方法与编辑操作，便于读者较好地掌握构件图元添加的方法。

项目五　创建扶手栏杆、楼梯与洞口，主要介绍扶手栏杆、楼梯与洞口的建立方法，特别对不同形式的栏杆及扶手的创建方法进行了较为详细的介绍。

项目六　创建台阶、坡道和散水，介绍了建筑工程中常用的需要应用"族"来进行放样创建的这一类特殊构件的方法。

项目七　创建建筑构件，介绍了门厅雨篷、模型文字与卫生间洁具等构件的创建与布置方法，其中在创建雨篷时，应用了结构构件"族"来创建合适组合构件的方法；创建模型文字时，介绍了如何正确设置工作面；布置卫生间洁具时，介绍了如何通过调用适当的构件"族"来创建合适的建筑构件。

项目八　创建场地及场地构件，介绍了添加地形表、添加建筑地坪、创建场地道路及场地构件的方法。

项目九　建筑的渲染与漫游，介绍了生成渲染视图和漫游动画的方法。其通过对三维视图的渲染操作，使读者进一步理解和掌握材料的外观特性及控制表现方式。

项目十　绘制建筑施工图，介绍了管理、控制视图，模型创建施工图，并提取模型各类信息统计明细表。了解图纸的创建、布置、项目信息等设置方法以及各种导出与打印方式，为项目绘制各类施工图纸奠定坚实的基础。

项目十一、十二　"1+X"拓展-族与体量，讲解"1+X"BIM 证书考试真题，涵盖族与体量创建，内容紧贴"1+X"BIM 证书等级标准，满足"1+X"BIM 证书培训要求。

2. 本书主要特色

（1）内容的实用性

在定制本书的知识框架时，就将写作的重心放在体现内容的实用性上，不求内容全面但求内容实用。

（2）知识的系统性

从整本书的内容安排上不难看出，全书的内容是一个循序渐进的过程，其通过对"建工楼"这一实际工程项目，根据建筑的设计和施工生成工程项目实体的过程，讲解建筑信息模型建模的整个流程，环环相扣，紧密相连。

（3）知识的拓展性

为了拓展读者的建筑专业知识，书中在介绍每个绘图工具时都与实际的建筑构件绘制紧密联系，并增加了建筑绘图的相关知识、涉及的施工图的绘制规律、原则、标准以及各种注意事项。

（4）紧扣"1+X"考点

最后一个章节重点讲解"1+X"BIM 证书考试真题，全面分析、指导考点要点，紧贴"1+X"BIM 证书等级标准，满足"1+X"BIM 证书培训要求。

（5）扩展学习

本书扩展内容通过 http：//mooc1. chaoxing. com/course-ans/courseportal/241215807. html 超星网站提供的空间，发布图纸等相关资料，并适时上传相关文件，帮助读者较好地学习 Revit 2024 中文版软件，读者可以登录网站获取深度学习内容。

3. 本书适用对象

本书紧扣土木工程专业知识，不仅引领读者熟悉该软件，而且可以了解建筑的设计过程，特别适合作为高职建筑学、建筑工程技术、工程管理类等专业的标准教材。全书可安排 30~36 课时。

本书是真正面向实际应用的 BIM 基础图书。全书由高校建筑类专业教师联合编写，不仅可以作为高校、职业技术院校建筑学和土木类等专业的初、中级培训教程，而且还可以作为广大从事 BIM 工作的工程技术人员的参考书。

由于作者的水平有限，在编写过程中难免会有各种疏漏和错误，欢迎读者通过邮箱（554012324@ qq. com）与我们联系，帮助我们改正提高。

编　者

2024 年 5 月

目 录 PREFACE

BIM 概述与 Revit 软件基本认识与操作

建筑信息模型(building information modeling，BIM)是以建筑工程项目的各项相关信息数据作为模型的基础，进行建筑模型的建立，通过数字信息仿真模拟建筑物所具有的真实信息。

一、BIM 的基本概念

建筑信息模型的理论基础主要源于制造行业集 CAD、CAM 于一体的计算机集成制造系统(computer integrated manufacturing system，CIMS) 理念和基于产品数据管理与标准的产品信息模型。1975 年"BIM 之父"Eastman 教授在其研究的课题 "Building Description System"中提出 "a computer-based description of-abuilding"，以便于实现建筑工程的可视化和量化分析，提高工程建设效率。但当时流传速度较慢，直到 2002 年，由 Autodesk 公司正式发布《BIM 白皮书》后，由 BIM 教父 JerryLaiserin 对 BIM 的内涵和外延进行界定，并把 BIM 一词推广流传。随着 BIM 在国外的推广流传，我国也加入了 BIM 研究的国际阵容中，但结合 BIM 技术进行项目管理的研究才刚刚起步，且结合 BIM 技术进行项目运营管理的研究就更为稀少。

当前社会发展正朝着集约经济转变，精益求精的建造时代已经来临。当前，BIM 已成为工程建设行业的一个热点，在政府部门相关政策指引和行业的大力推广下将迅速普及。

BIM 是以三维信息数字模型作为基础，集成了项目从设计、施工、建造到后期运营维护的所有相关信息，对工程项目信息做出的详尽表达。建筑信息模型是数字技术在建筑工程中的直接应用，便于设计人员和工程技术人员对各种建筑信息做出正确的应对，并为协同工作提供坚实的基础；同时能使建筑工程在全生命周期的建设中有效地提高效率并大量减少成本与风险。

BIM 在建筑全生命周期内，通过参数化建模来进行建筑模型的数字化和信息化管理，从而实现各个专业在设计、建造、运营维护阶段的协同工作。

国际智慧建造组织(building SMART International，bSI)对 BIM 的定义如下。

第一层次是"building information model"，中文为"建筑信息模型"，bSI 这一层次的解释为：建筑信息模型是一个工程项目物理特征和功能特性的数字化表达，可以作为该项目相关信息的共享知识资源，为项目全生命周期内的所有决策提供可靠的信息支持。

第二层次是"building information modeling"，中文为"建筑信息模型应用"，bSI 对这一层次的解释为：建筑信息模型应用是创建和利用项目数据在其全生命周期内进行设计、施工和运营的业务过程，允许所有项目相关方通过不同技术平台之间的数据互用，并且在同一时间利用相同的信息。

第三层次是"building information management"，中文为"建筑信息管理"，bSI 对这一层次的解释为：建筑信息管理是指通过使用建筑信息模型内的信息，支持项目全生命周期信息共享的业务流程组织和控制过程，建筑信息管理的效益包括集中和可视化沟通、更早进行多方案比较、可持续分析、高效设计、多专业集成、施工现场控制、竣工资料记录等。

由上面可知，三个层次的含义是相互递进的。也就是说，首先要有建筑信息模型，然后才能把模型应用到工程项目建设和运维过程中，有了前面的模型和模型应用，建筑信息管理才会成为有源之水。

二、BIM 的特点

BIM 技术具有可视化、协调性、优化性、模拟性、可出图性五大特点。

1. 可视化

可视化即"所见即所得"的形式，对于建筑行业来说，可视化的真正运用在建筑行业的作用是非常大的。例如，经常拿到的施工图纸，只是各个构件的信息在图纸上采用线条的绘制表达，但是其真正的构造形式还需要建筑业参与人员去自行想象。现在建筑业的建筑形式各异，复杂造型在不断地推出，那么这种光靠人脑去想象的东西就未免有些不太现实。基于此，BIM 提供了可视化的思路，让人们将以往线条式的构件转化为一种三维的立体实物图形展示在用户面前；现在建筑业也有设计方面出效果图的需要，但是这种效果图是专业的效果图制作团队通过识读设计绘制的线条式信息制作出来的，并不是通过构件的信息自动生成的，缺少同构件之间的互动性和反馈性，而 BIM 提到的可视化是一种能够同构件之间形成互动性和反馈性的可视。在 BIM 建筑信息模型中，由于整个过程都是可视化的，所以，可视化的结果不仅可以用来进行效果图的展示及报表的生成，更重要的是，项目设计、建造、运营过程中的沟通、讨论、决策都可以在可视化的状态下进行。

2. 协调性

协调性对于建筑业来说是重点中的重点。无论是设计还是施工，甚至是运维，对于协调都非常关注。因为传统的做法是让各专业及各环节各自为政，对于协调来说是可有可无，只有发现问题了，才会在一起商讨对策，但结果往往是为时已晚。随着 BIM 概念的提出，可以通过基于 BIM 的协调性，将事后出现的问题做到事前可商量，从而大大提高了工作效率，改善了项目品质。

在设计阶段，设计师们往往都是各干各的，经常导致各个专业间错、漏、碰、缺问题严重，经常需要设计变更，有时会影响设计周期，甚至耽误整体项目工期。通过 BIM 的协调性，运用相关的 BIM 软件建立数据信息模型，可以将本专业的设计结果及理念展现在模型之上，让其他专业的设计师参考。同时，BIM 模型中包含了各个专业的数据，实现了数据共享，让设计中所有专业的设计师能够在同一个数据环境下进行作业，BIM 模型可在建筑物建造前期对各专业的"碰撞问题"进行协调，生成协调数据，并且共享出来，这样就能保持模型的统一性，大大提高了工作效率。

在施工阶段，施工人员可以通过 BIM 的协调性清楚地了解本专业的施工重点以及与相关专业的施工注意事项。统一的 BIM 模型可以让施工人员了解自身在施工中对于其他专业是否造成影响，从而提高施工质量。另外，通过协同平台进行的施工模拟及演示，可以将施工人员统一协调起来，对项目中施工作业的工序、工法等做出统一安排，制定流水线式的工作方法，提高施工质量，缩短施工工期。

总而言之，基于 BIM 的协调性它还可以解决如下问题：电梯井布置与其他设计布置及净空要求的协调，防火分区与其他设计布置的协调，地下排水布置与其他设计布置的协调等。

3. 优化性

事实上整个设计、施工、运营的过程就是一个不断优化的过程，当然优化和 BIM 也不存在实质性的必然联系，但在 BIM 的基础上可以做更好的优化。优化受三个因素的制约：信息、复杂程度和时间。没有准确的信息做不出合理的优化结果，BIM 模型提供了建筑物实际存在的信息，包括几何信息、物理信息、规则信息，还提供了建筑物变化以后实际存在的信息。现代建筑物的复杂程度大多超过参与人员本身的能力极限，BIM 及与其配套的各种优化工具提供了对复杂项目进行优化的可能。目前基于 B1M 的优化可以做下面的工作。

（1）项目方案优化。把项目设计和投资回报分析结合起来，设计变化对投资回报的影响可以实时计算出来。这样业主对设计方案的选择就不会主要停留在对形状的评价上，而更多地关注哪种项目设计方案更有利于自身的需求。

（2）特殊项目的设计优化。例如，裙楼、幕墙、屋顶、大空间中到处可以看到异形设计，这些内容看起来占整个建筑的比例不大，但是占投资和工作量的比例往往却很大，通常其施工难度比较大、施工问题比较多。

4. 模拟性

BIM 并不是只能模拟设计出建筑物模型，还可以模拟不能够在真实世界中进行操作的事物。在设计阶段，BIM 可以对设计上需要进行模拟的一些过程进行模拟实验，如节能模拟、紧急疏散模拟、日照模拟、热能传导模拟等；在招投标和施工阶段，BIM 可以进行 4D 模拟（三维模型加项目的发展时间），也就是根据施工的组织设计模拟实际施工，从而确定合理的施工方案来指导施工；同时还可以进行 5D 模拟（基于 3D 模型的造价控制），从而实现成本控制；在后期运营阶段，BIM 可以进行日常紧急情况处理方式的模拟，如地震人员逃生模拟以及消防人员疏散模拟等。

5. 可出图性

BIM 的可出图性主要基于 BIM 应用软件，可实现建筑设计阶段或施工阶段所需要图纸的输出，还可以通过对建筑物进行可视化展示、协调、模拟、优化，来帮助设计方作出如下图纸：综合管线图（经过碰撞检查和设计修改，消除了相应错误以后）、综合结构留洞图（预埋套管图）、碰撞检查侦错报告和建议改进方案。

学习任务一　Revit 2024 软件基本认识

一、Revit 2024 的启动与关闭

　　Revit 2024 与其他标准 Windows 应用程序一样，安装完成 Revit 2024 后，单击"Windows 开始菜单→所有程序→Revit 2024→Revit 2024"命令，或双击桌面 Revit 2024 快捷图标" **R** "即可启动 Revit 2024。

　　启动完成后，会显示如图 0-1-1 所示的"最近使用的文件"界面。在该界面中，Revit 2024 会分别按照时间顺序依次列出最近使用的项目文件和最近使用的族文件缩略图和名称。用鼠标单击缩略图，打开对应的项目或族文件。移动鼠标指针至缩略图上不动时，会显示该文件所在的路径、文件大小、最近修改日期等详细信息。第一次启动 Revit 2024 时，会显示软件自带的基本样例项目和高级样例项目两个样例文件，以方便用户感受 Revit 2024 的强大功能。还可以在该界面中单击相应的快捷图标打开、新建项目或族文件，也可以查看相关帮助和在线帮助，快速掌握 Revit 2024 的使用。

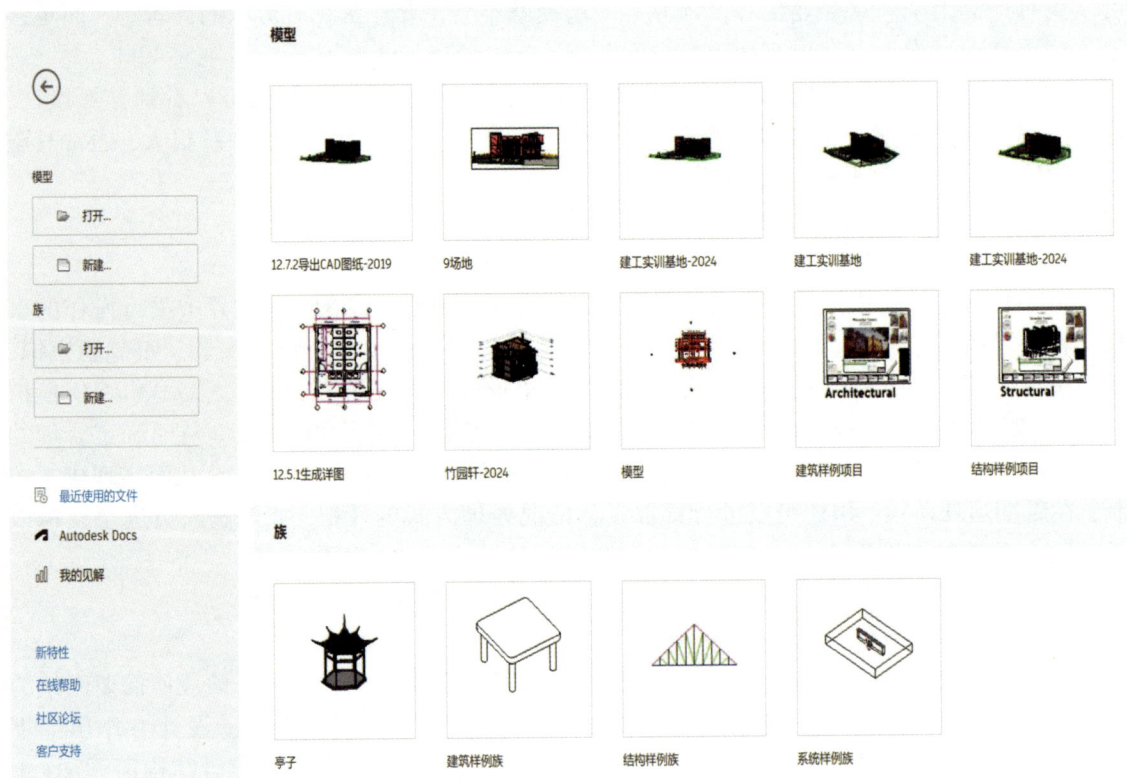

图 0-1-1　最近使用的文件

点击"文件"菜单，会显示如图 0-1-2 所示的"选项"界面，该界面中，可以对常规、用户界面、颜色、图形、硬件文件位置、渲染等进行设置，为开始建模做准备。

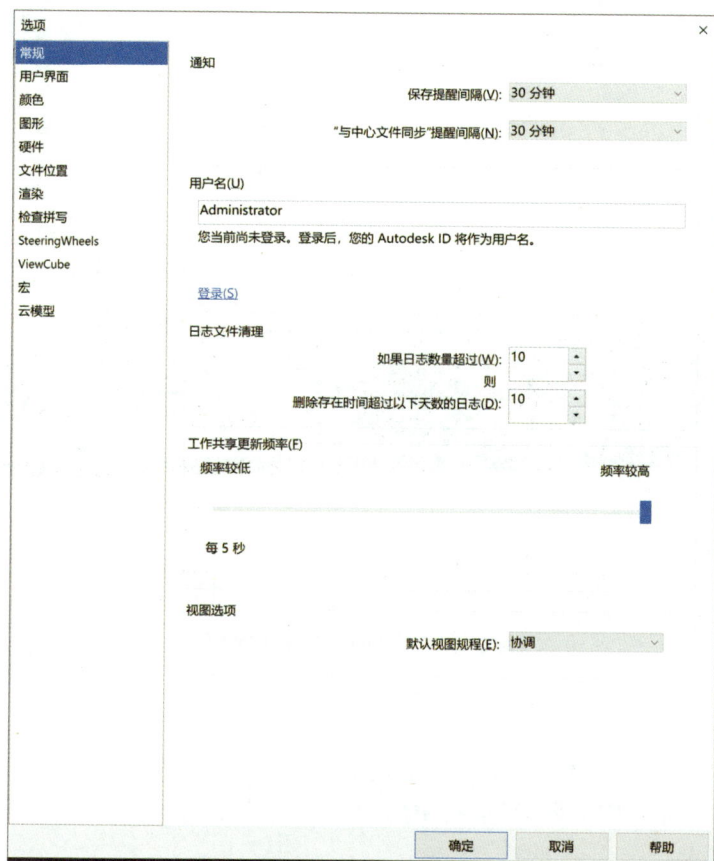

图 0-1-2　选项

点击"应用程序按钮"的"关闭"按钮，即可关闭 Revit 2024，关闭程序之前，应记得对文件所作的修改进行存盘，如果没有进行存盘而关闭程序，Revit 2024 会弹出"保存文件"的对话框，并让用户选择是否要对文件所作的修改进行保存。

二、Revit 2024 的界面

启动 Revit 2024 后，在"最近使用的文件"界面的"模型"列表中单击"基本样例项目"缩略图，打开"基本样例项目"项目文件。打开该文件后 Revit 2024 进入项目查看与编辑状态，其界面如图 0-1-3 所示。

1. 文件菜单

文件菜单提供对常用文件操作的访问，例如"新建""打开"和"保存"。还允许用户使用更高级的工具(如"导出"和"发布")来管理文件。

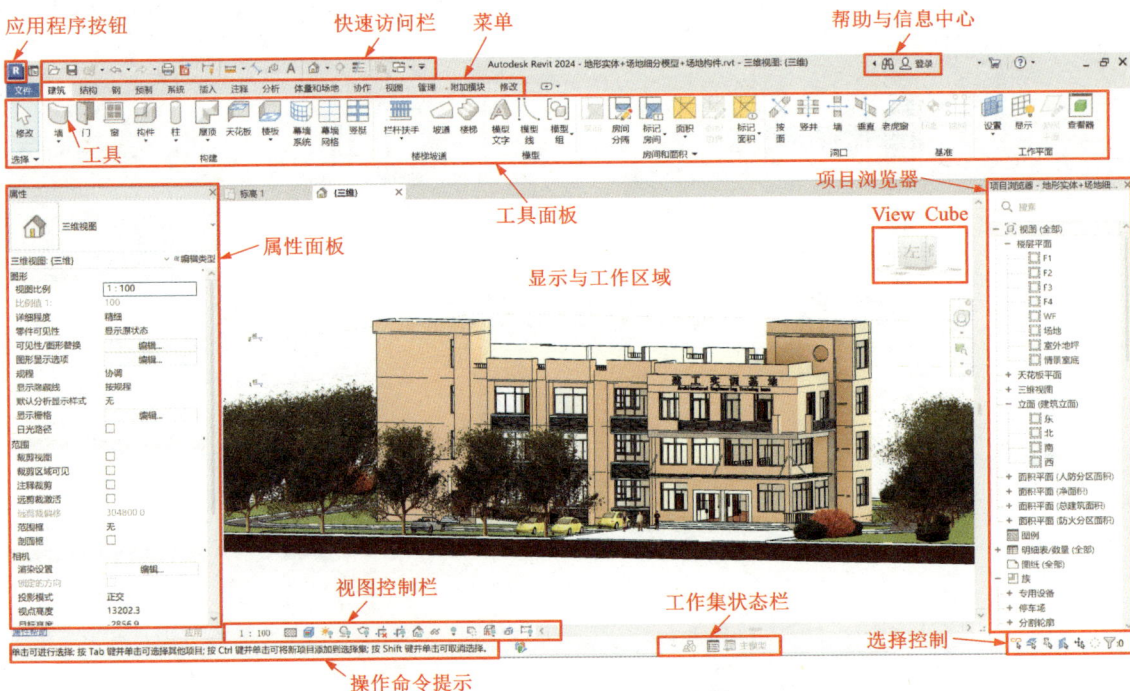

图 0-1-3　Revit 2024 主界面

2. 选项设置

在 Revit 2024 里自定义用户界面、快捷键时，点击"文件"菜单中的"选项"命令，弹出"选项"对话框后，点击"用户界面"面板中的"自定义"模块，出现"用户界面配置""快捷键"等对话框后进行设置。

3. 快速访问工具栏（QAT）

单击快速访问工具栏后的向下箭头将弹出下列工具，如图 0-1-4 所示。若要向快速访问工具栏中添加功能区的按钮，可在功能区中单击鼠标右键，然后单击"添加到快速访问工具栏"，按钮会添加到快速访问工具栏中默认命令的右侧。

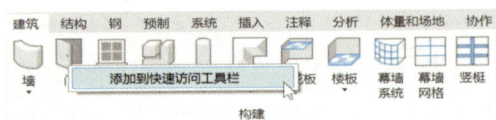

图 0-1-4　快速访问工具栏

4. 链接、插入文件选项卡

创建或打开文件时，链接、插入文件工具自动激活。如图 0-1-5 所示的"链接、插入文件选项卡"界面，它提供链接、插入项目文件、族文件或 CAD 文件等所需的全部工具。

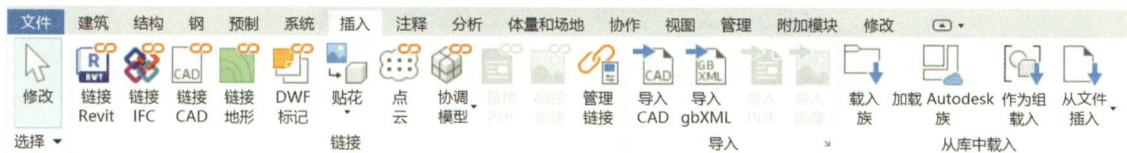

图 0-1-5　链接、插入文件选项卡

5. 上下文功能区选项卡

激活某些工具或者选择图元时，会自动增加并切换到"上下文功能区选项卡"界面如图 0-1-6 所示，其中包含一组只与该工具或图元的上下文相关的工具。

例如：单击"墙"工具时，会显示"修改/放置墙"的上下文选项卡。

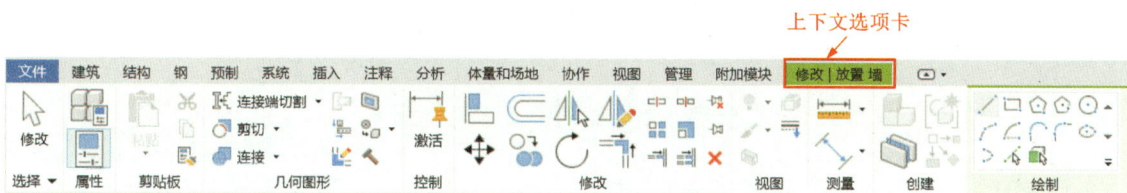

图 0-1-6　上下文功能区选项卡

6. 状态栏

状态栏沿 Revit 2024 窗口底部显示如图 0-1-7 所示。使用工具时，状态栏左侧会提供一些技巧或提示，告诉用户做些什么。高亮显示图元或构件时，状态栏会显示族和类型的名称。

工作集：提供对工作共享项目的"工作集"对话框的快速访问。

设计选项：提供对"设计选项"对话框的快速访问。

单击+拖曳：允许您在不事先选择图元的情况下拖曳图元。

过滤：用于优化视图中选定的图元类别。

图 0-1-7　状态栏

三、Revit 2024 的五种图元要素

1. 主体图元

主体图元包括墙、楼板、屋顶和天花板，场地，楼梯，坡道等。主体图元的参数设置，如大多数的墙都可以设置构造层，厚度，高度等如图 0-1-8 所示。楼梯都具有踏面，踢面，休息平台，梯段宽度等参数。

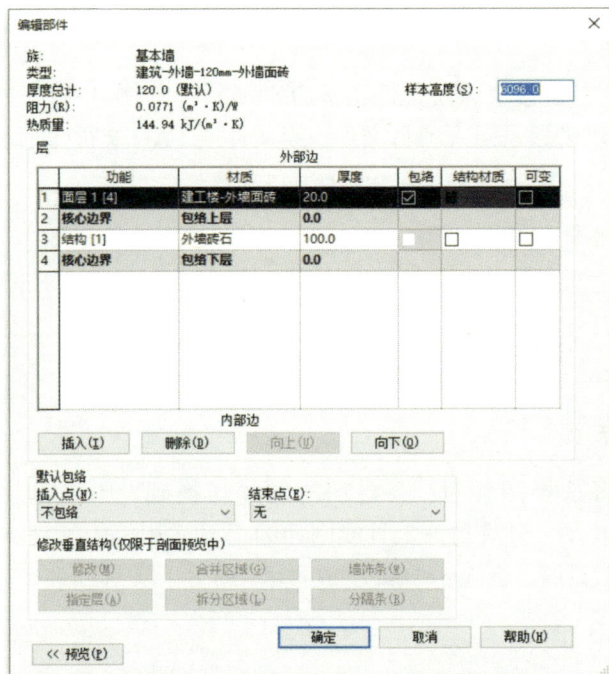

图 0-1-8　主体图元——基本墙

主体图元的参数设置由软件系统预先设置。用户不能自由添加参数,只能修改原有的参数设置,编辑创建出新的主体类型。

2. 构件图元

构件图元包括窗、门和家具、植物等三维模型构件。

构件图元和主体图元具有相对的依附关系,如门窗是安装在墙主体上的,删除墙,则墙体上安装的门窗构件也同时被删除。这是 Revit 2024 的特点之一。

构件图元的参数设置相对灵活,变化较多,所以在 Revit 2024 里,用户可以自行定制构件图元,设置各种需要的参数类型,以满足参数化设计修改的需要,如图 0-1-9 所示。

3. 注释图元

注释图元包括尺寸标注,文字注释,标记和符号等。注释图元的样式

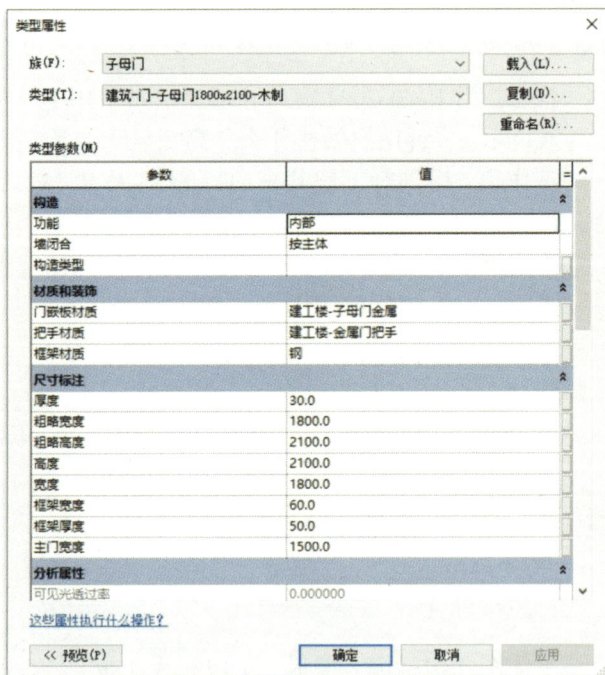

图 0-1-9　构件图元——门

都可以由用户自行定制，以满足各种本地化设计应用的需要。比如展开项目浏览器的族中注释符号的子目录，即可编辑修改相关注释族的样式，如图 0-1-10 所示。

Revit 2024 中的注释图元与标注，标记的对象之间具有某种特定的关联。如门窗定位的尺寸标注，修改门窗位置或门窗大小，其尺寸标注会自动修改；修改墙体材料，则墙体材料的材质标记会自动变化。

4. 基准面图元

基准面图元包括标高、轴网、参照平面等。

因为 Revit 2024 是一款三维设计软件，而三维建模的工作平面设置是其中非常重要的环节。所以标高、轴网、参照平面等为我们提供了三维设计的基准面。

此外，我们还经常使用参照平面来绘制定位辅助线，绘制辅助标高或设置相对标高偏移值来定位。如绘制楼板时，软件默认在所选视图的标高上绘制，我们可以通过设置相对标高偏移值来绘制诸如卫生间下降楼板等，如图 0-1-11 所示。

5. 视图图元

视图图元包括楼层平面图、天花板平面图、三维视图、立面图、剖面图以及明细表等。

视图图元的平面图、立面图、剖面图以及三维轴测图、透视图等都是基于模型生成的视图表达，它们是相互关联的。可以通过软件"对象样式"的设置来统一控制各个视图的对象显示，如图 0-1-12 所示。

同时每一个平面、立面、剖面视图又具有相对的独立性。如每一个视图都可以设置其独有的构件可见性设置、详细程度、出图比例、视图范围设置等，这些都可以通过调整每个视图的视图属性来实现，如图 0-1-13 所示。

Revit 2024 软件的基本架构就是由以上五种图元要素构成。对以上图元要素的设置、修改、定制等操作都有相类似的规律，需学习者用心体会。

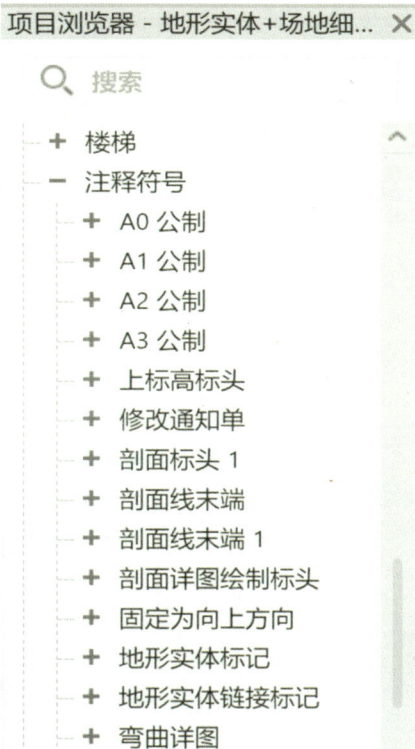

图 0-1-10 　注释图元

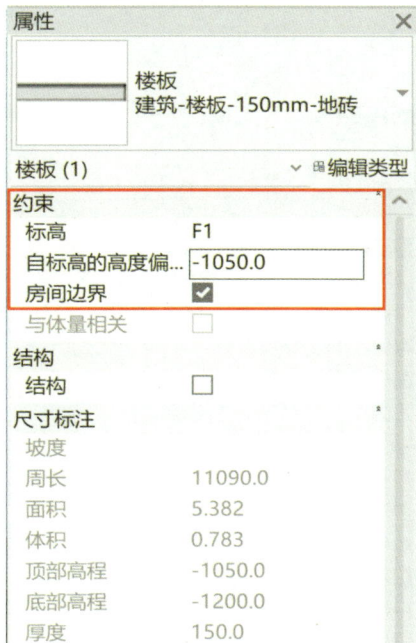

图 0-1-11 　基准面图元

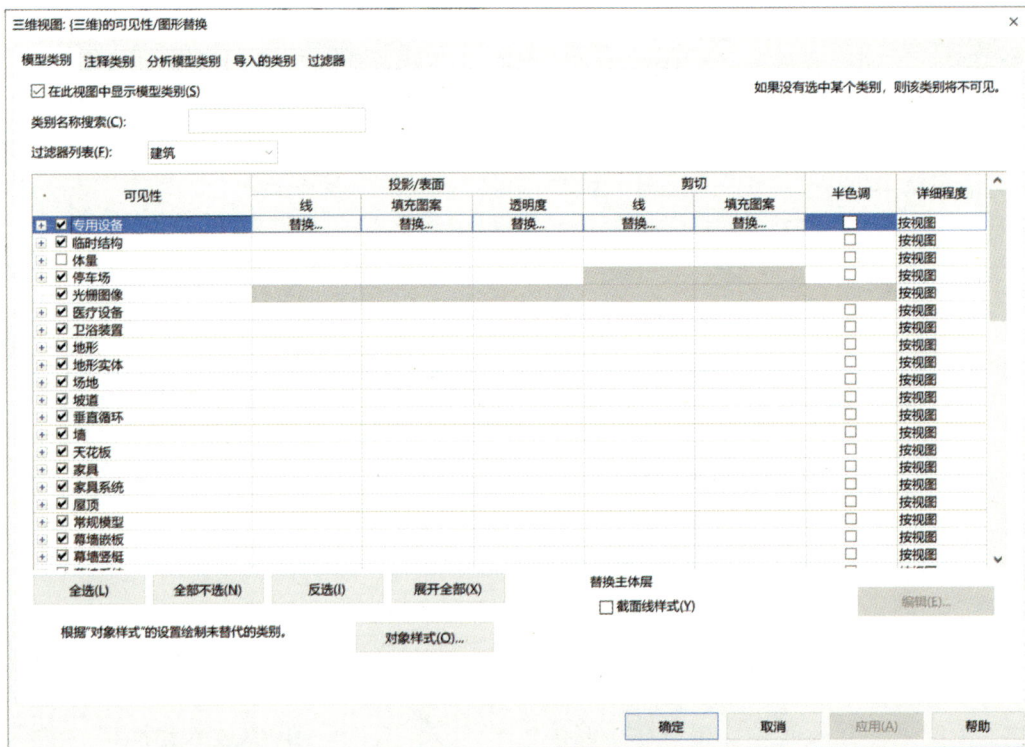

图 0-1-12　视图图元

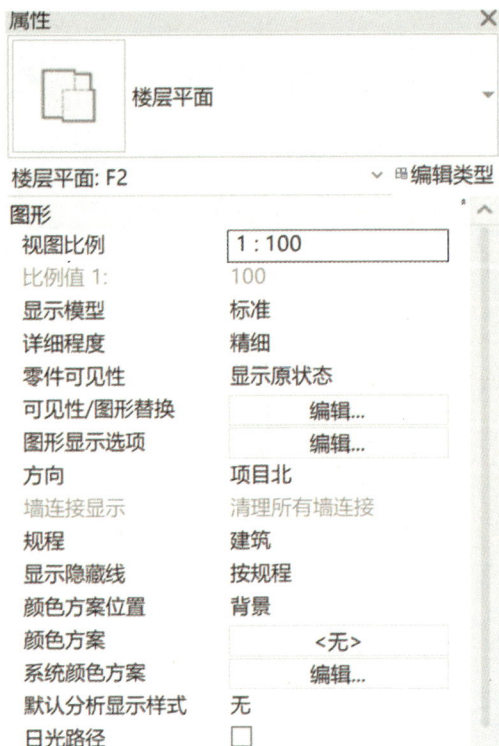

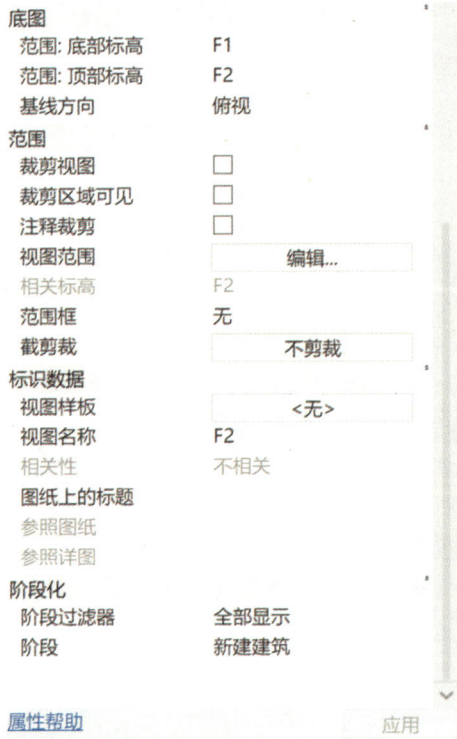

图 0-1-13　视图属性

学习任务二　Revit 2024 基本操作

一、选择图元

实训任务

熟悉选择图元的基本方法。

选择图元是 Revit 2024 编辑和修改操作的基础，也是在 Revit 2024 中进行设计时最常用的操作。在前面的练习中，曾多次使用鼠标左键选择图元。事实上在 Revit 2024 中，在图元上直接单击鼠标左键选择是最常用的图元选择方式。配合键盘功能键，可以灵活地构建图元选择集，实现图元选择。

操作提示

1. 鼠标左键选择单个图元

首先打开"建工楼项目"，默认切换到"一层平面图"楼层平面视图中，使用"区域放大"适当放大 9-12 轴线间的卫生间区域范围的对象，并移动到被选择的对象窗上，然后单击鼠标左键，即可选择该窗，同时在"属性"面板中，会显示该窗的"族"和"族类型"，以及窗的其他特性。如图 0-2-1 所示。Revit 2024 将在所有视图中高亮显示选择集中的图元，以此来区别未选择的图元。

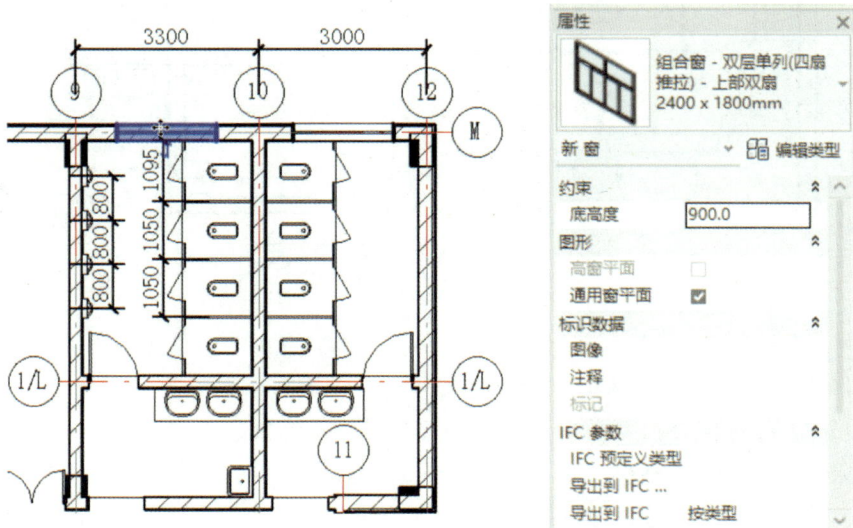

图 0-2-1　选择窗图元

2.鼠标左键选择多个图元

将鼠标从已选择的窗移动到另外的窗上，单击鼠标左键，此时该窗处于选择状态，但要注意的是，该操作将放弃刚才所选择的窗，而仅选择这一个窗户。如果我们希望选择多个窗户，可以按住"Ctrl"键不放，鼠标会变成带有"+"号的形状"⊡"，再单击其他图元，即可在选择集中添加图元。选择完对象后，可以按键盘的"Esc"键或者单击空白处取消选择集。作了选择后，也可以按键盘的"Shift"键，此时鼠标会变成带有"–"号的形状"⊡"，单击已选择的图元，即可将该图元从选择集中去除。

3.框选方式选择图元

（1）左侧往右侧框选方式，如图 0-2-2 所示。Revit 2024 还支持框选，在需要选择的图元左上方按住鼠标左键不放，拖动鼠标到图元的右下方，会出现一个选择框，需要注意的是，从左上方拖动鼠标到右下方，会出现实线选择框，实线框选择是指所有被实线框完全包围的图元才能被选择，比如，实线框内包含了卫浴装置、尺寸标注、窗、结构柱以及门等 16 个图元被选中，那么这 16 个图元被选择的同时在右下角会出现一个过滤器，并且提示一共有 16 个图元被选择"▽:16"，在空白处单击，可以取消选择集。

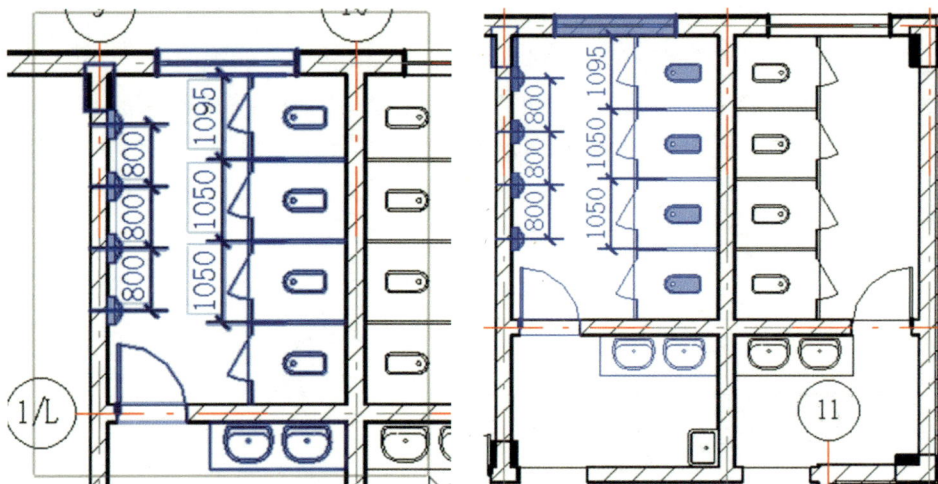

图 0-2-2　实线框选择多个图元

（2）右侧往左侧框选方式。按住鼠标左键，从右下角往左上角拖动，产生选择框，但注意这种方式所产生的选择框为虚线框，虚线选择框是指包含在框内的对象以及只要与虚线相交的对象都将被选择，如图 0-2-3 所示，可以选择卫浴装置、墙、建筑地坪、楼板、轴网以及门等，松开鼠标左键，可以看到很多选择对象，同时，右下角的过滤器中指示选择集中对象的数目"▽:17"，单击过滤器，可以弹出过滤器对话框，如图 0-2-4 所示，在过滤器对话框中显示全部已选择的对象类别和数目，单击"放弃全部"按钮，可以去除所有类别的勾选，再勾选"门"类别，并有一个计数统计，指示该选择集中包含选择门的数目，单击"确定"，视图中可以看到选择集中只保留了被选择的两个门，按"Esc"键可以取消当前的选择集。

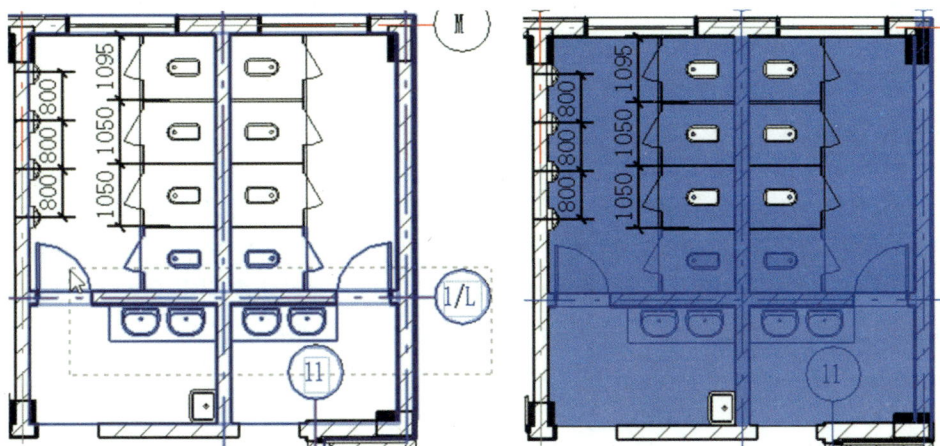

图 0-2-3　虚线框选择多个图元

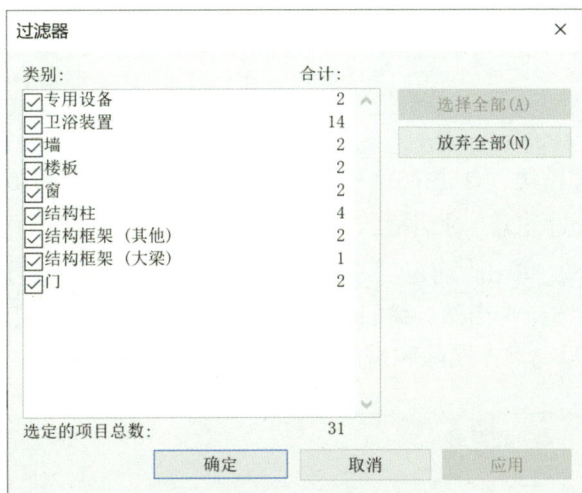

图 0-2-4　过滤器对话框

4. 选择相同类型的图元

在某一窗上单击，选择该窗，再右击鼠标，可以弹出光标菜单，其中有一项"选择全部实例"，该选项提供了两个选项"在视图中可见"和"在整个项目中"，它们的含义分别是"在视图中可见"是指该视图中与所选对象类别相同的对象全部被选择，"在整个项目中"是指整个项目中与所选对象类别相同的对象全部被选择。

5. 快速选择方式选择图元

移动鼠标到墙的位置，高亮显示该墙的属性，按键盘的"Tab"键，与该墙首尾相连的墙都高亮显示，如果再按键盘的"Tab"键，高亮显示的对象可能是楼板等图元，并在提示栏中显示高亮显示的图元的名称——楼板，单击鼠标左键，即可选择该楼板。在选择时，Revit 2024 有两个操作：一个是鼠标放在对象上时，该对象会高亮显示其选择预览，单击鼠标左键，即可作最终的选择。另一个是，当有多个对象重叠在一起时，可以通过按键盘的"Tab"键，切换不同的选择对象，并且"Tab"键是循环的切换不同选择对象，可以多次按"Tab"键，改变选择预览，但必须单击鼠标左键后，才能作出最终选择。

6. 构造选择集的方式选择图元

在 Revit 2024 中作了选择集后，可以将选择集进行保存。在选择了对象之后，可以看到 Revit 2024 菜单自动切换到"修改 | 对象"上下文选项卡中，单击"保存"工具，弹出"保存选择"对话框，如图 0-2-5 所示，在名称栏内输入名称，单击"确定"，即可保存选择集，当然，也可以利用过滤器，优化选择图元的类别，达到创建合适选择集的目的。

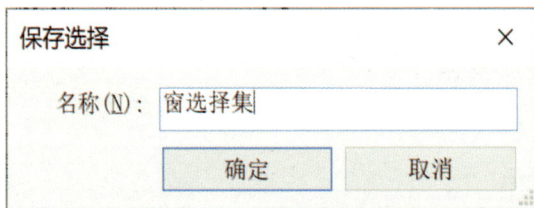

图 0-2-5　选择集的保存

如果要应用某一选择集，点击菜单中的"管理"，在"选择"面板中，单击"载入"按钮" 🔲 载入 "，弹出"载入过滤器"对话框，如图 0-2-6 所示，刚才所作的选择集已保存在这里，单击已命名的选择集，单击"确定"，选择集中的对象被选中。利用选择集，可以使我们在编辑对象时作出快速选择。当然，我们也可以通过"管理\编辑选定项目"，打开"过滤器"对话框，对选择集进行重命名、删除和编辑等操作。

图 0-2-6　恢复过滤器

二、修改、编辑工具

> **实训任务**

　　熟悉使用 Revit 2024 对选择的图元进行修改、移动、复制、镜像、旋转等基本的编辑工具，如图 0-2-7、图 0-2-8 所示。

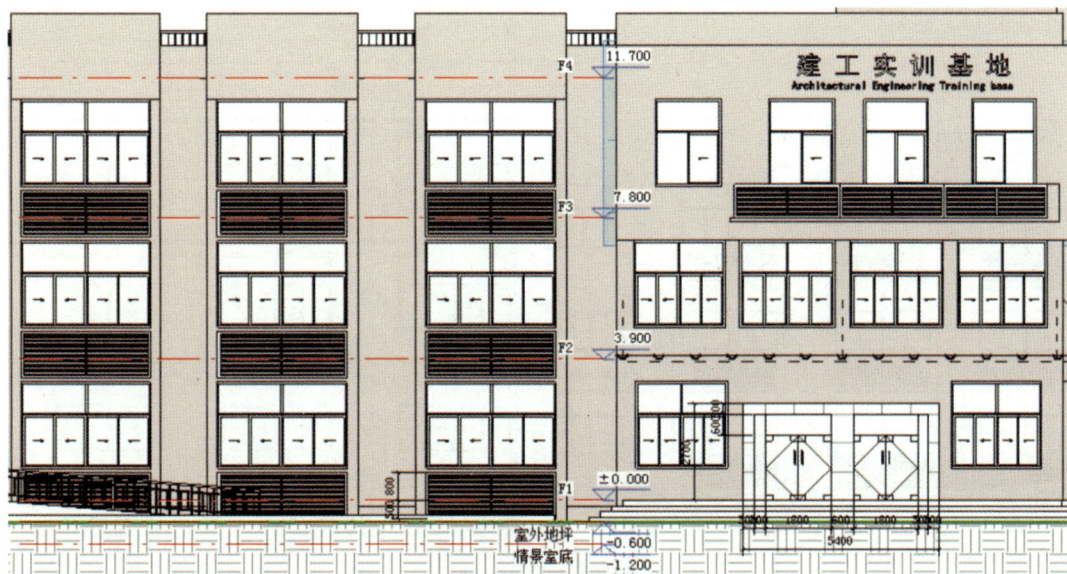

图 0-2-7　西立面图

图 0-2-8　section 0 视图

操作提示

1. 视图窗口的操作

打开"建工楼项目"文件，使用项目浏览器切换至"剖面图"→"section 0"视图。打开"立面"→"西立面"视图。单击"视图"选项卡"窗口"面板中的"平铺"工具，Revit 2024 将左右并列显示 section 0 视图和立面视图窗口。如图 0-2-9 所示。

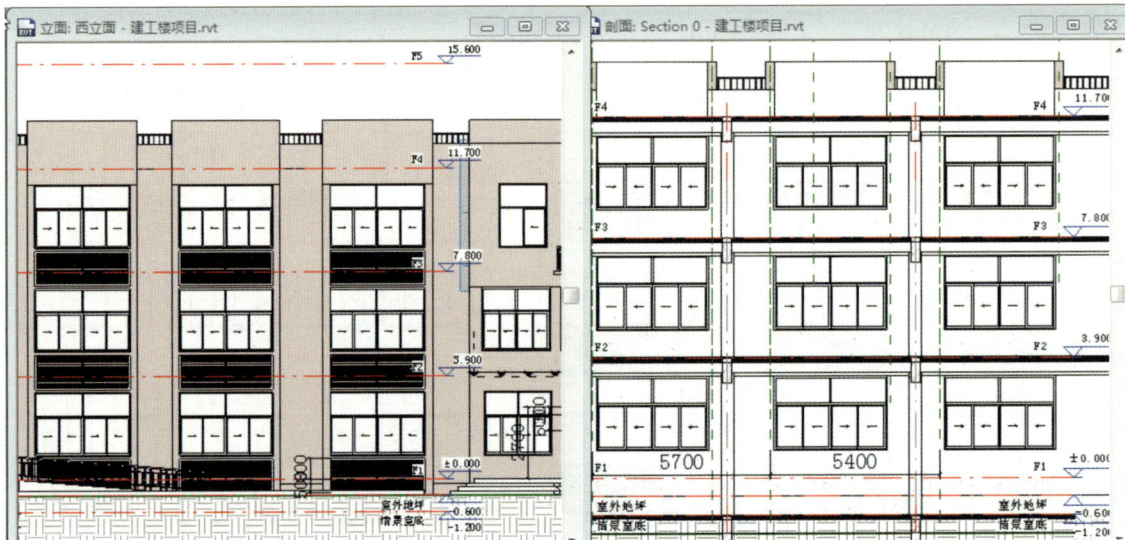

图 0-2-9　平铺窗口

2. 修改窗户属性

单击选择左侧窗图元，Revit 2024 将自动切换至与窗图元相关的"修改|窗"上下文选项卡。"属性"面板将自动切换为所选择窗相关的图元实例属性，如图 0-2-10 所示，在选择器中，显示了当前所选择的窗图元的族名称为"组合窗-双层单列（四扇推拉）-上部双扇"，其类型名称为"3600×2400-铝合金"。

单击"属性"面板的"类型选择器"下拉列表，该列表中显示了项目中所有可用的窗族和族类型。如图 0-2-10 所示，Revit 2024 以灰色背景显示可用

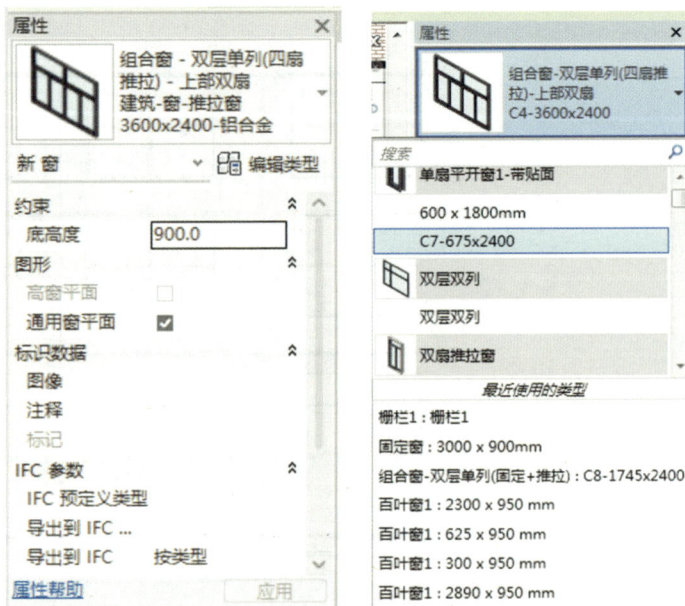

图 0-2-10　修改窗属性

窗的族名称，该族包含的其他类型将以不带背景色的名称显示。在列表中单击选择"1500×2100"类型的窗，该类型属于"组合窗－双层单列（固定＋推拉）"族。Revit 2024 在西立面视图和剖面 0 视图中，将窗修改为新的窗样式。

3. 删除操作

按下"Ctrl"键，选择 F1 层Ⓗ、Ⓙ、Ⓚ轴线间的窗户以及 F3 层的窗户，单击键盘"Delete"键或单击"修改|窗"上下文选项卡"修改"面板中的删除工具"❌"，删除所选择的窗户。

4. 复制操作

在剖面 0 视图中选择Ⓕ~Ⓗ轴线间的窗图元，Revit 2024 自动切换至"修改|选择多个"上下文选项卡。在"修改"面板中选择"复制"工具，鼠标指针将变为"⬈₊"。勾选选项栏中的"约束"选项，如图 0-2-11 所示，鼠标指针移至Ⓕ轴间的参照平面与窗顶平面轴线的相交位置，Revit 2024 将自动捕捉交点，单击鼠标左键，该交点位置作为复制基点，向右移动鼠标指针至Ⓗ~Ⓙ轴线与窗顶部轴线的交点处，当捕捉至该交点时，单击鼠标左键，Revit 2024 将复制所选择的窗至新的位置。

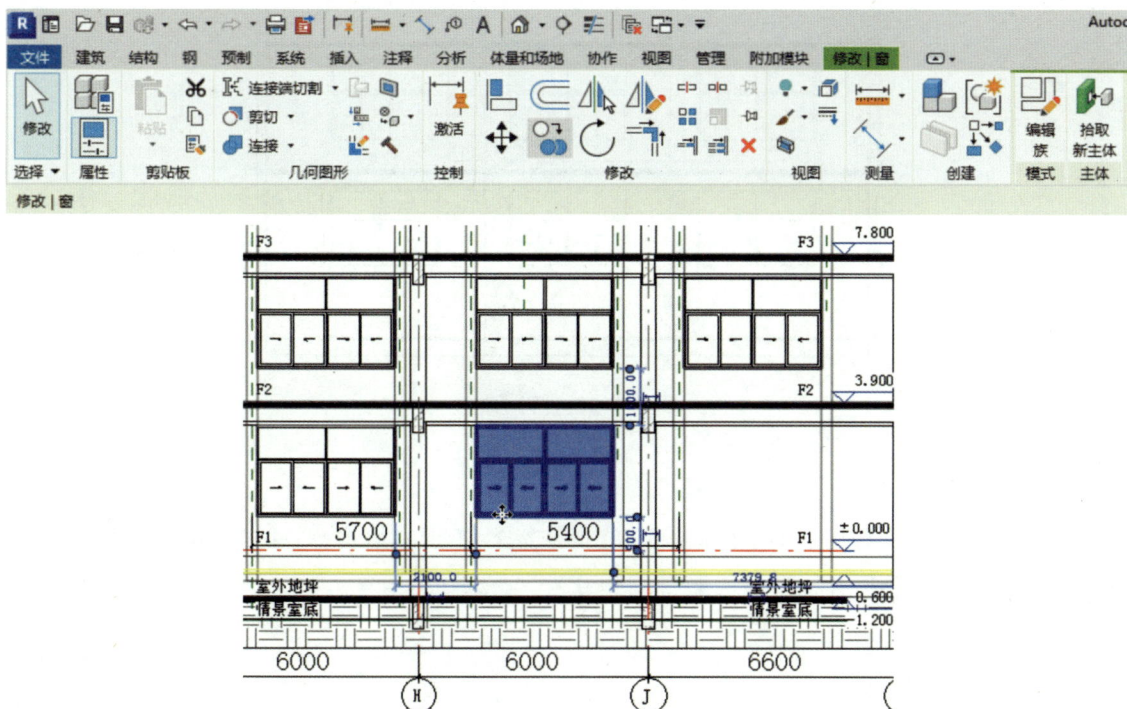

图 0-2-11　复制命令

5. 阵列操作

放弃上述操作，选择左侧的窗户，单击"修改|窗"上下文选项卡"修改"面板中的"阵列"工具，进入阵列编辑模式，鼠标指针变为"⬈₈₈"。如图 0-2-12 所示，设置选项栏阵列方式

为"线性"，勾选"成组并关联"选项，设置"项目数"为 2，设置"移动到"为"第二个"，勾选"约束"选项。

图 0-2-12　阵列选项卡

鼠标指针移至 F 轴间的参照平面与窗顶平面轴线的相交位置，Revit 2024 将自动捕捉该交点，单击鼠标左键，确定为阵列基点。向右移动鼠标指针，Revit 2024 给出鼠标指针当前位置与阵列基点间距离的临时尺寸标注，该距离为阵列间距。键盘输入"5700"作为阵列间距，按键盘"Enter"确认。结果如图 0-2-13 所示。

图 0-2-13　阵列命令

6. 移动操作

用移动命令修改右侧阵列产生的窗的位置，选择 F1 层右侧窗户，单击"修改|窗"上下文选项卡面板中的"移动"工具，进入移动编辑状态，鼠标指针变为"⟶"。选项栏中仅勾选"约束"选项，如图 0-2-14 所示。

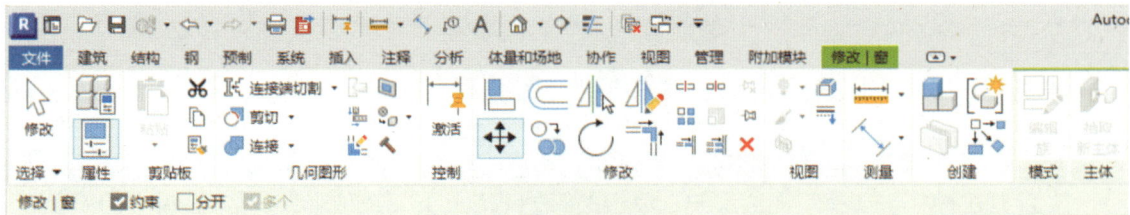

图 0-2-14　移动选项卡

移动鼠标指针到窗户左上角的位置，Revit 2024 将自动捕捉窗图元的端点，单击鼠标左键，该位置将确定为窗移动的参照基点。向右移动鼠标，Revit 2024 将显示临时尺寸标注，提示鼠标当前位置与参照基点的距离。使用键盘输入"300"作为移动的距离，按键盘"Enter"键确认输入。由于勾选了选项栏中的"约束"选项，因此 Revit 2024 仅允许在水平或垂直方向移动鼠标。

7. 对齐操作

采用对齐操作来修改右侧阵列产生的窗的位置，放弃移动操作，单击"修改"选项卡"编辑"面板中的"对齐"工具，进入对齐编辑模式，鼠标指针变为"⇘"。取消勾选选项栏的"多重对齐"选项。

移动鼠标指针至右侧窗户的参照平面位置，单击鼠标左键，Revit 2024 将在该处位置显示蓝色参照平面；移动鼠标指针至右侧窗，如图 0-2-15 所示，Revit 2024 会自动捕捉窗的对齐参考位置，再次单击鼠标左键。

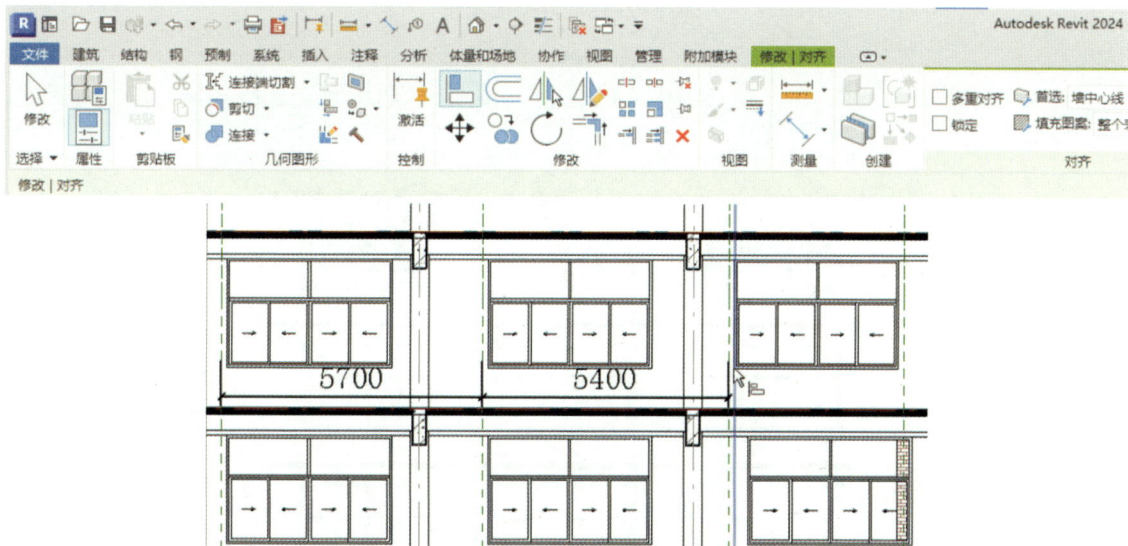

图 0-2-15　对齐操作

提示：使用对齐工具对齐至指定位置后，Revit 2024 会在参照位置处给出锁定标记，单击该标记"🔓"，Revit 2024 将在图元间建立对齐参数关系，同时锁定标记变为"🔒"。当修改具有对齐关系的图元时，Revit 2024 会自动修改与之对齐的其他图元。

8. 剪贴板操作

选择 F2 层的窗，单击"剪贴板"面板中的"复制至剪贴板"工具"📋"，将所选择图元复制至 Windows 剪贴板。单击"剪贴板"面板中的"对齐粘贴"，弹出"对齐粘贴"下拉列表，在列表中选择"与选定标高对齐"选项，如图 0-2-16 所示。

弹出"选择标高"对话框，如图 0-2-16 所示，在标高列表中单击选择"F3"，单击"确定"

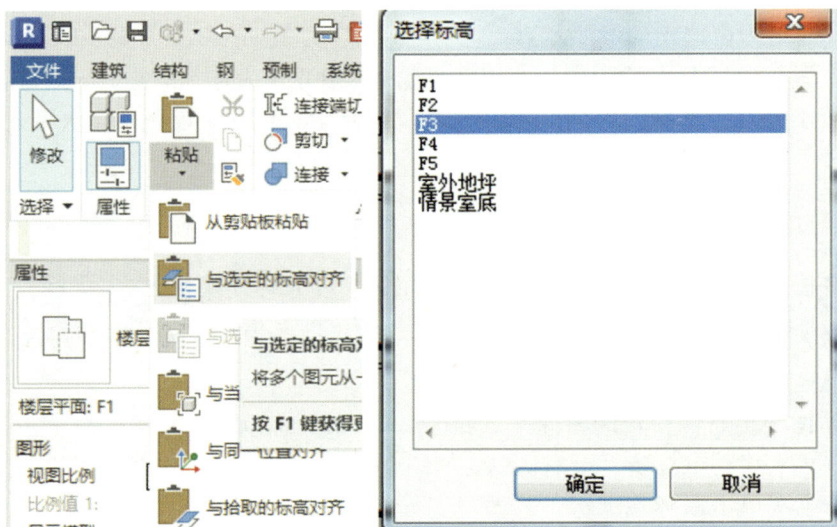

图 0-2-16　剪贴板操作

按钮退出"选择标高"对话框。Revit 2024 将复制二楼所选窗图元至三楼相同位置，按键盘"Esc"键退出选择集，结果如图 0-2-17 所示。

图 0-2-17　修改窗属性

9. 镜像操作

运用镜像命令完成建工楼卫生间的卫生隔断以及洗脸盆复制的操作，切换至"修改"选项卡，单击"修改"面板中的"镜像"→"拾取轴"工具，如图 0-2-18 所示。Revit 2024 进入镜像修改模式，鼠标指针变为"   "。

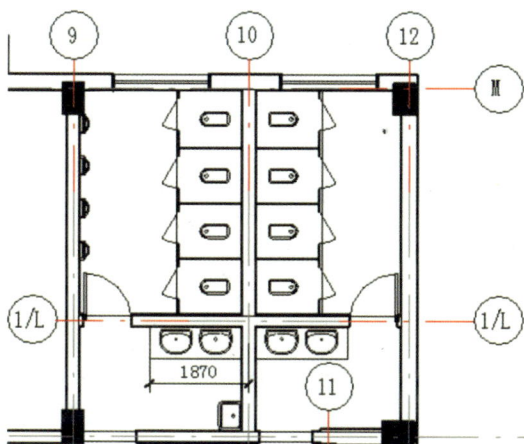

图 0-2-18　建工楼卫浴装置图

按下"Ctrl"键，选择建工楼卫生间的卫生隔断以及洗脸盆，按键盘空格键或回车键确认已完成图元选择，Revit 2024 自动切换至"修改|卫浴装置"上下文选项卡，确保选项栏中已勾选"复制"选项，如图 0-2-19 所示，该选项表示 Revit 2024 在镜像时将复制原图元。

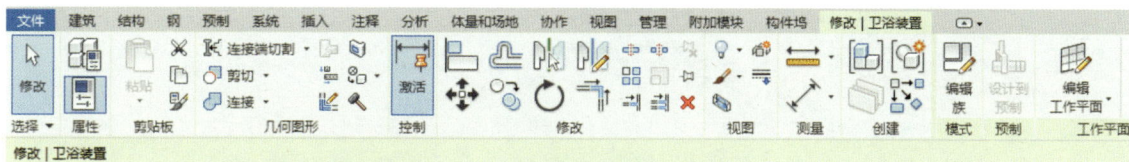

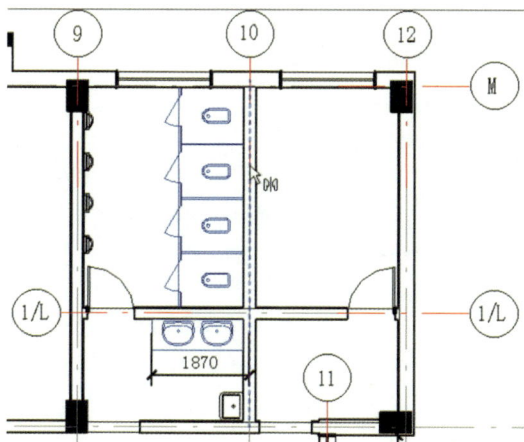

图 0-2-19　镜像卫浴装置

移动鼠标指针，Revit 2024 将自动捕捉 10 轴线，单击鼠标左键，将以该墙中心线为镜像轴，在右侧盥洗间墙体上复制生成所选择的卫浴装置。按"Esc"键退出选择集。

如果视图中无合适的图元对象作为镜像轴，可以使用"镜像-绘制轴"的方式，该选项允许用户手动绘制镜像的轴。

总结：在 Revit 2024 中，对于移动、复制、阵列等编辑工具，可以同时操作一个或多个图元。这些编辑工具允许用户先选择图元，在上下文选项卡中单击对应的编辑工具对图元进行编辑；也可以先选择要执行的编辑工具，再选择需要编辑的图元，完成选择后，必须按键盘空格键或回车键确认完成选择，才能实现对图元的编辑和修改。

当 Revit 2024 的编辑工具处于运行状态时，鼠标指针通常将显示为不同形式的指针样式，提示用户当前正在执行的编辑操作。任何时候，用户都可以按键盘"Esc"键退出图元编辑模式，或在视图空白处单击鼠标右键，在弹出的菜单中选择"取消"选项，即可取消当前编辑操作。

在 Revit 2024"选项"对话框的"用户界面"选项卡中，可以指定选项卡的显示行为。如图 0-2-20 所示，可以指定在选择对象时是否显示上下文选项卡，也可以分别指定取消选择集后，Revit 2024 自动切换至操作前的选项卡或停留在修改选项卡上。

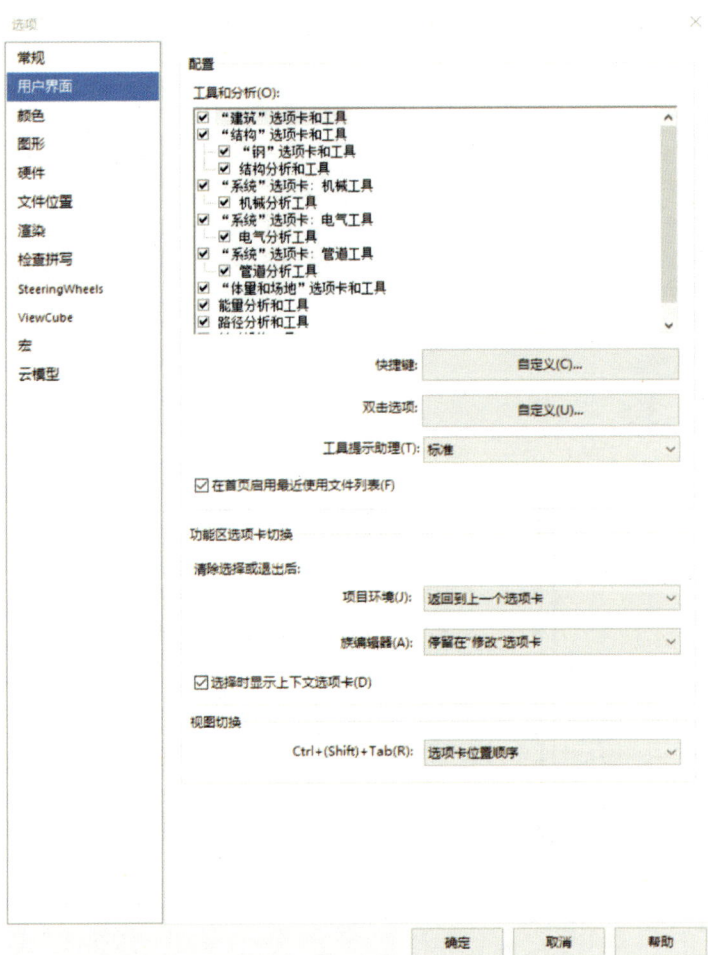

图 0-2-20　选项\用户界面——选项卡切换行为

在 Revit 2024 中进行操作时，为防止操作过程中发生计算机断电等意外情况造成工作丢失，因此当操作达到一定时间时，Revit 2024 会弹出如图 0-2-21 所示的"最近没有保存项目"对话框，可以选择"保存项目"，立即就保存好了当前项目；也可以选择"保存项目并设置提醒间隔"，则 Revit 2024 除保存项目外，还将打开"选项"对话框，并在该对话框中设置提醒用户保存项目的时间；还可以选择"不保存文件且设置提醒间隔"或直接单击"取消"按钮，不保存目前对项目的修改。

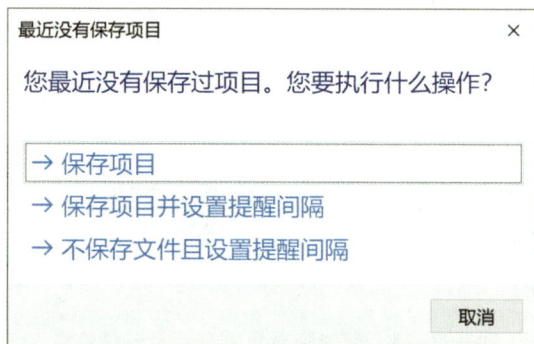

图 0-2-21　保存提示对话框

三、使用临时尺寸标注

如何用临时尺寸标注对图元进行定位。熟悉临时尺寸标注的应用及设置。

在 Revit 2024 中选择图元时，Revit 2024 会自动捕捉该图元周围的参照图元，如墙体、轴线等，以指示所选图元与参照图元间的距离。Revit 2024 的临时尺寸标注在进行设计时对于快速定位、修改构件图元的位置非常有用。在 Revit 2024 中进行设计时，绝大多数情况下，都使用临时尺寸标注修改临时尺寸标注值的方式精确定位图元，所以掌握临时尺寸标注的应用及设置至关重要。

1. 认识临时尺寸标注

打开"建工楼项目"文件，切换至"一层平面"视图，适当缩放④~⑥轴间视图，选择 C 轴线上④~⑥轴间编号为"C2-1"的窗，Revit 2024 将在该窗洞口两侧与最近的墙表面间显示尺寸标注，如图 0-2-22 所示。由于该尺寸标注仅在选择图元时才会出现，所以称为临时尺寸标注。每个临时尺寸

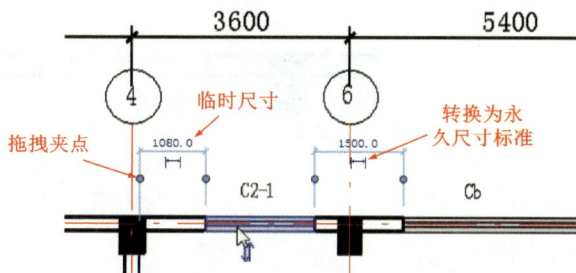

图 0-2-22　用临时尺寸标注窗户

两侧都具有拖曳操作夹点，可以拖曳夹点改变临时尺寸线的测量位置。

2. 拖曳夹点改变尺寸线的标注位置的操作

移动鼠标指针至窗左侧临时尺寸标注④轴线墙处，拖曳夹点，按住鼠标左键不放，向左拖动鼠标至④轴线附近，Revit 2024 会自动捕捉至④轴线，松开鼠标左键，则临时尺寸将显示为窗洞口边缘与④轴线间距离，如图 0-2-23 所示。

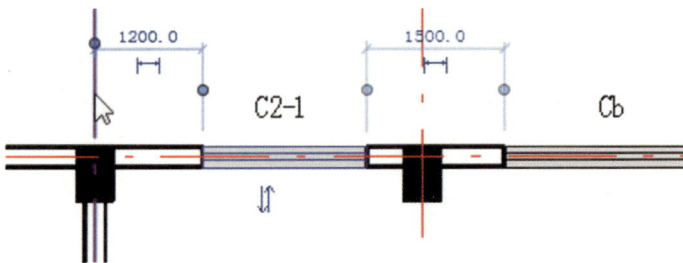

图 0-2-23　拖拽临时尺寸夹点至轴线位置

3. 修改临时尺寸数值定位窗的位置操作

保持窗图元处于选择状态，单击窗左侧与④轴线的临时尺寸值 1200，Revit 2024 进入临时尺寸值编辑状态，通过键盘输入"900"，如图 0-2-24 所示。按键盘回车键确认输入，Revit 2024 将向左移动窗图元，使窗与④轴线间的距离为 900。注意窗洞口右侧与⑥轴线墙间临时尺寸标注值也会修改为正确的新值。

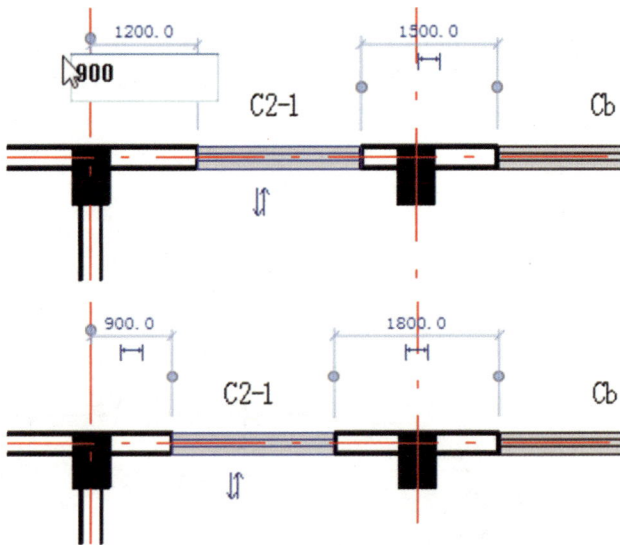

图 0-2-24　通过修改临时尺寸改变窗位置

提示：在修改临时尺寸标注时，除直接输入距离值之外，还可以输入"＝"号后再输入公式，由 Revit 2024 自动计算结果。例如，输入"＝300＊2+400"，Revit 2024 将自动计算出结果为"1000"，如图 0-2-25 所示，并以该结果修改所选图元与参照图元间的距离。

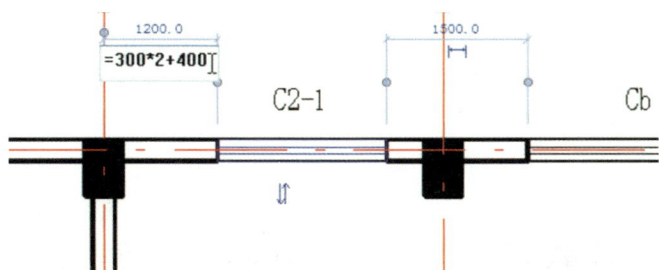

图 0-2-25　公式计算修改临时尺寸改变窗位置

4. 临时尺寸转换为永久尺寸的操作

分别单击窗左右两侧临时尺寸线上方的"转换为永久尺寸标注"符号，如图 0-2-26 所示，Revit 2024 将按临时尺寸标注显示的位置转换为永久尺寸标注，按"Esc"键取消选择集，尺寸标注依然存在。

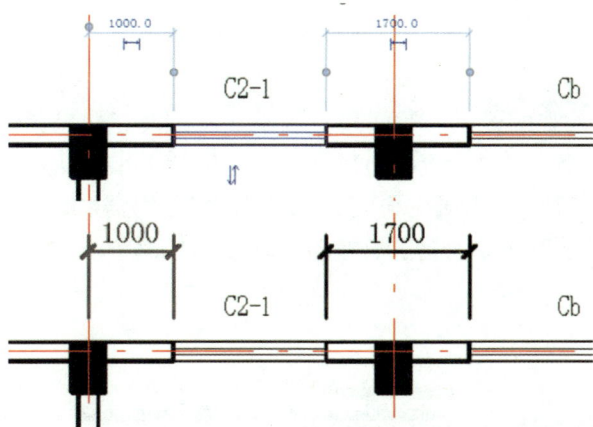

图 0-2-26　临时尺寸转换成永久尺寸

5. 临时尺寸的有关属性操作

（1）选择上述窗，窗两侧临时尺寸标注再次出现，注意临时尺寸标注仍捕捉到窗边至墙边。在视图空白处单击鼠标左键，取消选择集，临时尺寸标注将消失。

（2）修改临时尺寸捕捉构件的默认位置。切换至"管理"选项卡，单击"设置"面板中的"其他设置"下拉菜单，选择"注释\临时尺寸标注"，Revit 2024 弹出"临时尺寸标注属性"对话框，如图 0-2-27 所示。该项目中临时尺寸标注在捕捉墙时默认会

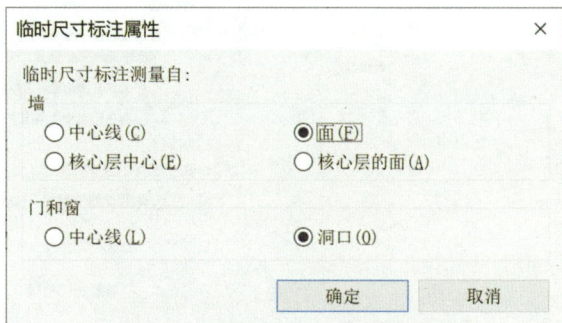

图 0-2-27　临时尺寸标注属性设置

捕捉到墙面，单击墙选项中的"中心线"，将临时尺寸标注设置为捕捉墙中心线位置，其他设

置不变，单击"确定"按钮，退出"临时尺寸标注属性"对话框。

再次选择Ⓒ轴④~⑥轴线间编号为"C2-1"的窗图元，Revit 2024 将显示窗洞口边缘距两侧墙中心线的距离，如图 0-2-28 所示。

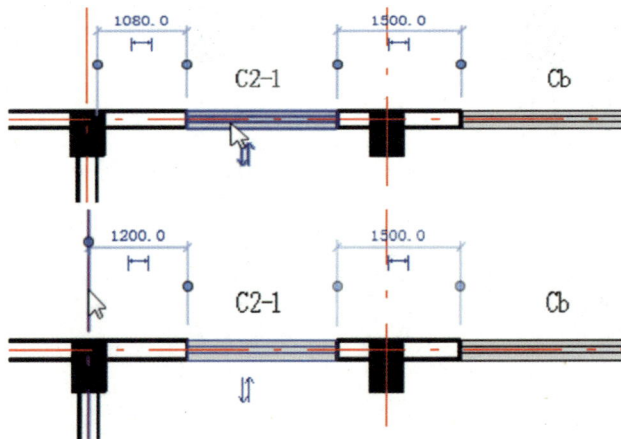

图 0-2-28　临时尺寸标注属性

（3）临时尺寸标注外观的设置。使用高分辨率显示器时，如果感觉 Revit 2024 显示的临时尺寸标注文字显示较小，可以设置临时尺寸文字字体的大小，以方便阅读。打开"文件"菜单下的"选项"对话框，切换至"图形"选项卡，在"临时尺寸标注文字外观"栏中，可以设置临时尺寸的字体大小和文字背景是否透明，如图 0-2-29 所示。

图 0-2-29　改变临时尺寸标注外观

模块一

创建建筑模型

项目一　创建标高轴网

学习任务一　创建和编辑标高

在 Revit 2024 中，标高与轴网是建筑构件在立剖面和平面视图中定位的重要依据，是建筑设计重要的定位信息。事实上，标高和轴网是在 Revit 2024 平台上实现建筑、结构、机电全专业间三维协同设计的工作基础与前提条件。

在 Revit 2024 中设计项目，可以从标高和轴网开始，根据标高和轴网信息建立墙、门、窗等模型构件；也可以先建立概念体量模型，再根据概念体量生成标高、墙、门、窗等三维构件模型，最后再加轴网、尺寸标注等注释信息，完成整个项目。两种方法殊途同归，本书将以第一种方法完成建工实训基地楼项目，这符合国内绝大多数建筑设计院的设计流程。本章将介绍如何创建项目的标高和轴网定位信息，并对标高和轴网进行修改。

在 Revit 2024 中创建模型时，遵循由整体到局部的原则，从整体出发，逐步细化。需要注意的是，在 Revit 2024 中工作时，建议读者都遵循这一原则进行设计，在创建模型时，不需要过多考虑与出图相关的内容，而是在模型全部创建完成后，再完成图纸工作。

平面图中，每一个窗户、门、阳台等构件的定位都与轴网、标高息息相关，轴网用于反映平面上建筑构件的定位情况；立面图中，标高用于反映建筑构件在高度方向上的定位情况。建议先创建标高，再创建轴网。

一、创建标高

实训任务

以建工楼项目为例，创建并完成建工楼的标高及各楼层平面。

操作提示

1. 标高的概念

在 Revit 2024 中开始建模前，应先对项目的层高和标高信息做出整体规划。在建立模型时，Revit 2024 将通过标高确定建筑构件的高度和空间位置。

标高用于反映建筑构件在高度方向上的定位情况，是在空间高度上相互平行的一组平面，由标头和标高线组成，反映了标高的标头符号样式、标高值、标高名称等信息。标高线反映标高对象投影的位置和线型表现；标高族的实例参数"立面"和"名称"分别对应标高对象的高度值和标高名称，如图 1-1-1 所示。

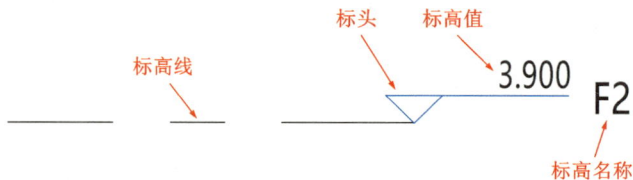

图 1-1-1　标高符号

2. 创建标高

准备工作：根据给出的建工楼项目图纸，创建如图 1-1-2 所示建工楼标高线。

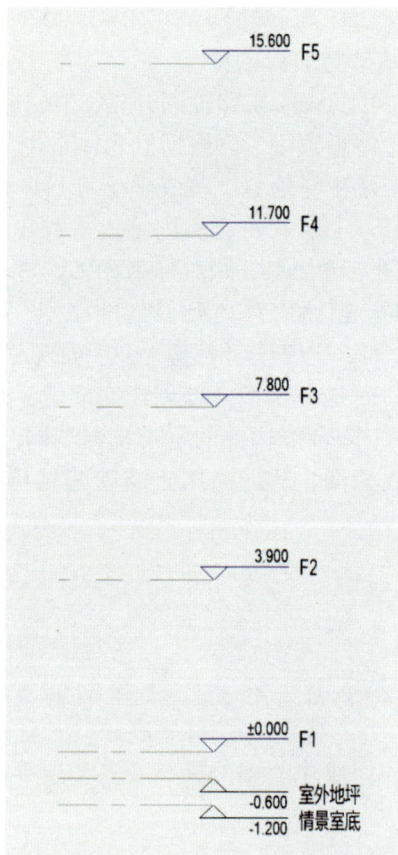

图 1-1-2　建工楼标高线

（1）新建项目文件以及设置项目单位。

①新建项目文件：启动 Revit 2024，在左侧列表中选择"模型→新建"命令，弹出"新建项目"对话框如图 1-1-3 所示，选择"建筑样板"文件为模板，新建"建筑项目"。

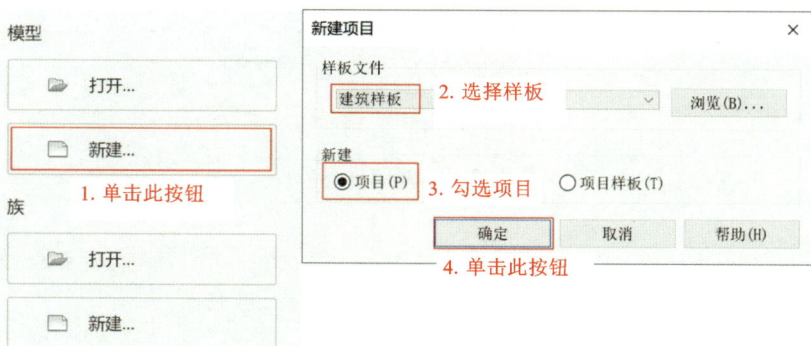

图 1-1-3　新建项目对话框

②设置项目单位：默认打开 F1 楼层平面视图。打开"管理"菜单，单击"设置"工具面板，单击"　项目 单位"工具，弹出"项目单位"对话框，如图 1-1-4 所示，设置当前项目中"长度"单位为 mm，"面积"单位为 m^2，"距离"单位为 mm，单击"确定"按钮完成设置。

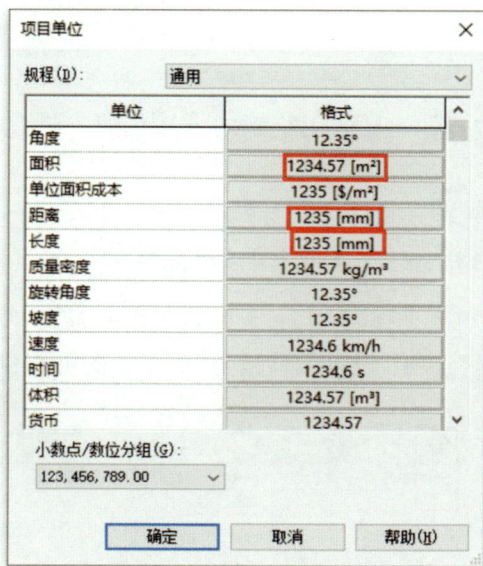

图 1-1-4　项目单位设置对话框

（2）修改默认标高值。

在项目浏览器中展开"立面"视图类别，双击"南立面"视图名称，切换至南立面视图。在南立面视图中，显示项目样板中设置的默认标高为标高 1 与标高 2，且标高 1 为±0.000 m，标高 2 为 3.000 m。

分别单击"标高 1""标高 2"标高名称，进入标高名称文本编辑状态，如图 1-1-5 所示，修改为"F1""F2"。

单击"F2"标高值，进入标高值文本编辑状态，如图 1-1-6 所示，直接输入"3.9"，回车

图 1-1-5　修改标高名称

确认，F2 标高自动移动至距离±0.000 标高 3.9 m 的位置，同时该标高与 F1 标高的距离为 3900 mm。平移视图，观察标高 F2 右侧标头的标高值同时被修改。

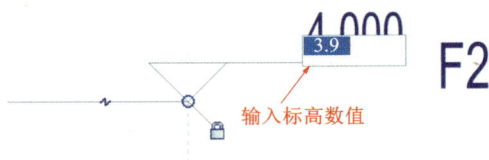

图 1-1-6　修改标高高度数值

提示：在样板中，已自动设置标高值的单位为 m，因此在标高值处输入"3.9"时，Revit 2024 将自动换算为 3900 mm。

（3）创建标高。

创建新的标高有两种方式：一是运用绘制的方法创建，二是运用复制已有标高的方法创建。

①用绘制的方法创建标高：

打开"南立面"视图，单击"建筑"选项卡中的"标高 "工具，进入创建标高工作模式，Revit 2024 自动切换至"修改|放置标高"上下文选项卡，选择"直线 "绘制方式，确认选项栏中已勾选"创建平面视图"选项，设置偏移量为"0"，如图 1-1-7 所示。

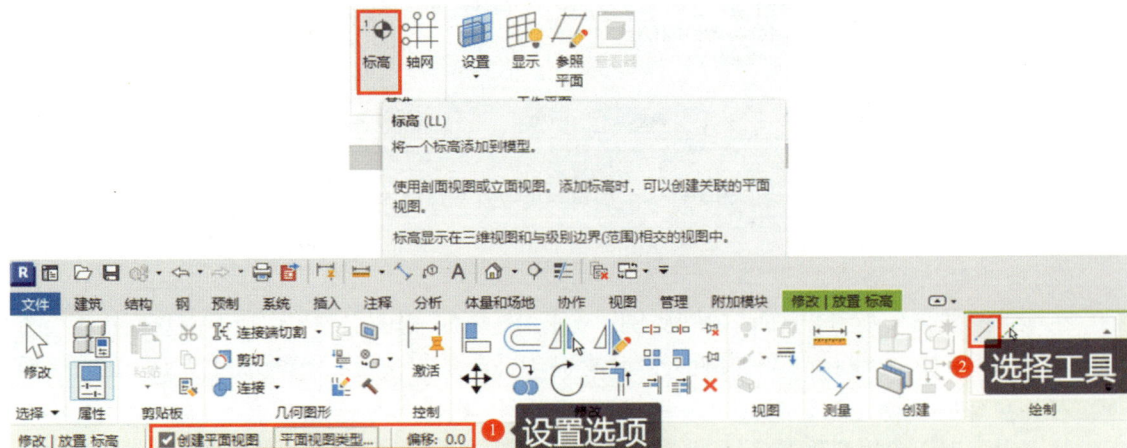

图 1-1-7　设置标高选项

从左往右依次绘制标高线，并调整其标高值，完成所有标高的创建。

②用复制的方法创建标高：

选择标高"F2"，Revit 2024 自动切换至"修改 | 标高"选项卡，单击"修改"面板中的"复制"工具，勾选选项栏中的"多个"选项，如图 1-1-8 所示。

图 1-1-8　复制标高

单击标高 F3 上任意一点作为复制的基点，向上移动鼠标，使用键盘输入"3900"并按回车键确认，作为第一次复制的距离，Revit 2024 将自动在标高 F2 上方 3900 mm 处复制生成新标高，并自动命名为 F3；继续向上移动鼠标指针，输入"3900"按回车键确认，Revit 2024 将在 F3 上方 3900 mm 处生成新标高，并自动命名为 F4，重复此操作，依次完成各标高的创建。按"Esc"键完成复制操作，结果如图 1-1-9 所示，Revit 2024 将自动计算标高值。

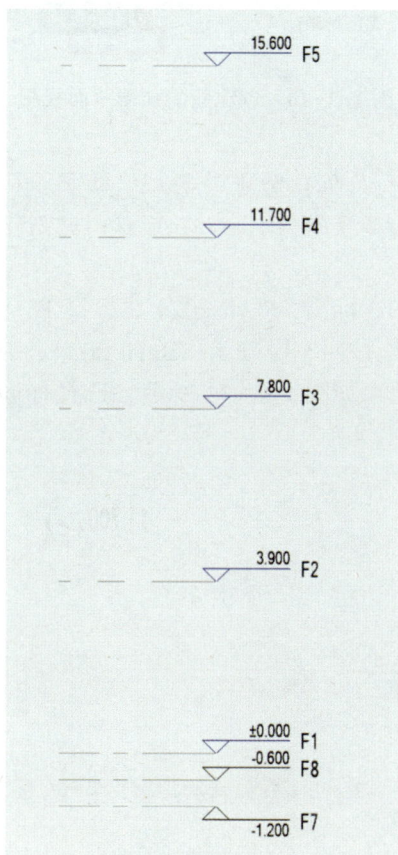

图 1-1-9　复制多个标高

提示：创建的方法较多，也可以采用阵列等方式生成其他标高。

Revit 2024 将自动按上次绘制的标高名称编号累加 1 的方式自动命名新建标高。

（4）创建楼层平面视图。

注意观察项目浏览器楼层平面视图列表中，运用复制方法创建的标高是参照标高。并未自动生成 F3、F4、F5 标高的楼层或天花板平面视图，Revit 2024 以黑色标高标头指示没有生成平面视图类型的标高，需要进一步手动创建楼层平面。

单击选项栏中的"视图→平面视图→楼层平面"按钮，打开"新建楼层平面"对话框，如图 1-1-10 所示。在视图类型列表中选择"楼层平面"，单击"确定"按钮完成创建。

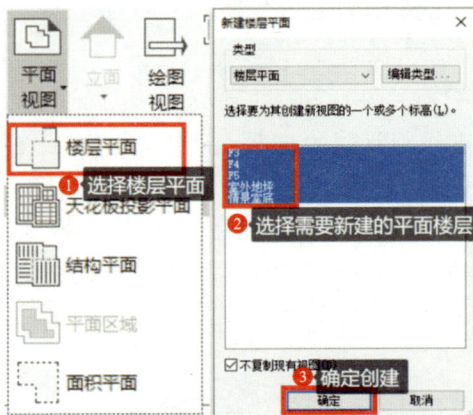

图 1-1-10 创建新的楼层平面视图

提示：平面视图类型分为天花板投影平面视图、楼层平面视图与结构平面视图。按住"Ctrl"键可以在视图列表中进行多重选择，此时，可以同时创建多种类型的视图。

（5）调整标高的位置。

单击选择上一步中绘制的 F3 标高，Revit 2024 在标高 F3 与 F4 之间显示临时尺寸标注。修改临时尺寸标注值为"3900"，按回车键确认。Revit 2024 将自动调整标高 F3 的位置，同时自动修改标高值为"7.8 m"，结果如图 1-1-11 所示。选择标高 F3 后，可能需要适当缩放视图，才能在视图中看到临时尺寸线。

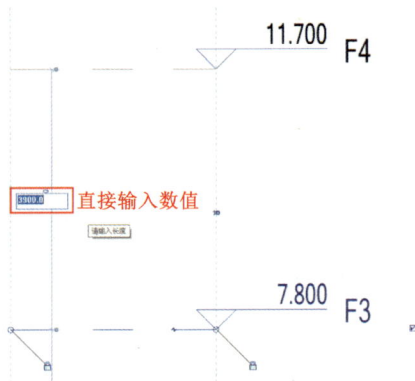

图 1-1-11 修改临时尺寸调整标高

（6）修改标高名称。

选择上一步中绘制的标高 F6，自动切换至"修改|标高"上下文选项卡。如图 1-1-12 所示，修改"属性"选项卡里的名称为"室外地坪"。单击"应用"按钮，应用该名称。

在修改标高名称时，弹出"是否希望重命名相应视图"对话框，如图 1-1-12 所示，单击"是（Y）"按钮，Revit 2024 将自动修改"F6"楼层平面视图名称为"室外地坪"。

提示：选择标高，单击标高名称文字，进入文本编辑状态，直接输入标高名称并按回车键，同样可以实现标高名称的修改，其效果与在实例属性中修改名称参数相同，需注意的是 Revit 2024 不允许出现相同标高名称。

图 1-1-12　修改标高与视图名称

（7）改善标高显示效果。

绘制的 F7 标高-1.200 m，改名为"情景室底"。但注意到由于情景室底标高线与室外地坪标高线距离较近，可以单击情景室底标高线上的"添加弯头"符号，以改善显示效果，如图 1-1-13 所示。

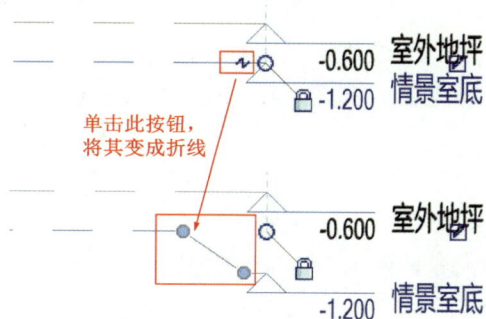

图 1-1-13　给标高线添加弯头

（8）保存标高项目文件。

单击"文件"菜单，在菜单中选择"保存"选项，弹出的"另存为"对话框中，指定保存位置并命名，单击"保存"按钮，将项目保存为"rvt格式"的文件。

第一次保存项目时，Revit 2024 会弹出"另存为"对话框。保存项目后，再单击"保存"按钮，将直接按原文件名称和路径保存文件。在保存文件时，Revit 2024 默认为用户自动保留3个备份文件，以方便用户找回保存前的项目状态。Revit 2024 将自动按 filename.001.rvt、filename.002.rvt、filename.003.rvt 的文件名称保留备份文件。

Revit 2024 可以设置备份文件的数量。在"另存为"对话框中，单击右下角的"选项"按钮，弹出"文件保存选项"对话框，如图 1-1-14 所示，修改"最大备份数"，设置允许 Revit 2024 保留的历史版本数量。当保存次数达到设置的"最大备份数"时，Revit 2024 将自动删除最早的备份文件。

在"文件保存选项"对话框中，在"预览"栏中还可以设置所保存的 RVT 项目文件中生成的预览视图。默认选项为项目当前的活动视图或图纸。保存预览视图后，在 Windows 10 资源管理器中使用"中等图标"或以上模式时，可以看到该项目保存的预览缩略图，如图 1-1-15 所示。

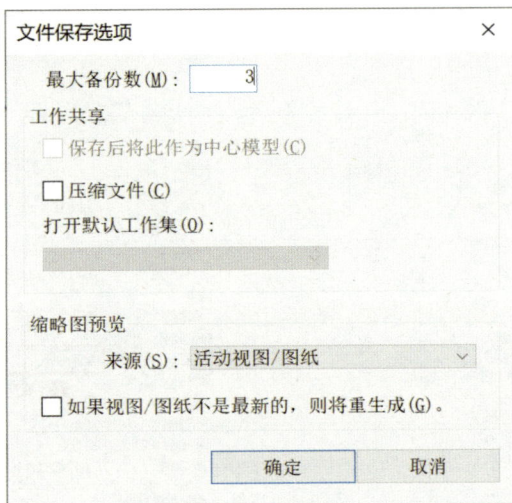

图 1-1-14 文件保存选项

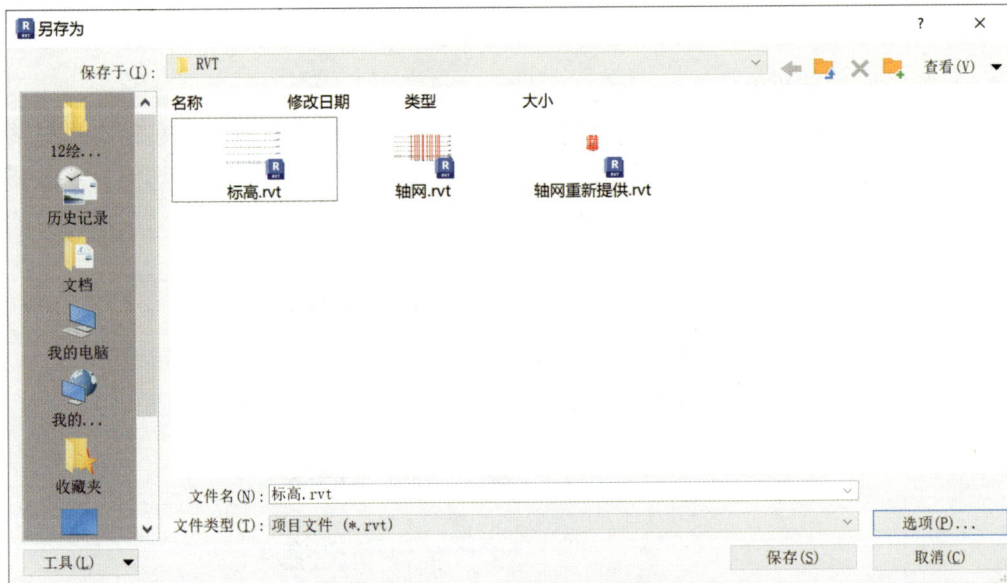

图 1-1-15 文件保存缩略图

二、编辑标高

实训任务

如何进行标高的有关设置操作。

操作提示

1.标高属性有关参数设置

选择任意一根标高线，单击"属性"面板的"编辑类型"，打开"类型属性"对话框，对标高显示参数进行编辑操作，如图 1-1-16 所示。

2.编辑标高操作

选择任意一根标高线，会显示临时尺寸、一些控制符号和复选框，如图 1-1-17 所示，可以编辑其尺寸值、单击并拖拽控制符号可整体或单独调整标高标头位置、控制标头隐藏或显示、标头偏移等操作。

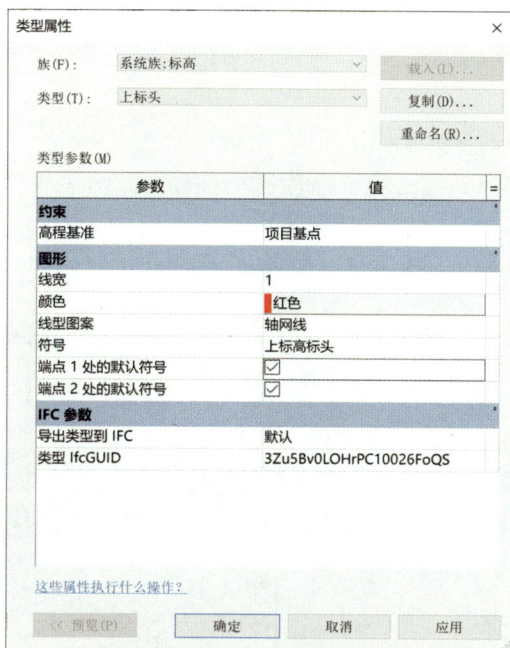

图 1-1-16　编辑标高属性

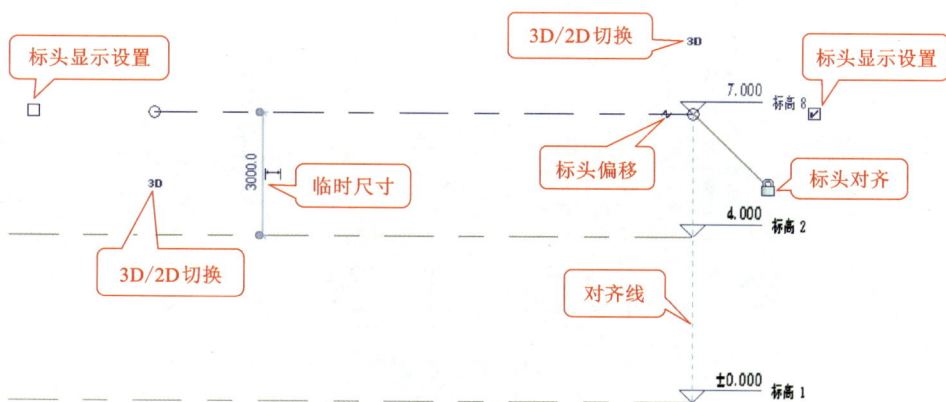

图 1-1-17　编辑标高

说明：

2D/3D 切换，如果处于 2D 状态，则表明所作修改只影响本视图，不影响其他视图；如果处于 3D 状态，则表明所作修改会影响其他视图。

标头对齐设置：表明所有的标高会一致对齐。

学习任务二　创建和编辑轴网

一、创建轴网

实训任务

创建和编辑建工楼项目的轴网，如图 1-2-1 所示。

轴网用于在平面视图中定位项目图元，标高创建完成后，可以切换至任意平面视图（如楼层平面视图）来创建和编辑轴网。

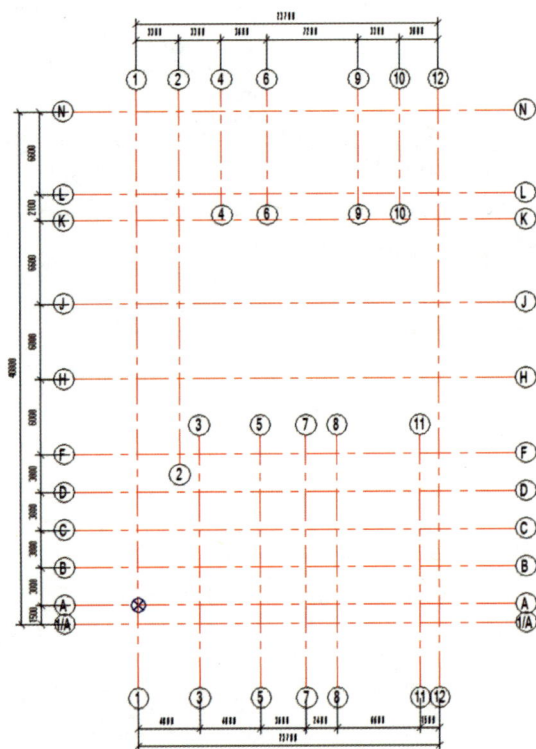

图 1-2-1　建工楼轴网

操作提示

在 Revit 2024 中，创建轴网的过程与创建标高的过程基本相同，其操作也一致。

1. 打开 F1 楼层平面视图

打开"建工楼.rvt"项目文件，切换至 F1 楼层平面视图。楼层平面视图中符号" 🔂 "表示本项目中东、南、西、北各立面视图的位置。

2. 确认绘制轴线的方式

单击选项栏中的"建筑→基准→轴网 "按钮，自动切换至"修改 | 放置轴网"上下文选项卡，进入轴网绘制状态。确认属性面板中轴网的类型为"5 mm 编号"，绘制面板中轴网绘制方式为"直线 ✏"，确认选项栏中的偏移量为"0.0"。

3. 绘制第一条轴线

移动鼠标指针至空白视图左下角空白处单击，作为轴线起点，向上移动鼠标指针，Revit 2024 将在指针位置与起点之间显示轴线预览，并给出当前轴线方向与水平方向的临时尺寸角度标注。当绘制的轴线沿垂直方向时，Revit 2024 会自动捕捉垂直方向，并给出垂直捕捉参考线。沿垂直方向向上移动鼠标指针至左上角位置时，单击鼠标左键完成第一条轴线的绘制，并自动为该轴线编号为"1"。如图 1-2-2。

提示：确定起点后按住键盘"Shift"键不放，Revit 2024 将进入正交绘制模式，可以约束在水平或垂直方向绘制。

图 1-2-2　创建轴线

4. 利用临时尺寸绘制第二条轴线

确认 Revit 2024 仍处于放置轴线状态。移动鼠标指针至①轴线起点右侧任意位置，Revit 2024 将自动捕捉该轴线的起点，给出端点对齐捕捉参考线，并在指针与①轴线间显示临时尺寸标注，指示指针与①轴线的间距。输入"3300"并按"Enter"键确认，将在距 1 轴右侧 3300 mm 处确定为第二条轴线起点，如图 1-2-3 所示。

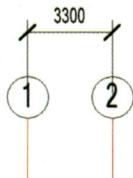

5. 绘制完成全部垂直方向轴线

同样，绘制完成全部垂直方向轴线，如图 1-2-4 所示。

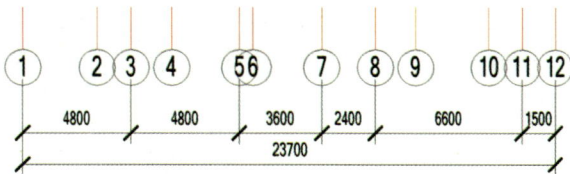

图 1-2-3　创建第二条轴线

图 1-2-4　创建全部垂直轴线

6. 绘制水平方向的第一条轴线

使用轴网工具，采用与前面操作中完全相同的参数，按图 1-2-5 所示位置沿水平方向绘制第一根水平轴网，Revit 2024 将自动按轴线编号累加 1 的方式自动命名轴线编号为 13。

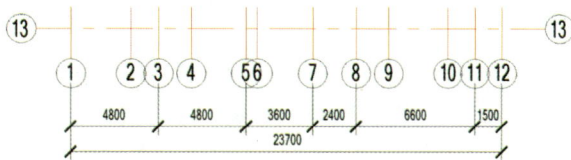

图 1-2-5　创建第 1 条水平轴线

7. 修改水平方向轴线的编号

选择上一步中绘制的水平轴网，单击轴网标头中轴网编号，进入编号文本编辑状态。删除原有编号值，使用键盘输入"1/A"，按键盘回车键确认输入，该轴线编号将修改为"1/A"，如图 1-2-6 所示。

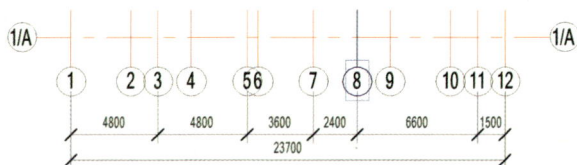

图 1-2-6 修改轴线名称

8. 利用阵列命令绘制水平方向轴线

单击Ⓐ号轴线上的任意一点，自动切换至"修改|轴网"上下文选项卡，单击"修改"面板中的"阵列"工具"⊞"，进入阵列修改状态。如图 1-2-7 所示，设置选项栏中的阵列方式为"线性"，取消勾选"成组并关联"选项，设置项目数为"5"，移动到"第二个"，勾选"约束"选项。再次在Ⓐ轴线上任意一点单击，作为阵列基点，向上移动鼠标指针直至与基点间出现临时尺寸标注。直接通过键盘输入"3000"作为阵列间距并按键盘回车键确认，Revit 2024 将向上阵列生成轴网，并按累加的方式为轴网编号，如图 1-2-8 所示。注意：图中为表明各轴线间距，为轴网标注了线性尺寸标注。

图 1-2-7 阵列复制参数设置

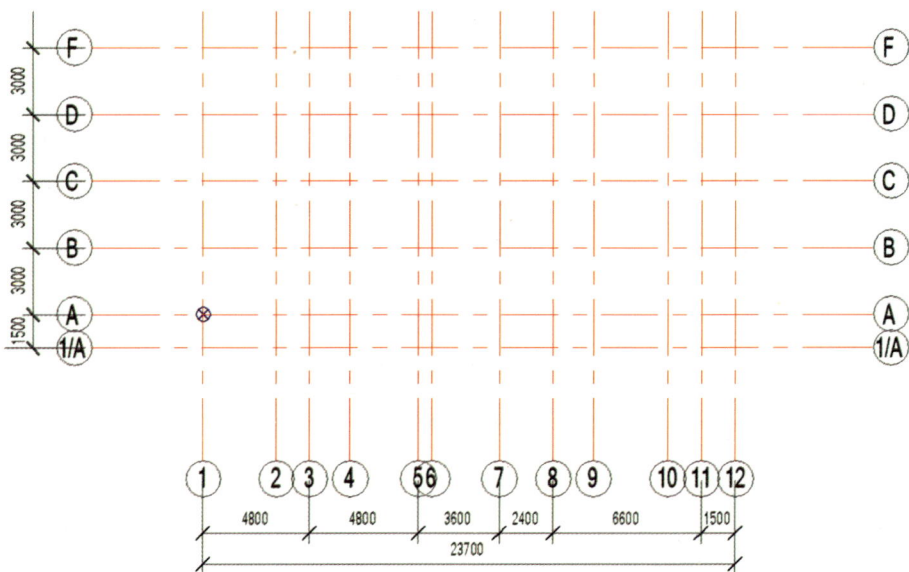

图 1-2-8 阵列复制 5 条水平轴线

9.采用复制方式绘制其他轴线

采用复制方式绘制其他轴线，完成后如图 1-2-9 所示。

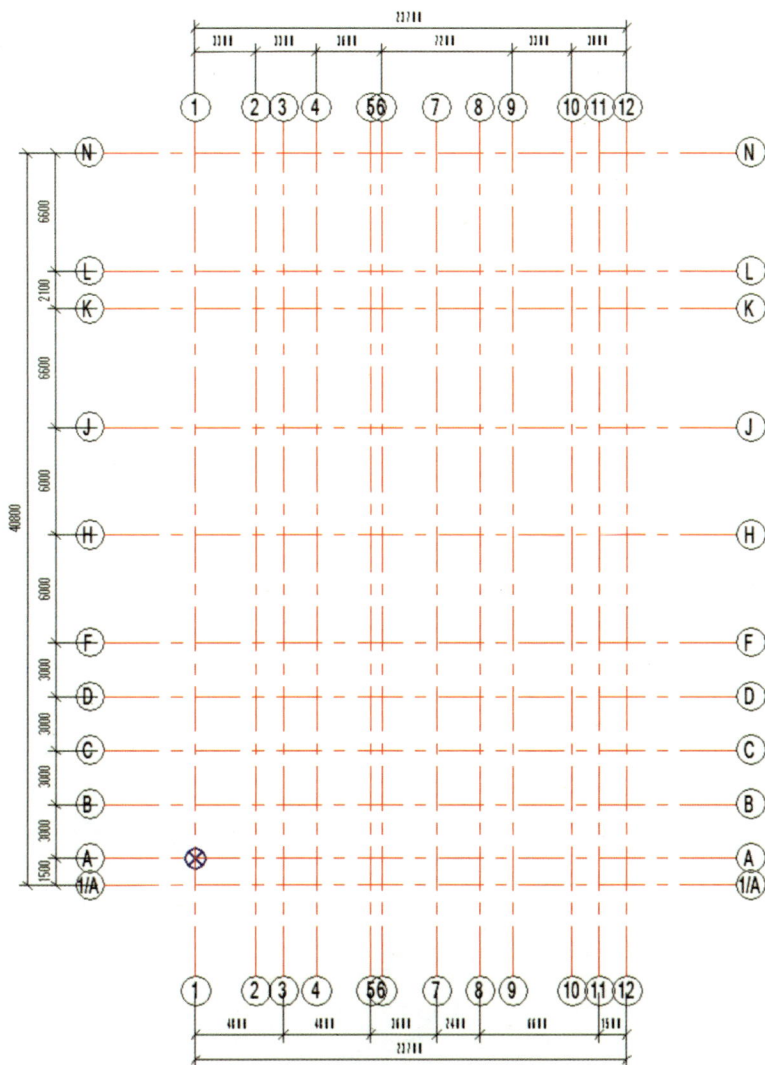

图 1-2-9　复制方式完成轴线绘制

二、编辑轴网

实训任务

编辑建工楼轴网，熟悉有关轴网的操作。

在 Revit 2024 中轴网对象与标高对象类似，是垂直于标高平面的一组"轴网面"，因此，它可以在与标高平面相交的平面视图(包括楼层平面视图与天花板视图)中自动产生投影，并在相应的立面视图中生成正确的投影。注意只有与视图截面垂直的轴网对象才能在视图中生成投影。

　　Revit 2024 的轴网对象由轴网标头和轴线两部分构成，如图 1-2-10 所示。轴网对象的操作方式与标高对象的操作方式基本相同，可以参照标高对象的修改方式修改、定义 Revit 2024 的轴网。

操作提示

1. 轴网参数的认识

轴网参数如图 1-2-10 所示。

图 1-2-10　轴网参数

2. 轴线的 3D 与 2D 状态的操作如图 1-2-11、图 1-2-12 所示

　　打开建工楼标高与轴网项目文件，打开 F1 楼层平面图以及 F2 楼层平面图，点击"视图"选项卡，平铺楼层 F1 平面视图与楼层 F2 平面视图窗口。拖拽轴头位置的方式来修改轴线的长度，在 3D 状态下修改 F1 轴线的长度，此时楼层平面 F2 对应的轴线①的长度也发生了变化。

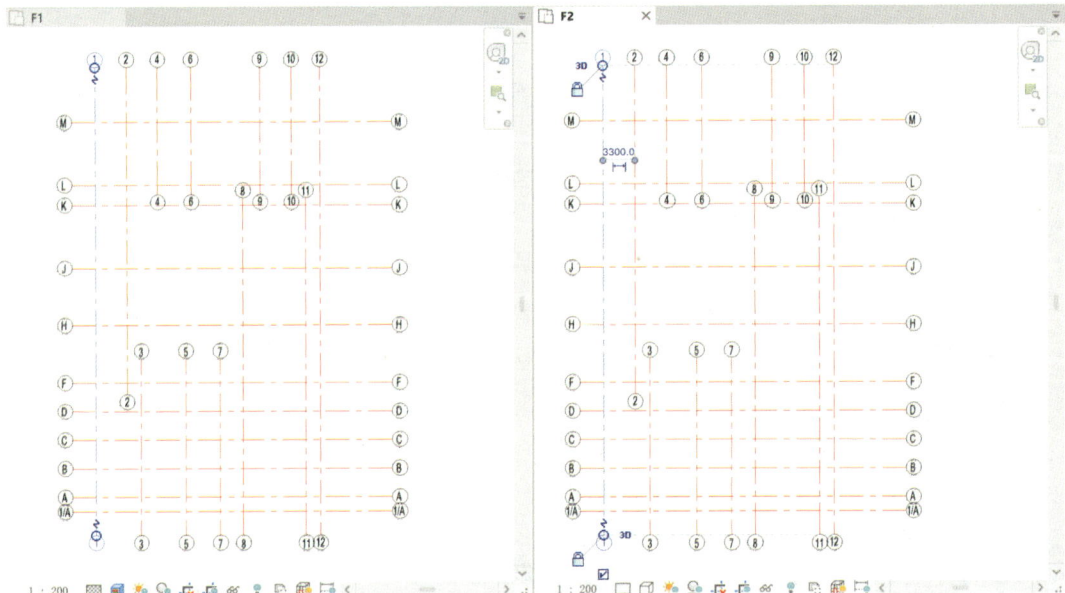

图 1-2-11　轴线 3D 的操作

　　单击"3D"符号，切换到 2D 状态，拖拽轴头位置方式修改轴线的长度，在 2D 状态下修改 F1 轴线的长度，此时楼层平面 F2 对应的轴线①的长度，没有发生相应的变化。

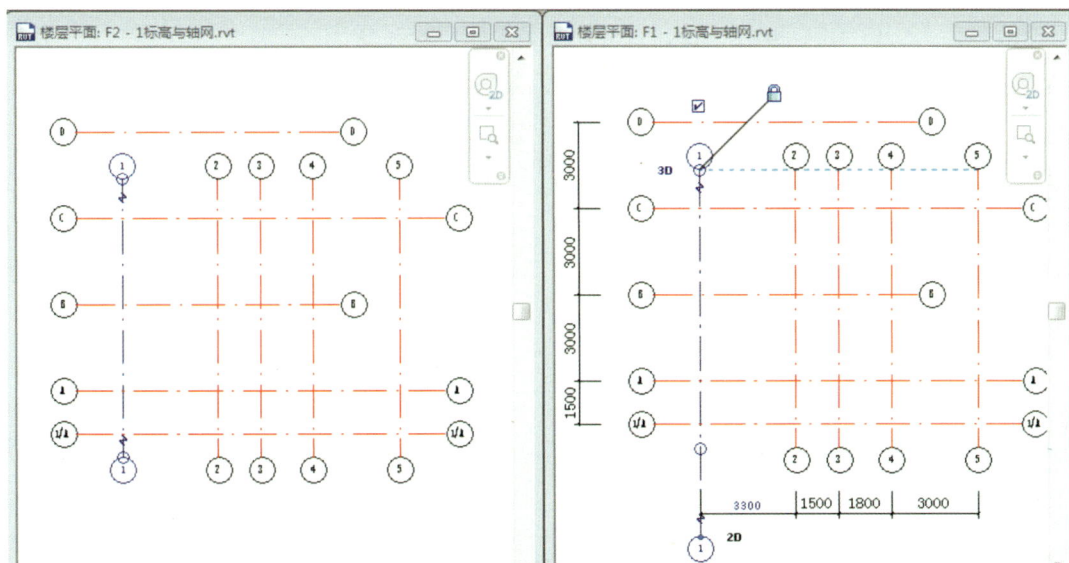

图 1-2-12　轴线 2D 的操作

　　2D 状态下，修改轴网的长度等于是修改了轴网在当前视图的投影长度，并没有影响轴网的实际长度；3D 状态下修改轴网的长度，事实上是修改了轴网的三维长度，会影响轴网在所有视图中的实际投影。若需修改 2D 轴网长度以达到影响其他视图的目的，须点击鼠标右键，选择"重设三维范围"。

3. 创建标高与创建轴网不同顺序的区别如图 1-2-13 所示

　　楼层 F1 平面视图窗口最大化，绘制标高 F4 并生成相应的 F4 楼层平面视图。

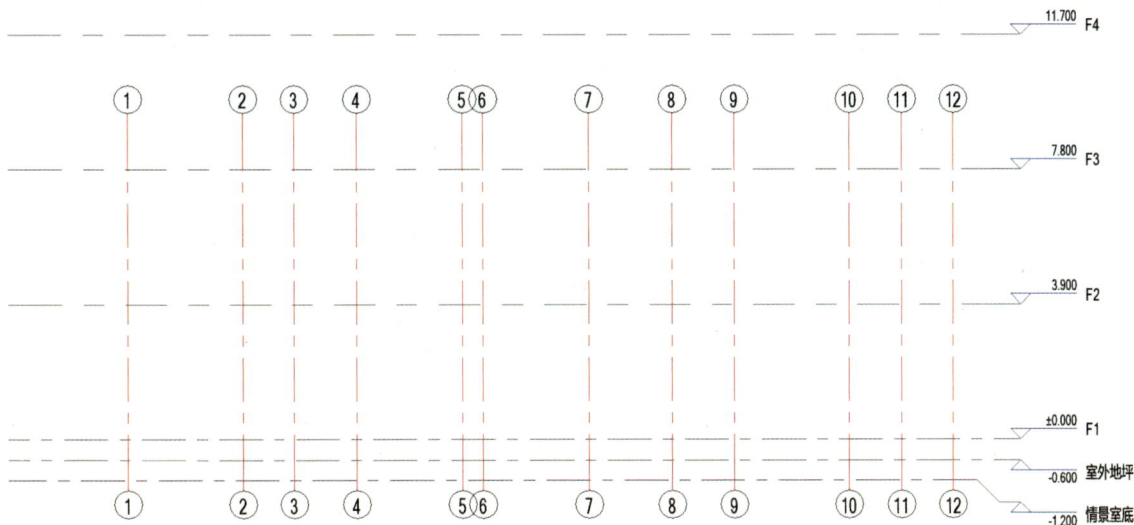

图 1-2-13　创建轴网与创建标高不同顺序的区别

切换到 F4，在 F4 楼层平面图中并没有生成对应的轴网，原因是轴网的高度没有达到 F4，不能在 F4 上形成轴网的投影，修改轴网的高度达到 F4 就可以在 F4 楼层平面视图中形成轴网的投影。

先绘制标高，再绘制轴网，默认的轴网会通过所有的标高。

4. 编辑建工楼的轴网操作

轴头处于锁定状态，单击"解锁"符号，解除与其他轴线的关联状态，对每根轴线单独进行编辑，编辑后的轴网如图 1-2-14 所示。

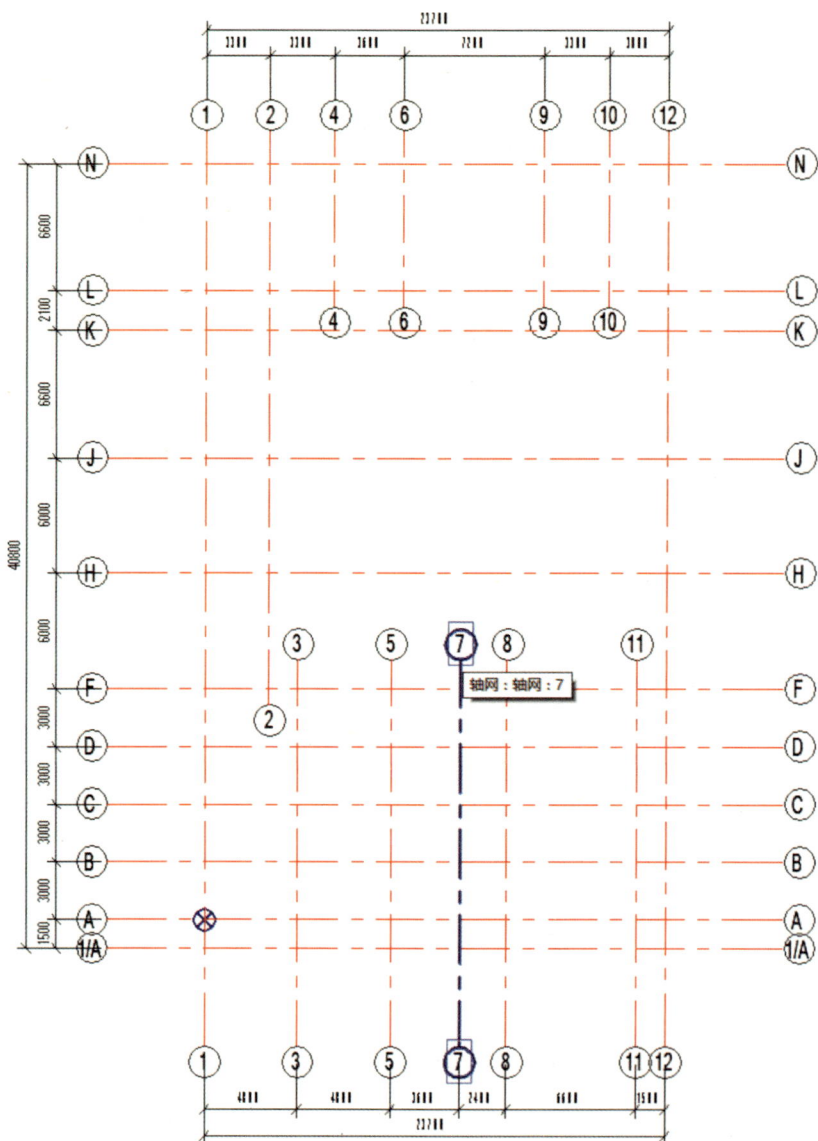

图 1-2-14　编辑后轴网

项目二　创建墙

知识准备　墙和墙结构

在 Revit 2024 中，墙属于系统族。Revit 2024 共提供 3 种类型的墙族：基本墙、叠层墙和幕墙，所有的墙都通过这 3 种系统族，运用不同样式和参数来进行定义。

Revit 2024 通过对“编辑部件”对话框中各结构层的定义，反映墙的构造做法。在创建该类型墙时，可以在视图中显示该墙定义的墙体结构，用于详细表达建筑细节。

在墙“编辑部件”对话框的“功能”列表中共提供了 6 种墙体功能，即结构[1]、衬底[2]、保温层/空气层[3]、面层1[4]、面层2[5]、涂膜层（通常用于防水涂层，厚度必须为0），可以定义墙结构中每一构造层在墙体中所起的作用。功能名称后方括号中的数字，例如“结构[1]”，表示当墙与墙连接时，墙各层之间连接的优先级别。方括号中的数字越大，该层的连接优先级越高。当墙与墙相连接时，Revit 2024 会试图连接功能相同的墙功能层。但优先级为 1 的结构层将最先连接，而优先级最低的“面层2[5]”将最后相连。

如图 2-0-1 所示，当具有多层的墙连接时，水平方向墙优先级最高的“结构[1]”功能层将“穿过”垂直方向墙的“面层1[4]”功能层，连接到垂直方向墙的“结构[1]”层。而水平方向墙结构层“衬底[2]”也将穿过垂直方向“面层1[4]”，直到“结构[1]”层。类似的，垂直方向优先级为 4 的“面层1[4]”将穿过水平方向墙“面层2[5]”，但无法穿过水平方向墙优先级更高的“衬底[2]”结构层。而在水平方向墙另一侧，由于该墙结构层“面层1[4]”的优先级与垂直方向结构层“面层1[4]”的优先级相同，所以将连接在一起。

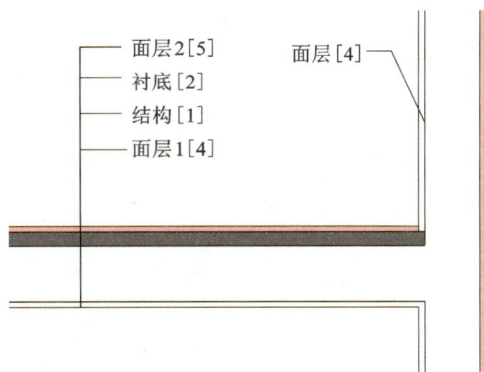

图 2-0-1　墙体构造层连接的优先级

合理设计墙和功能层的连接优先级，对于正确表现墙连接关系至关重要。请读者思考，如果将垂直方向墙两侧的面层功能修改为“面层2[5]”，墙连接将变为何种形式呢？

在 Revit 2024 墙结构中，墙部件包括两个特殊的功能层“核心边界”和“核心结构”。“核心边界”用于界定墙的核心结构与非核心结构，“核心边界”之间的功能层是墙的“核心结构”。所谓“核心结构”是指墙存在的必需条件，例如，砖砌体、混凝土墙体等。“核心边界”之外的功能层为“非核心结构”，如装饰层、保温层等辅助结构。以砖墙为例，砖结构层是墙的核心部分，而砖结构层之外的如抹灰、防水、保温等部分功能层依附于砖结构而存在，因此可以称为"非核心"部分。功能为"结构"的功能层必须位于"核心边界"之间。"核心结构"可以包括一个或多个结构层或其他功能层，用于创建复杂结构的墙体。

在 Revit 2024 中，"核心边界"以外的构造层，都可以设置是否"包络"。所谓"包络"是指墙非核心构造层在断开点处的处理方式。例如，在墙端点部位或当墙体中插入门、窗等洞口时，可以分别控制墙在端点或插入点的包络方式。

学习任务一　创建基本墙

在 Revit 2024 中，根据不同的用途和特性，模型对象被划分为很多类别，如墙、门、窗、家具等。我们首先从建筑的最基本的模型构件——墙开始。

在 Revit 2024 中，墙属于系统族，即可以根据指定的墙结构参数定义生成三维墙体模型。Revit 2024 提供墙工具，用于绘制和生成墙体对象。

一、定义和绘制外墙

实训任务

完成建工楼外墙的绘制如图 2-1-1，熟悉 Revit 2024 定义墙的类型以及绘制墙的方法。

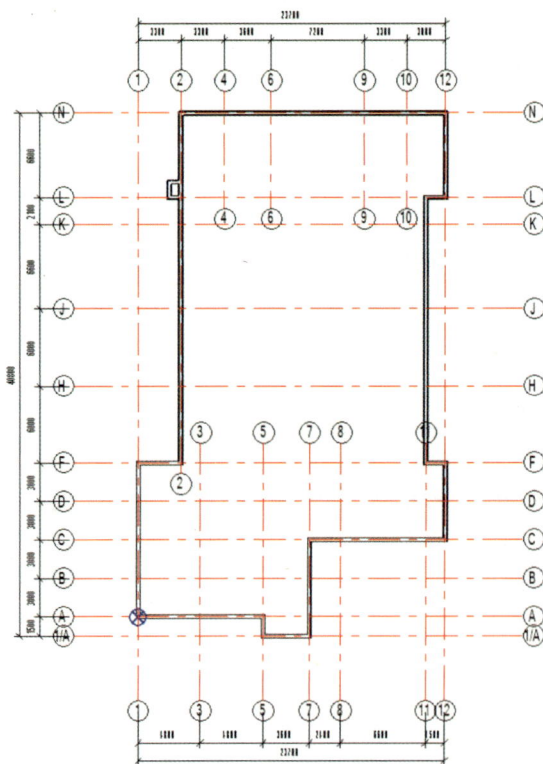

图 2-1-1　建工楼外墙

建工实训基地外墙做法从外到内依次为 20 厚面砖、30 厚保温、240 厚砖、20 厚内抹灰，如图 2-1-2 所示。

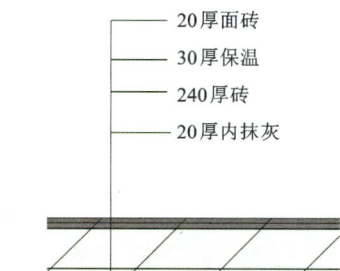

图 2-1-2　外墙结构做法与位置

操作提示

（一）定义墙的类型

在 Revit 2024 中创建模型对象时，需要先定义对象的构造类型。要创建墙图元，必须创建正确的墙类型。在 Revit 2024 中墙类型设置包括结构厚度、墙作法、材质等。

1.定义墙的名称

（1）选择墙工具。打开建工楼项目文件，切换至 F1 楼层平面视图。单击"建筑"选项卡下"墙→墙：建筑"命令。在"属性"面板的类型选择器中，选择列表中的"基本墙"族下面的"常规-200 mm"类型，以该类型为基础进行外墙类型的编辑，如图 2-1-3 所示。

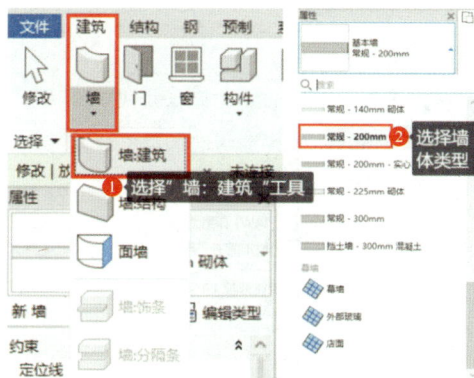

图 2-1-3　选择墙工具

注意当前列表中共有 3 种族，设置当前族为"系统族：基本墙"，此时类型列表中将显示"基本墙"族中包含的族类型。

（2）定义墙名称。单击"属性"面板中的"编辑类型"按钮，打开墙"类型属性"对话框。单击该对话框中的"复制"按钮，在"名称"对话框中输入"建筑-外墙-240 mm-外墙面砖"作为新类型墙体的名称，单击"确定"按钮返回"类型属性"对话框，为基本墙族创建名称为"建筑-外墙-240 mm-外墙面砖"的新类型，如图 2-1-4 所示。

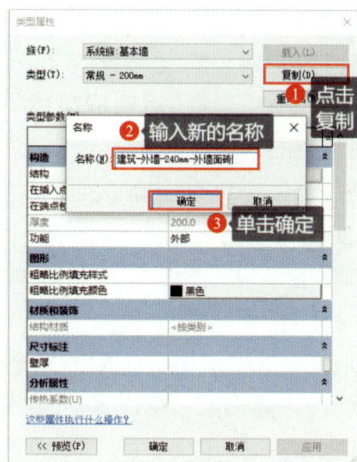

图 2-1-4　复制墙体类型

2. 定义墙的各类型参数

在"类型属性"对话框中，除了能够复制类型外，还可以在"类型参数"列表中设置各种参数，如表 2-1-1 所示。

表 2-1-1 【类型属性】对话框中的各个参数以及相应的值设置

参数	值
构造	
结构	单击【编辑】可创建复合墙
在插入点包络	设置位于插入点墙的层包络
在端点包络	设置墙端点的层包络
厚度	设置墙的宽度
功能	可将墙设置为"外墙""内墙""挡土墙""基础墙""檐底板"或"核心竖井"类别。功能可用于创建明细表以及针对可见性简化模型的过滤，或在进行导出时使用。创建 gbXML 导出时也会使用墙功能
图形	
粗略比例填充样式	设置粗略比例视图中墙的填充样式会使用墙功能
粗略比例填充颜色	将颜色应用于粗略比例视图中墙的填充样式
材质和装饰	
结构材质	显示墙类型中的设置的材质结构
标识数据	
注释记号	此字段用于放置有关墙类型的常规注释
型号	通常不是可应用于墙的属性
制造商	通常不是可应用于墙的属性

（1）设定墙体功能参数。

确认"类型属性"对话框墙体类型参数列表中的"功能"为"外部"，单击"结构"参数后的"编辑"按钮，打开"编辑部件"对话框。

在 Revit 2024 墙类型参数中，"功能"用于定义墙的用途，它反映墙在建筑中所起的作用。Revit 2024 提供了外墙、内墙、挡土墙、基础墙、檐底板及核心竖井 6 种墙功能。在管理墙时，墙功能可以作为建筑信息模型中信息的一部分，用于对墙进行过滤、管理和统计。

（2）结构参数的设定。

① 插入新的结构层。墙的构造层如图 2-1-2 所示，层列表中，单击"编辑部件"对话框中的"插入"按钮两次，在"层"列表中插入两个新层，新插入的层默认厚度为 0，且功能均为"结构[1]"。墙部件定义中，"层"用于表示墙体的构造层次。"编辑部件"对话框中定义的墙结构列表中从上（外部边）到下（内部边）代表墙构造从"外"到"内"的构造顺序。

②调整结构层顺序。单击"编号 2"的墙构造层，Revit 2024 将高亮显示该行。单击"向上"按钮，向上移动该层直到该层编号变为 1。注意其他层编号将根据所在位置自动修改。操作如图 2-1-5 所示。

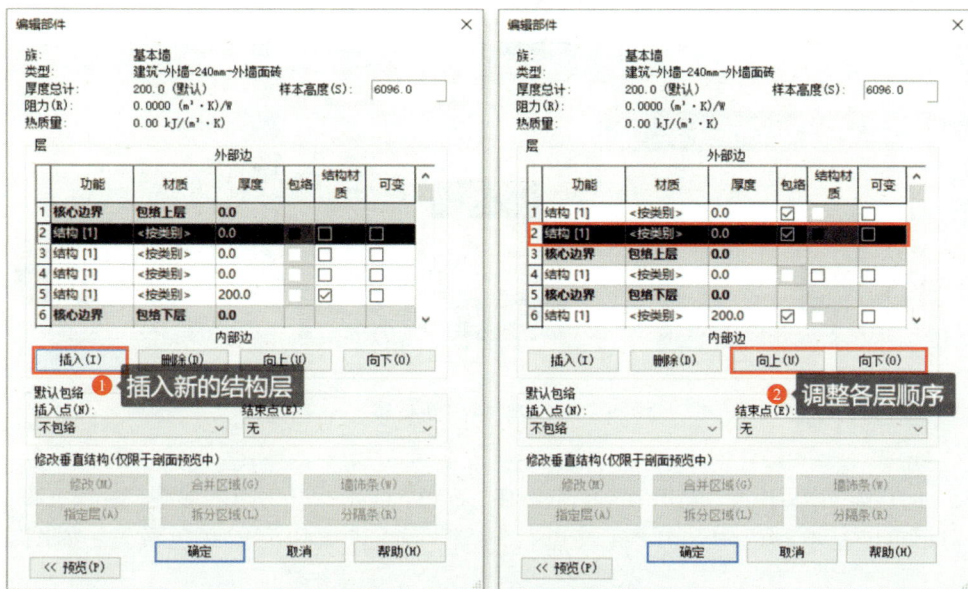

图 2-1-5　插入并调整墙体结构层

③定义结构层的功能。如图 2-1-6 所示，单击第 1 行的"功能"单元格，在功能下拉列表中选择"面层 1[4]"，并修改该层的"厚度"值为"20"。

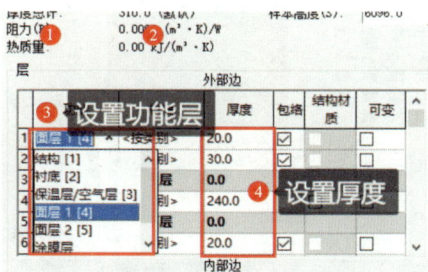

图 2-1-6　设置功能与厚度

④定义材质。复制选定的材质：单击第 1 行"材质"单元格中的按钮"□"，弹出"材质浏览器"对话框，单击下方的"●▼"按钮，选择"新建材质"选项，单击左下方的"□"按钮，在弹出的资源浏览器对话框中，输入"瓷砖"进行搜索，选择搜索到的"12 英寸顺砌-紫红色"材质，单击其右侧的"⇄"按钮，替换当前材质。

材质命名：单击右侧"标识"选项卡，在"名称"文本框中输入为"建工楼-外墙面砖"为材质重命名，如图 2-1-7 所示。

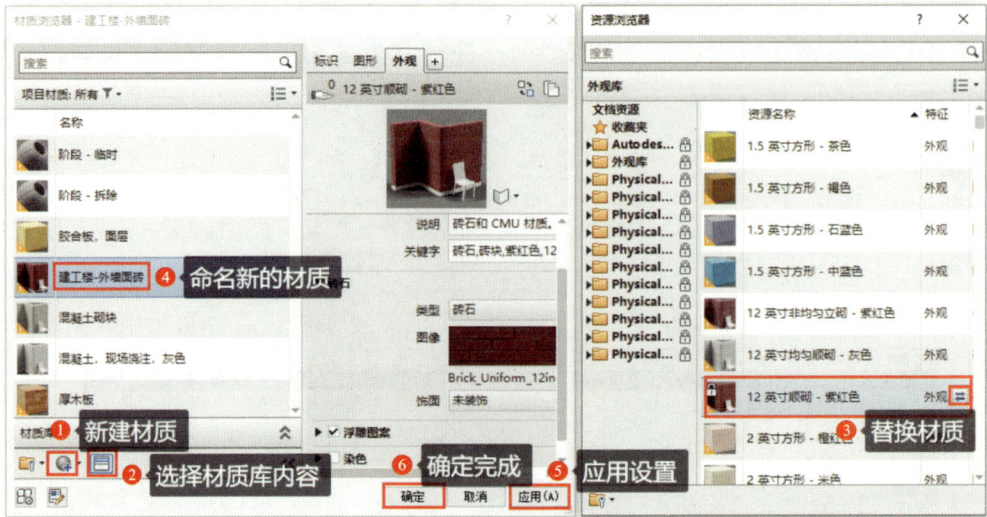

图 2-1-7　创建新材质

　　选定材质颜色：切换至"图形"选项卡，在"着色"选项组中单击"颜色"色块，在打开的"颜色"对话框的基本颜色中选择"砖红色"，单击"确定"按钮完成颜色设置，如图 2-1-8 所示。

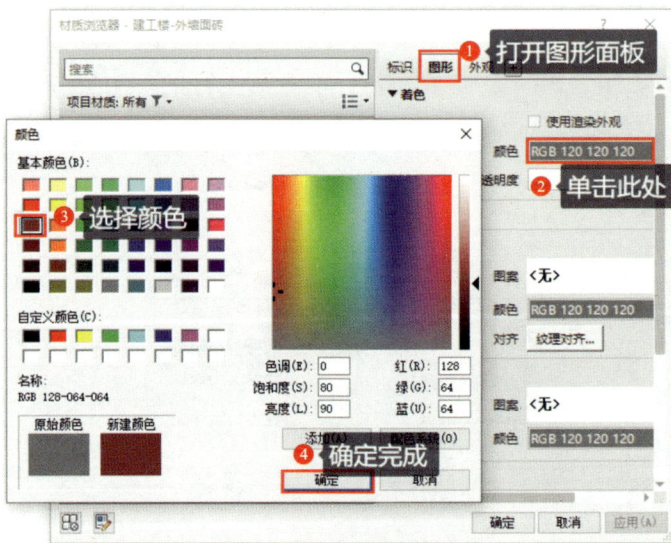

图 2-1-8　设置材质颜色

　　确定材质表面填充图案："表面填充图案"选项组用于在立面视图或三维视图中显示墙表面样式，单击"填充图案"右侧的"前景图案"按钮，打开"填充样式"对话框。单击"填充图案类型"选项组中的"模型"选项，选择"砌体-砖 80×240 mm"样式，单击"确定"按钮即完成填充图案类型的设置，如图 2-1-9 所示。注意："绘图"填充图案类型是跟随视图比例变化而变化，"模型"填充图案类型则是一个固定的值。

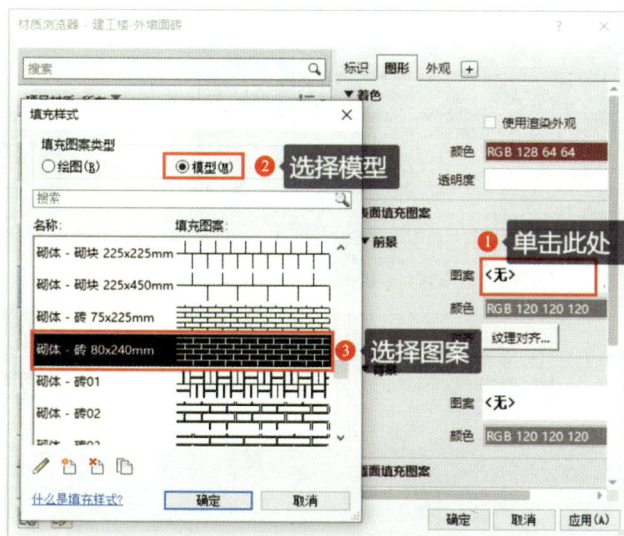

图 2-1-9　设置表面填充图案

确定材质截面填充图案："截面填充图案"选项组将在平面、剖面等墙被剖切时填充显示该墙层。单击"截面填充图案"右侧的"前景图案"按钮，打开"填充样式"对话框。选择下拉列表中的"上对角线"填充图案，单击"确定"按钮，如图 2-1-10 所示。

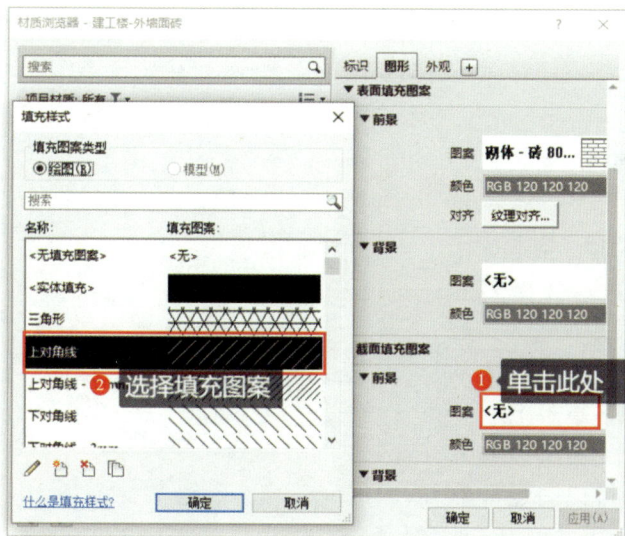

图 2-1-10　设置截面填充图案

设置建工楼材质的外观：右键单击图像处，将"图像"修改为"平铺"，修改各项参数，如图 2-1-11 所示。

完成所有设置后，并确定选择的是重命名后的材质选项，单击"确定"按钮，该材质显示在功能层中，其他功能层也可进行相应设置。

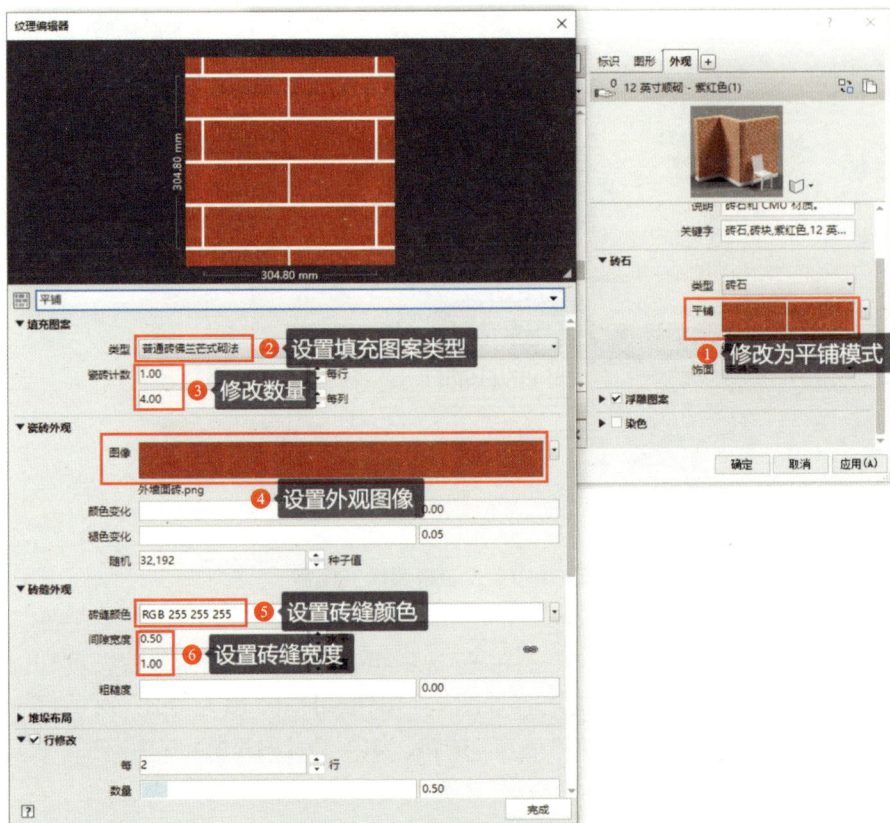

图 2-1-11　设置材质的外观参数

注意：无论是"属性"面板选择器中的墙体类型，还是"材质浏览器"对话框中的材质类型，均取决于项目样本文件中的设置。

按照上述操作完成所有结构层参数的设置，即完成了墙体材质的设置。墙的结构层如图 2-1-12。

当完成设置墙体的类型以及其内部的材质类型后就可以开始绘制墙体了。

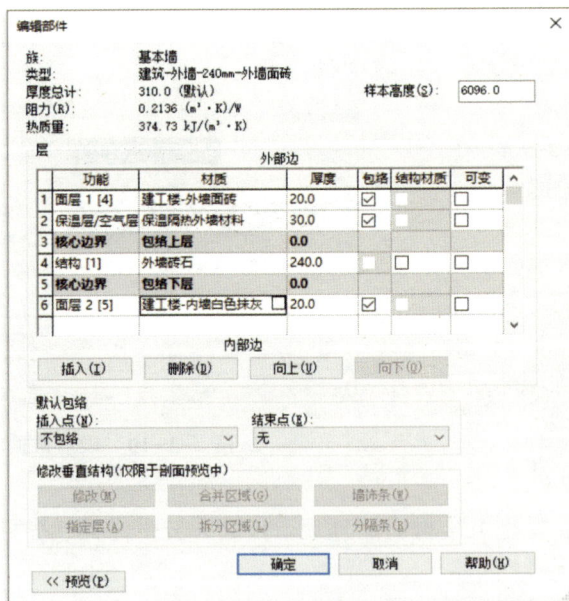

图 2-1-12　外墙的设置

（二）创建墙

1.确定绘制墙的方式

确认当前工作视图为 F1 楼层平面视图；确认 Revit 2024 仍处于"修改|放置墙"状态。如图 2-1-13 所示，设置"绘制"面板中的绘制方式为"直线　/"。

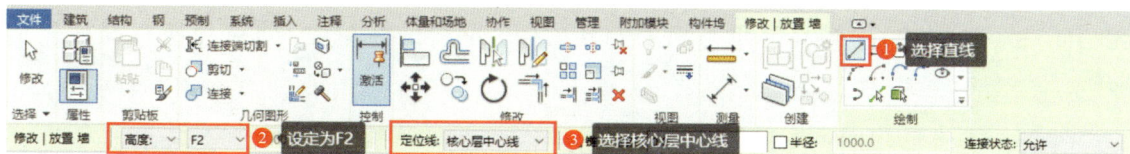

图 2-1-13　设置"墙"绘制选项

2.确定墙的高度以及定位线等参数

如图 2-1-13 所示，设置选项栏中的墙"高度"为 F2，即该墙高度由当前视图标高 F1 直到标高 F2。设置墙"定位线"为"核心层中心线"，勾选"链"选项，将连续绘制墙，设置偏移量为"0"。在属性栏中，设置底部约束为"1F"。

Revit 2024 提供了 6 种墙定位方式：墙中心线、核心层中心线、面层面内部和外部、核心面内部和外部。本节介绍墙构造时也介绍了墙核心层的概念。在墙类型属性定义中，由于核心内外表面的构造可能并不相同，因此核心中心与墙中心也可能并不重合。请读者们思考在本例中"建筑-外墙-240 mm-外墙面砖"墙中心与墙核心层中心线是否重合？

3.创建墙

确认"属性"面板类型选择器中，"基本墙：建工楼-砖墙 240-外墙-带饰面"设置为当前墙类型。在绘图区域内，鼠标指针变为绘制状态+。适当放大视图，移动鼠标指针至 1 轴与 A 轴线交点位置，Revit 2024 会自动捕捉两轴线交点处，单击鼠标左键作为墙绘制的起点。移动鼠标指针，Revit 2024 将在起点和当前鼠标位置间显示预览示意图。

沿 1 轴线垂直向上移动鼠标指针，直到捕捉至 F 轴与 1 轴交点位置，单击作为第一面墙的终点。沿 F 轴向右继续移动鼠标指针，捕捉 F 轴与 2 轴交点，单击完成第二面墙。完成后按键盘"Esc"键两次，退出墙绘制模式，如图 2-1-14 所示。返回 F1 楼层平面视图，选择"建筑"选项卡中"构建"面板中的"墙"工具，并设置类型选择器的基本墙类型为"基本墙：建工楼-砖墙 240-外墙-带饰面"，完成全部外墙的绘制。

由于勾选了选项栏中的"链"选项，在绘制时第一

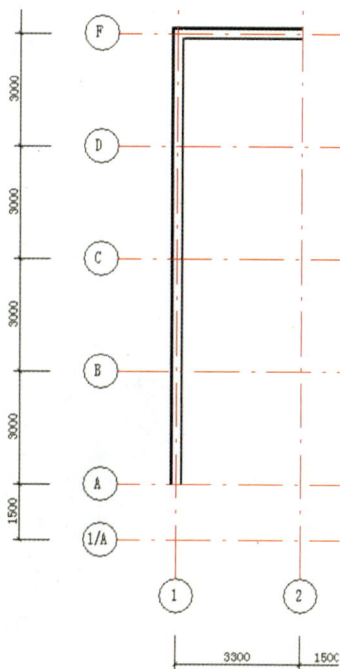

图 2-1-14　绘制外墙

面墙的绘制终点将作为第二面墙的绘制起点。

（三）墙的三维效果显示

单击"快速访问工具栏"中的"默认三维视图 🏠 "按钮，切换至默认三维视图。在视图底部中的视图控制栏中切换视觉样式，此时显示模式为"着色"。观察上一步中绘制的所有墙体的三维模型状态。

在默认三维视图中，移动鼠标指针至任意墙顶部边缘处，指针处外墙将高亮显示，按键盘"Tab"键，Revit 2024 高亮显示与该墙相连的墙，单击鼠标左键，将选择所有高亮显示的墙。

（四）创建其他楼层平面的墙体

当一层平面视图外墙创建完成后，选择所有的墙体，单击"剪贴板"面板中的"复制至剪贴板"工具" 📋 "，将所选择图元复制至 Windows 剪贴板。单击"剪贴板"面板中的"对齐粘贴"，弹出对齐粘贴下拉列表，在列表中选择"与选定标高对齐"选项，即复制其他平面楼层的墙体，如图 2-1-15 所示。1F—3F 外墙绘制完成后的三维效果如图 2-1-16 所示。

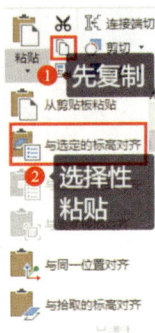

图 2-1-15　复制外墙

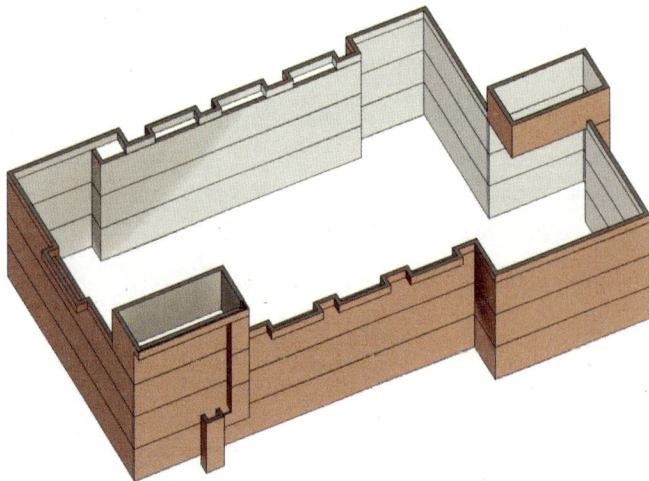

图 2-1-16　1F-3F 外墙的三维效果

二、定义和绘制内墙

实训任务

完成建工楼内墙的绘制，熟悉 Revit 2024 定义墙的类型以及绘制墙的方法。建工实训基地内墙做法从外到内依次为 20 厚面砖、30 厚保温、240 厚砖、20 厚内抹灰，如图 2-1-17 所示。

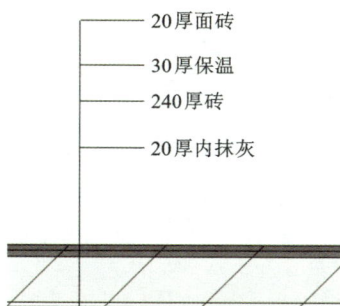

图 2-1-17　内墙结构层

操作提示

（一）定义墙的类型

1. 定义内墙的名称

打开建工楼的项目文件，切换至 F1 楼层平面视图，使用"墙"工具，在属性面板的"类型"选择器中，选择墙类型为"建筑-外墙-240 mm-外墙面砖"。打开"类型属性"对话框，以该类型为基础，复制建立名称为"建筑-内墙-240 mm-内墙抹灰"，并设置"功能"为"内部"的新基本墙类型。如图 2-1-18 所示。

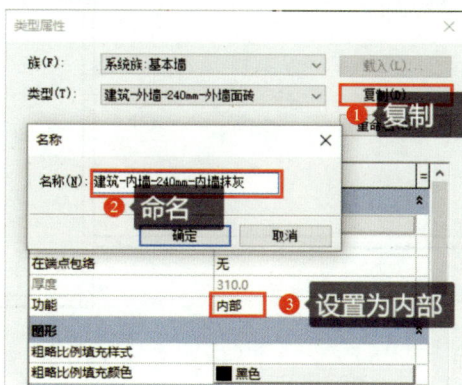

图 2-1-18　复制创建内墙类型

2.定义内墙各类型参数

打开"编辑部件"对话框，单击选择"保温层/空气"层，单击"删除"按钮删除该层。修改第 1 层、第 5 层的功能、材质和厚度，如图 2-1-19 所示。设置完成后单击"确定"按钮，返回"类型属性"对话框，完成内墙结构设置。

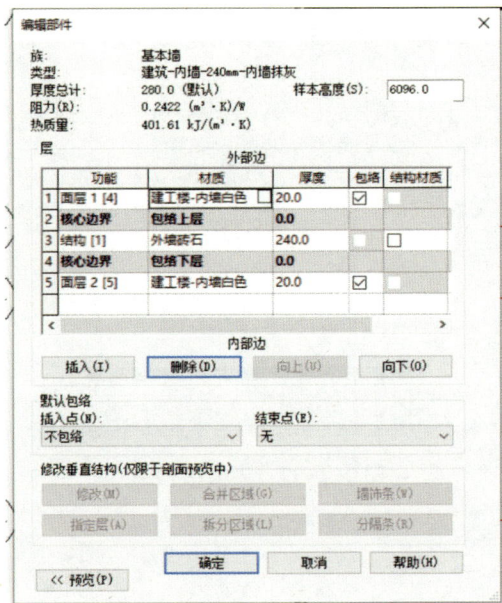

图 2-1-19 设置内墙类型

(二)创建内墙

确定绘制方式是直线后，分别在轴线 5 上，A 轴至 C 轴之间绘制垂直内墙，接着继续在 C 轴线上的轴线 5 至 7 之间绘制水平内墙，按一次"Esc"键，退出连续绘制状态，如图 2-1-20 所示。

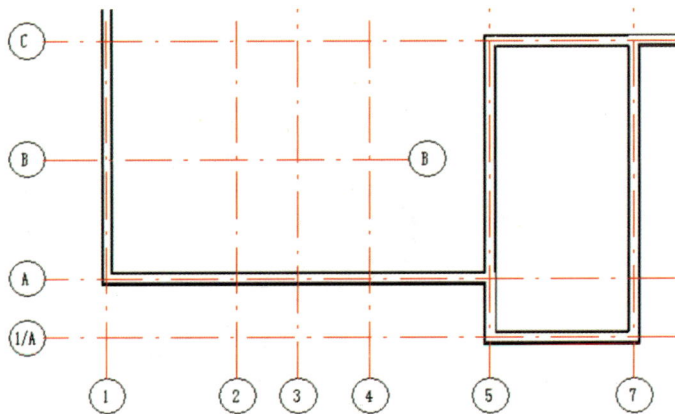

图 2-1-20 绘制内墙

继续绘制其他内墙，注意内部卫生间内墙厚度仅 120 mm，因此需创建"建筑−卫生间内墙−120 mm−内墙抹灰"墙体类型，完成 1F 全部内墙绘制，如图 2-1-21 所示。

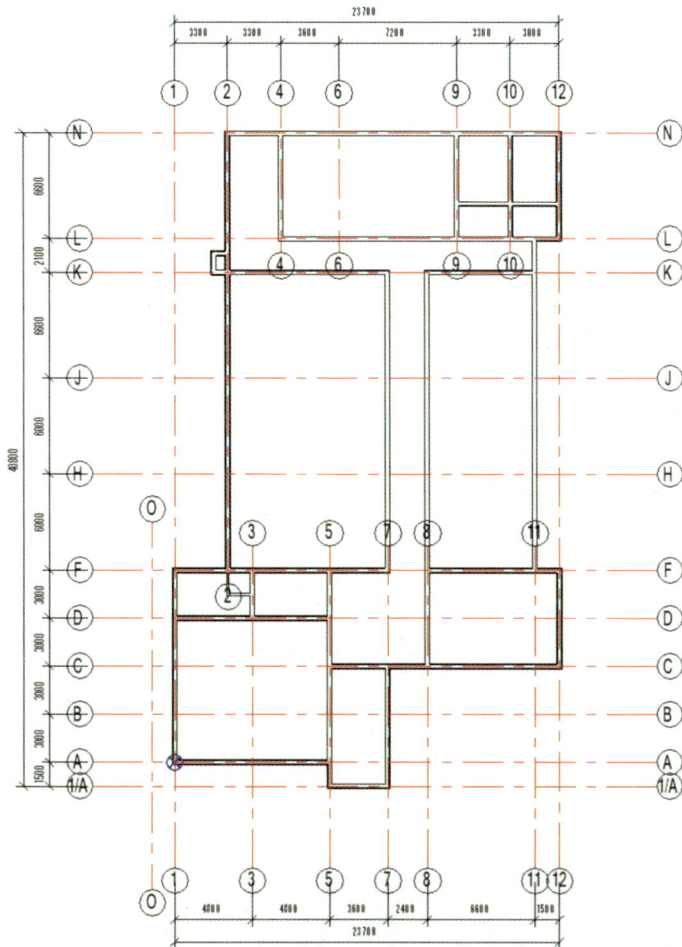

图 2-1-21　完成 1F 内墙

(三)显示内墙的三维效果

单击快速访问工具栏中的"默认三维视图"按钮，切换至默认三维视图中，查看绘制效果，如图 2-1-22 所示。至此，建工实训基地一层墙体绘制完成。

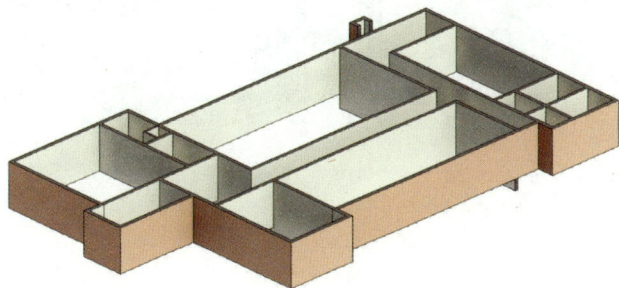

图 2-1-22　1F 墙体三维效果

（四）创建其他楼层平面的内墙

按照上述步骤完成建工楼所有外墙的创建，1F—3F 内外墙完成如图 2-1-23 所示。

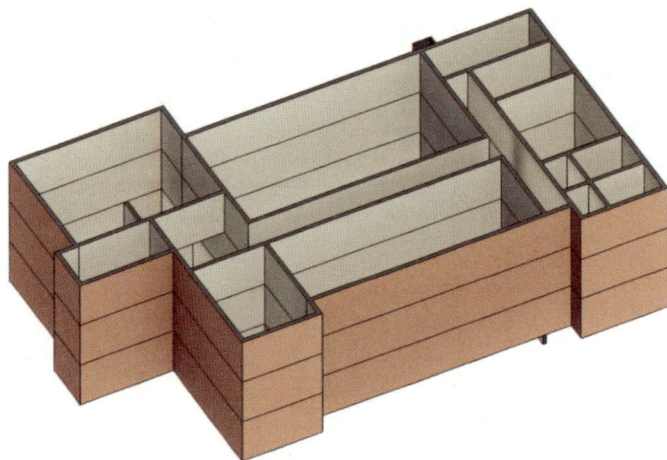

图 2-1-23　1F-3F 墙体效果

学习任务二　创建幕墙

知识准备　幕墙简介

　　幕墙是一种外墙，附着在建筑结构上，而且不承担建筑楼板或屋顶的荷载。在一般应用中，幕墙常常定义为薄的、通常带铝框的墙，包含填充的玻璃、金属嵌板或薄石。

　　在 Revit 2024 中，幕墙由"幕墙嵌板""幕墙网格"和"幕墙竖梃"3 部分构成，如图 2-2-1 所示。幕墙嵌板是构成幕墙的基本单元，幕墙由一块或多块幕墙嵌板组成。幕墙嵌板的大小、数量由划分幕墙的幕墙网格决定。幕墙竖梃即幕墙龙骨，是沿幕墙网格生成的线性构件。当删除幕墙网格时，依赖于该网格的竖梃也将同时删除。在 Revit 2024 中，可以手动或通过参数指定幕墙网格

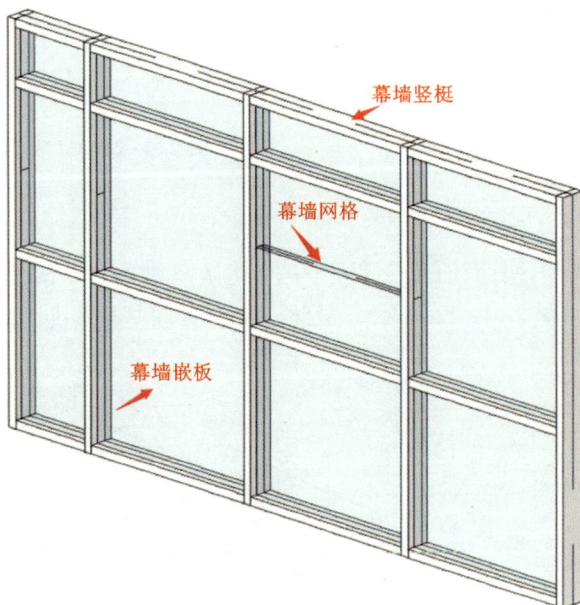

图 2-2-1　幕墙的组成

的划分方式和数量。幕墙嵌板可以替换为任意形式的基本墙或叠层墙类型，也可以替换为自定义的幕墙嵌板族。

可以使用默认 Revit 2024 幕墙类型设置幕墙。Revit 2024 提供 3 种复杂程度的幕墙类型，可以对其进行简化或增强。

（1）幕墙。没有网格或竖梃。没有与此墙类型相关的规则。此墙类型的灵活性最强。

（2）外部玻璃。具有预设网格。如果设置不合适，可以修改网格规则。

（3）店面。具有预设网格和竖梃。如果设置不合适，可以修改网格和竖梃规则。

幕墙是现代建筑设计中常用的带有装饰效果的建筑构件，是建筑物的外墙围护，不承受主体结构荷载，像幕布一样挂上去，故又称为悬挂墙。幕墙由结构框架与镶嵌板材组成。Revit 2024 在墙工具中提供了幕墙系统族类别，可以使用幕墙系统族创建所需的各类幕墙。

一、创建幕墙

实训任务

创建建工楼入口大门，熟悉如何创建幕墙以及如何进行幕墙网格的绘制，如图 2-2-2 所示。

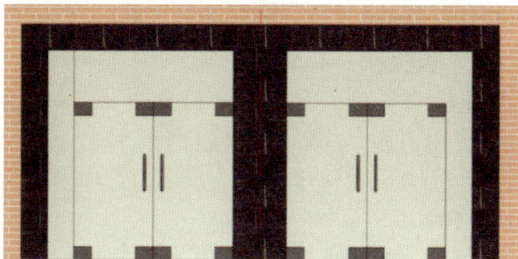

图 2-2-2　入口幕墙

操作提示

1. 绘制幕墙的定位参照平面

在 Revit 2024 中，除使用标高、轴网对象进行项目定位外，还提供了"参照平面"这种工具用于局部定位。

如图 2-2-3 所示，在"建筑"选项卡的"工作平面"面板中，"参照平面"工具用于创建参照平面。参照平面的创建方式与标高和轴网类似。不同的是，它可以在立面视图、楼层平面视图，以及剖面视图中创建参照平面。

参照平面可以在所有与参照平面垂直的视图中生成投影，方便在不同的视图中进行定位。例如，在南立

图 2-2-3　参照平面

面视图中垂直标高方向绘制任意参照平面，可以在北立面视图、楼层平面视图中均生成该参照平面的投影。当视图中的参照平面数量较多时，可以在参照平面属性面板中通过修改"名称"参数，为参照平面命名，以方便在其他视图中找到指定参照平面，如图 2-2-4 所示。

切换至 F1 楼层平面视图。先在 1 轴上 B、D 轴线之间分别距 B 轴、D 轴均为 300 mm 的位置绘制两个参照平面，便于幕墙定位，如图 2-2-5 所示。

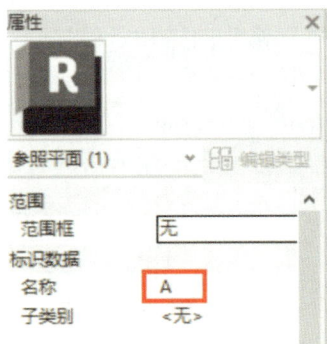

图 2-2-4 参照平面命名

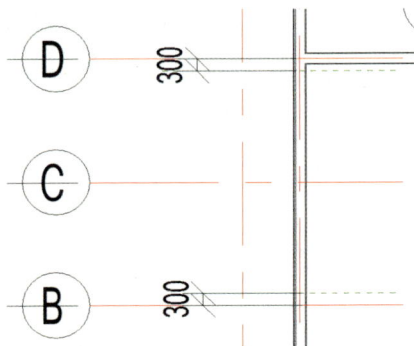

图 2-2-5 绘制两个参照平面

2. 定义幕墙类型

使用建筑选项卡"墙"工具，单击"建筑"选项卡下"墙→墙：建筑墙"命令，在"属性"面板类型选择器中选择墙类型为"系统族：幕墙"。打开"类型属性"对话框，复制出名称为"建筑-幕墙-240 mm-玻璃"的新幕墙类型。勾选上"自动嵌入"，其他参数不作任何修改，如图 2-2-6 所示，单击"确定"按钮退出"类型属性"对话框。

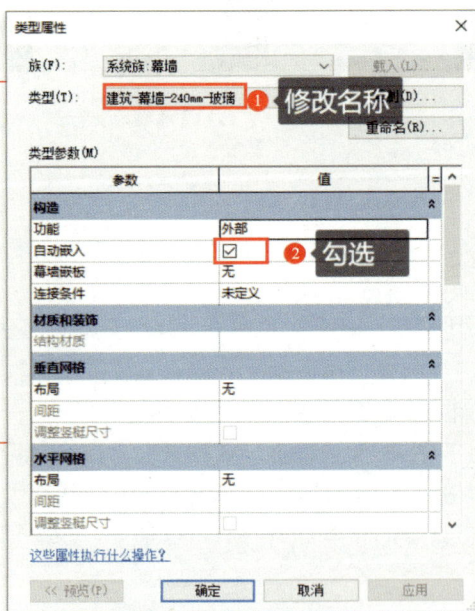

图 2-2-6 定义幕墙类型

3. 创建幕墙

确认绘制方式为"直线"。设置选项栏中的"高度"为"未连接"，高度数值设置为 "2700 mm"，不勾选"链"选项，设置"偏移"为"0"，注意对于幕墙不允许设置"定位线"。分别捕捉1轴上轴线与两个参照平面的交点作为幕墙的起点和终点，绘制幕墙，注意幕墙的外侧方向。绘制完成后，按"Esc"两次，退出幕墙绘制模式，结果如图2-2-7所示。

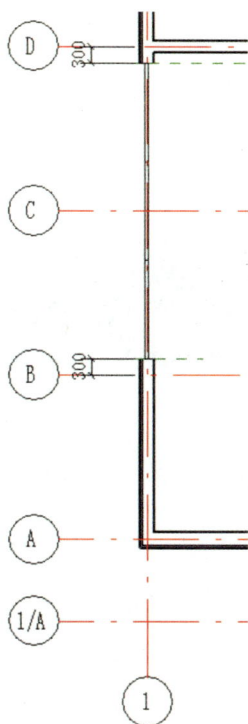

图 2-2-7　绘制幕墙

4. 幕墙的三维显示效果

完成后切换至默认三维视图，观察所绘制的幕墙状态，如图2-2-8所示。

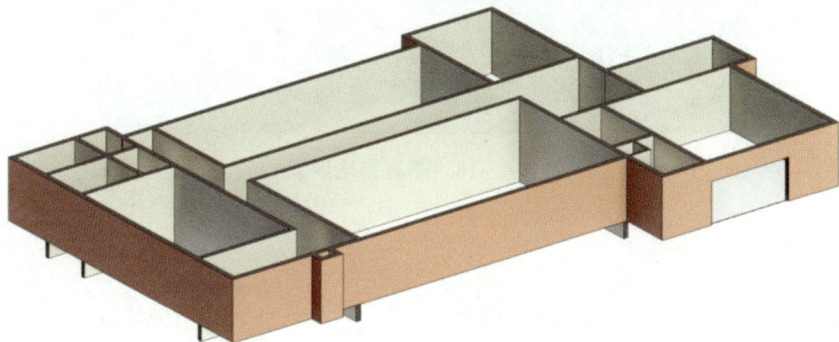

图 2-2-8　入口处幕墙的三维显示效果

二、手动划分幕墙网格

在 Revit 2024 中有手动和自动两种方式划分幕墙网格。

操作提示

1. 打开幕墙所在立面视图

切换至西立面视图，该视图中已经正确显示了当前项目模型的立面投影。如图 2-2-9 所示，在视图底部的视图控制栏中修改视图的视觉样式，当显示状态为"着色"时，Revit 2024 将按模型图元材质中设置的颜色着色模型，此时幕墙玻璃显示为蓝色。

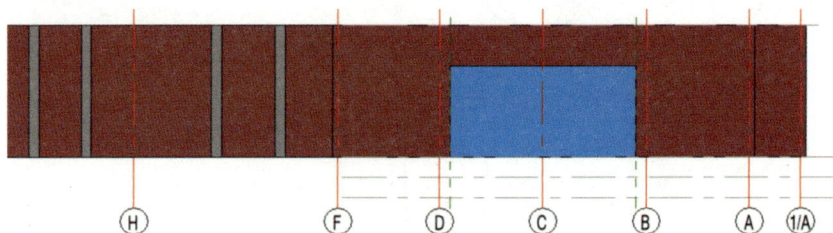

图 2-2-9　1F 西立面图

2. 隔离幕墙操作

选择 D~B 轴线间入口处幕墙图元，单击视图控制栏中的"临时隐藏\隔离"按钮，在弹出的菜单中选择"隔离图元"命令，视图中仅显示所选择的综合楼入口处幕墙，如图 2-2-10 所示。

图 2-2-10　隔离幕墙图元

3. 创建和编辑幕墙网格

单击"建筑"选项卡"构建"面板中的"幕墙网格"工具，自动切换至"修改|放置幕墙网格"上下文选项卡，如图 2-2-11 所示，鼠标指针变为"　"。综合应用"放置"面板中的"全部

分段""一段"及"除拾取外的全部"等工具，创建和编辑幕墙网格，结果如图2-2-12所示。

图 2-2-11　"修改|放置幕墙网格"上下文选项卡

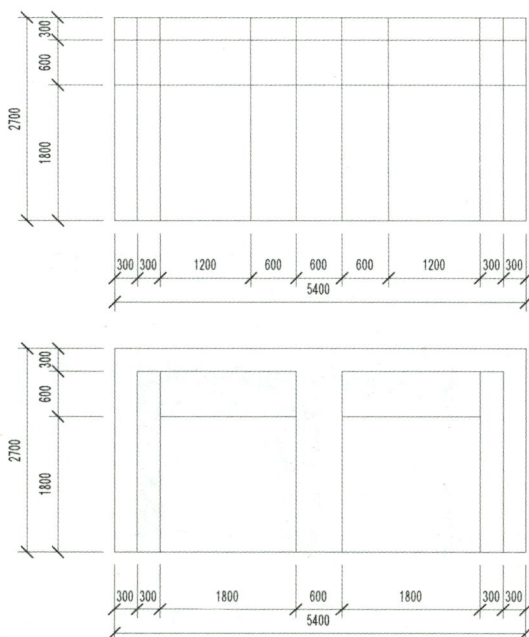

图 2-2-12　创建和编辑幕墙网格

由此可知 Revit 2024 可以根据幕墙网格将幕墙划分为数个独立的、可自由控制的幕墙嵌板，通过自由指定幕墙嵌板的族类型，生成任意形式的幕墙。

4. 载入幕墙双开门族

选择"插入"菜单，点击"从库中载入"，从电脑中相应位置，找到幕墙双开门族文件，载入"幕墙双开门族"。

5. 玻璃嵌板的操作

（1）编辑玻璃嵌板为幕墙双开门。配合"Tab"键，选取双开门所在位置嵌板，点击禁止改变图元位置开关" 🔵 "变成允许改变图元位置开关" 🔀 "，相应"系统嵌板\玻璃"变得允许修改，接着在下拉菜单中选择"幕墙双开门"，相应玻璃嵌板变成幕墙双开门，按同样的操作完成另一扇门的创建，如图2-2-13所示。

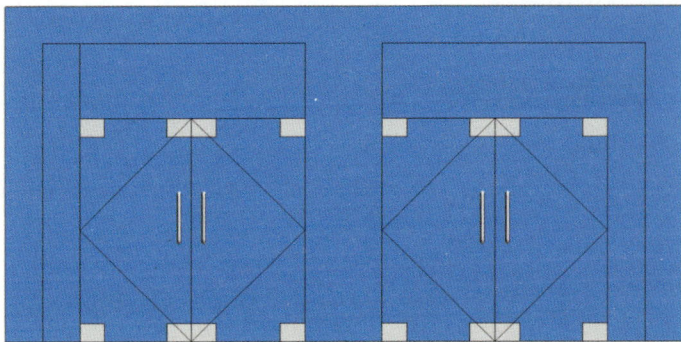

图 2-2-13　修改系统嵌板\玻璃为幕墙双开门

（2）编辑玻璃门周边嵌板为花岗岩饰面墙。以"建筑-外墙-240 mm-外墙面砖"基本墙为基础，复制创建"建筑-外墙-240 mm-入口饰面花岗岩"基本墙新类型，配合"Tab"键，选取玻璃门周边位置嵌板，修改成"建筑-外墙-240 mm-入口饰面花岗岩"饰面墙，如图 2-2-14 所示。

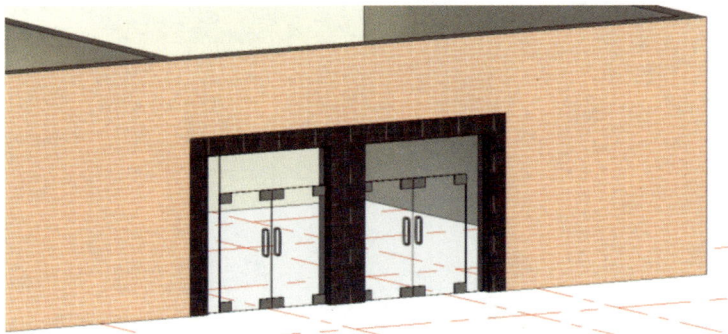

图 2-2-14　入口花岗岩饰面墙

学习任务三　创建叠层墙

前面介绍了 Revit 2024 中的两种墙系统族：基本墙和幕墙。Revit 2024 在墙工具中还提供了另一种墙系统族——叠层墙。使用叠层墙可以创建结构更为复杂的墙。如图 2-3-1 所示，该叠层墙由上下两种不同厚度、不同材质的基本墙类型的子墙构成。

一、定义叠层墙类型

图 2-3-1　叠层墙

实训任务

创建建工楼项目情景实训室下沉部分添加挡土墙，挡土墙厚度为 370 mm，熟悉如何定义和创建叠层墙。

操作提示

　　叠层墙在高度方向上由一种或多种基本墙类型的子墙构成。在叠层墙类型参数中可以设置叠层墙结构，分别指定每种类型墙对象在叠层墙中的高度、对齐定位方式等。可以使用其他墙图元相同的修改和编辑工具修改和编辑叠层墙对象图元。

1. 定义基本墙族类型——定义 370 外墙

　　要定义叠层墙，必须先定义叠层墙结构定义中要使用的基本墙族类型。

　　切换至"室外地坪"楼层平面视图。使用墙工具，打开"类型属性"对话框，以"建筑-外墙-240 mm-外墙面砖"为基础复制出名称为"建筑-外墙-370 mm-外墙砌块"的基本墙类型。打开"编辑部件"对话框，按图 2-3-2 所示结构层功能、厚度及材质设置墙结构。设置完成后，单击"确定"按钮返回"类型属性"对话框，单击"类型属性"对话框中的"应用"按钮。

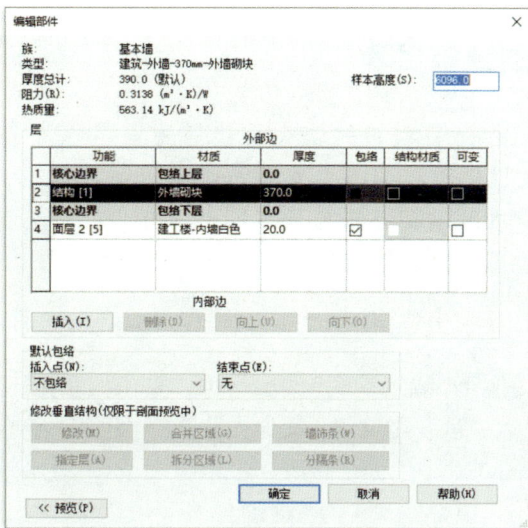

图 2-3-2　叠层墙的基本墙结构

2. 定义建工楼叠层墙名称

　　在"属性"对话框中，单击顶部"族"列表，选择墙族为"外部-砌块勒脚砖墙"，复制出名称为"建筑-叠合墙-240 mm-砌块"的新类型，叠层墙类型参数中仅包括"结构"一个参数。

3. 定义叠层墙结构

　　单击"结构"参数后的"编辑"按钮，打开"编辑部件"对话框，如图 2-3-3 所示，设置"偏移"方式为"核心面：外部"，即叠层墙各类型子墙在垂直方向上以核心面的外部对齐；在"类型"列表中，单击"插入"按钮插入新行。修改第 1 行"名称"列表，在列表中选择墙类型为"建筑-外墙-240 mm-外墙面砖"；单击"可变"按钮，设置该子墙高度为"可变"；修改第 2 行墙名称为"建筑-外墙-370 mm-外墙砌块"，设置高度为"600 mm"，其他参数参见图中所示。单击"确定"按钮，返回"类型属性"对话

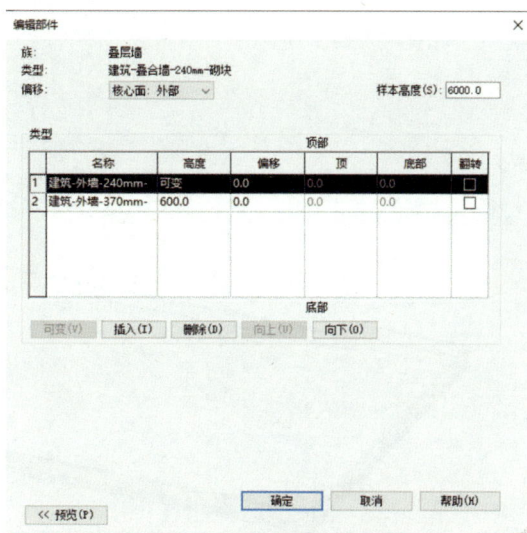

图 2-3-3　叠层墙的结构设置

框；再次单击"确定"按钮，退出"类型属性"对话框，完成叠层墙类型定义。

提示：在"编辑部件"对话框中，各类型墙的"高度"决定在生成叠层墙实例时各子墙的高度。在建工楼项目中，情景实训室下沉部分（即情景室底至F1楼层平面标高）共计1200 mm，因此设置叠层墙中"建筑–外墙–370 mm–外墙砌块"类型的子墙高度为600 mm，其余高度将根据叠层墙实际高度由"可变"高度子墙自动填充。在叠层墙中有且仅有一个可变的子墙高度。在绘制叠层墙实例时，墙实例的高度必须大于叠层墙"编辑部件"对话框中定义的子墙高度之和。

二、创建叠层墙

虽然叠层墙的材质类型设置方法与基本墙不同，并且是在基本墙类型的基础上进行设置的，但是叠层墙的绘制方法与基本墙基本相似，只是在墙属性设置时需要注意"顶部约束"选项的设置。

1. 绘制出叠合墙

切换至"情景室底"楼层平面，单击"建筑"选项卡下"墙→墙：建筑墙"命令，又选择"建筑–叠合墙–240 mm–砌块"，并修改"底部约束条件"为"情景室底"，"顶部约束"为"直到标高：F1"，如图2-3-4所示。注意绘制叠层时"定位线"设置为"核心面：外部"，按此步骤分别绘制出叠合墙。

2. 叠层墙的三维显示效果

完成后切换至默认三维视图，观察所绘制的叠层墙状态，如图2-3-5所示。

图2-3-4 设置叠层墙参数

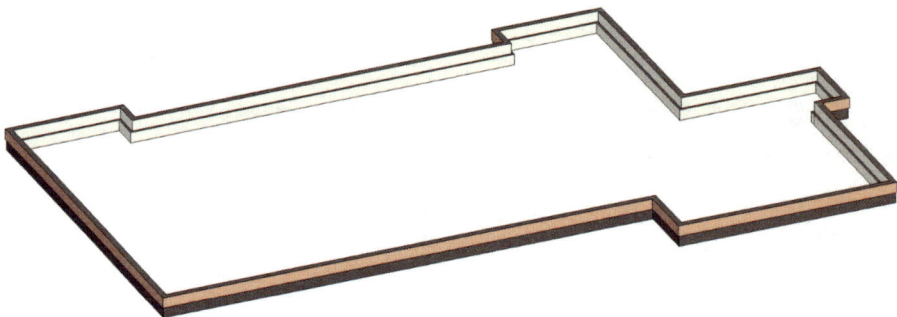

图2-3-5 叠层墙的三维显示效果

项目三　创建柱、梁、板

学习任务一　创建柱

按常规建筑设计习惯，有了轴网后将创建柱网。根据柱子的用途及不同特性，Revit 2024 将柱子分为两种：建筑柱与结构柱。建筑柱和结构柱的创建方法不尽相同，但编辑方法完全相同。

实训任务

创建建工楼的柱网，如图 3-1-1 所示，熟悉有关建筑柱与结构柱的创建方法。

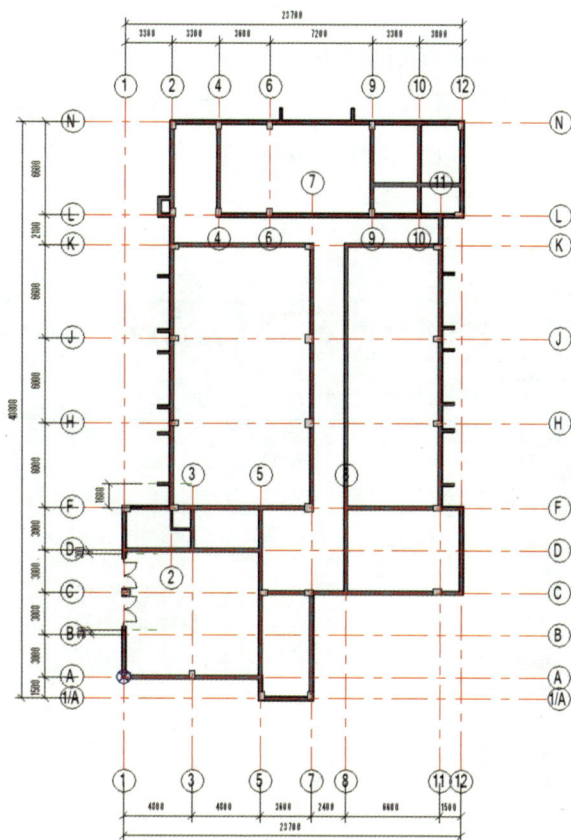

图 3-1-1　建工楼柱平面图

一、创建建筑柱

建筑柱适用于墙垛等柱子类型，可以自动继承其连接到的墙体等其他构件的材质，例如墙的复合层可以包络建筑柱。

操作提示

1.绘制建筑柱的参照平面

在 Revit 2024 中，打开建工楼项目文件。在 F1 平面视图中，放大左侧外墙区域。单击"建筑"选项卡下"工作平面→参照平面 ⬚ "命令，设置选项栏中的"偏移量"为"1680"，在轴线 3、F 轴线上方建立水平参照平面，如图 3-1-2 所示。

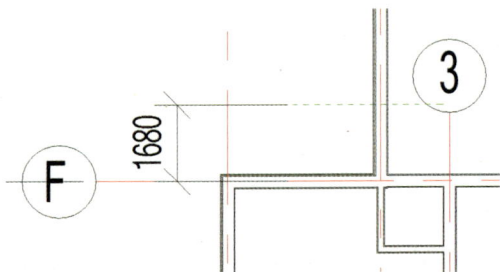

图 3-1-2　作绘制建筑柱的参照平面

由于设置了偏移量，所以在轴线上进行建立时，Revit 2024 会在该轴线上方或下方显示参照平面，这时可以通过按键盘上的空格键来确定参照平面的创建位置。

2.载入建筑柱族，并定义建筑柱的有关参数

切换插入选项卡，选择"载入族"的操作，载入有关柱族，切换至"建筑"选项卡，单击"建筑"选项卡下"柱→柱：建筑 🔩 柱建筑 "命令，设置"属性"面板的类型选择器中的类型为"475×610 mm"的矩形建筑柱，以该类型柱为基础，复制修改创建"建筑-建筑柱-240×1020 mm-外墙面砖"的矩形建筑柱，如图 3-1-3 所示，单击"确定"。

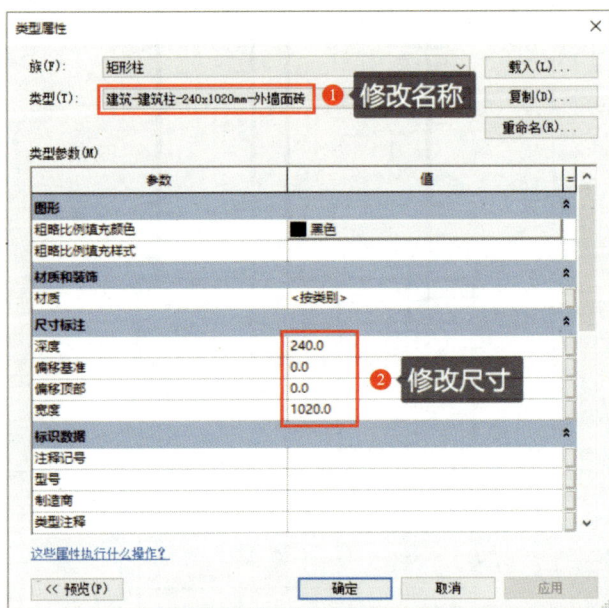

图 3-1-3　设置矩形建筑柱

3.创建建筑柱

在任意位置放置已创建的建筑柱，捕捉该柱中线的右端点，并移动至 2 轴与参照平面的交点处。如图 3-1-4 所示。注意柱面材质会随墙体作相应改变，这是因为"建筑柱"类型可以自动继承其连接到的墙体等其他构件的材质的缘故。

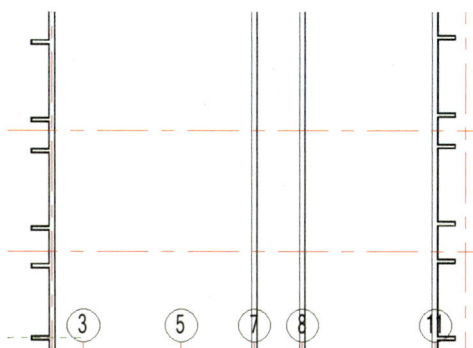

图 3-1-4　布置建筑柱

二、创建结构柱

结构柱适用于钢筋混凝土柱等与墙材质不同的柱子类型，是承载梁和板等构件的承重构件，在平面视图中结构柱截面与墙截面各自独立。

结构柱用于对建筑中的垂直承重图元建模。尽管结构柱与建筑柱共享许多属性，但是结构柱还具有许多由它自己的配置和行业标准定义的其他属性。在行为方面，结构柱也与建筑柱不同。

操作提示

1.定义结构柱的类型

切换至"结构"选项卡，单击"结构"选项卡下的"柱"命令，载入"混凝土-矩形-柱"结构柱族，以该类型柱为基础，复制修改创建"结构-结构柱-600×400 mm-C30"的矩形建筑柱，修改尺寸"b"为"600"，"h"为"400"，如图 3-1-5 所示，单击"确定"。

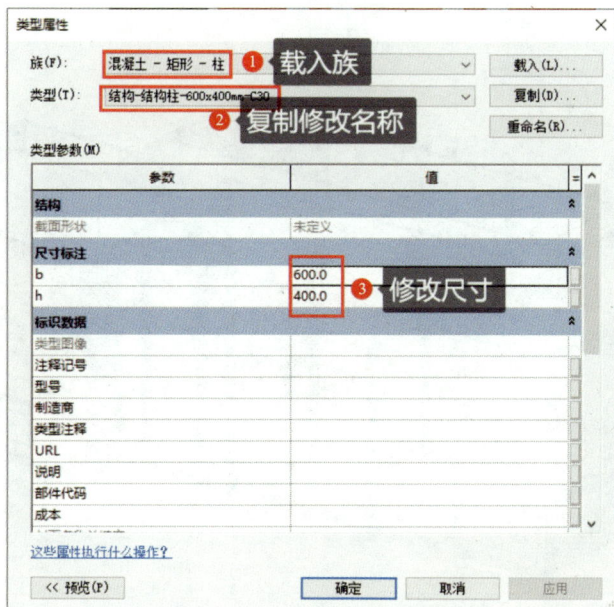

图 3-1-5　复制修改结构柱类型

2.创建结构柱

勾选"修改|放置 结构柱"状态栏，选择"放置方式"为"高度"，"到达高度"为"F2"，在建筑柱垛端插入构造柱，如图 3-1-6 所示。注意：要通过作参照平面等方式，精确定位结构柱插入的正确位置。

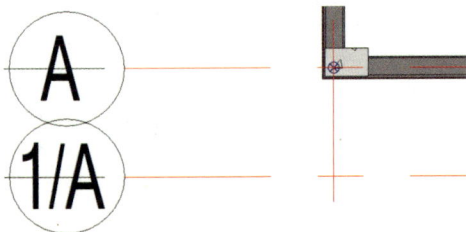

图 3-1-6　布置结构柱

3.创建其他结构柱

同上步骤，设置"结构-结构柱-600×600 mm-C30""结构-结构柱-240×240 mm-C30"的矩形建筑柱，综合运用修改工具，复制创建其他位置的柱。

4.创建其他楼层平面的柱

当一层平面视图柱创建完成后，选择所有的柱，单击"剪贴板"面板中的"复制至剪贴板"工具" ![] "，将所选择的图元复制至剪贴板。单击"剪贴板"面板中的"对齐粘贴"，弹出"对齐粘贴"下拉列表，在列表中选择"与选定标高对齐"选项，复制 F2、F3 楼层的柱。

5.建筑柱与结构柱的三维显示效果

完成后切换至默认三维视图，观察所绘制的柱状态，如图 3-1-7 所示。

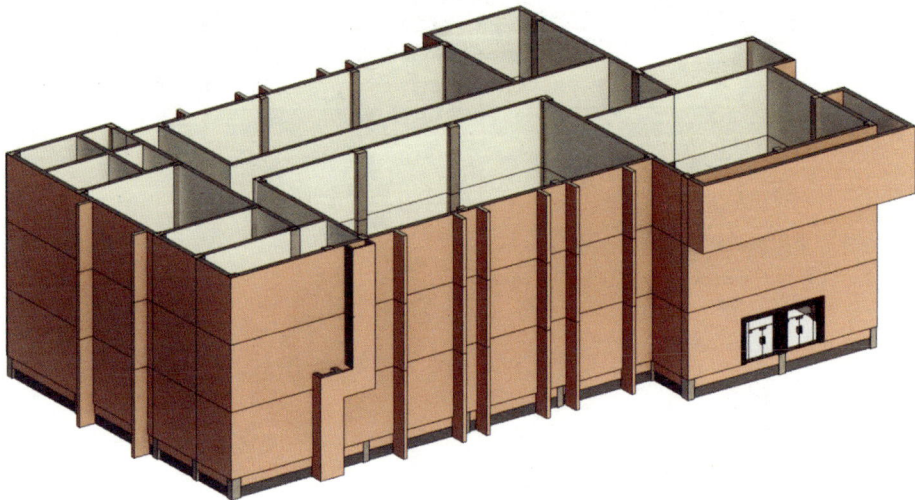

图 3-1-7　柱体的三维显示效果

学习任务二　创建梁

梁是用于承重用途的结构图元。每个梁的图元是通过特定梁族的类型属性定义的。此外，还可以通过修改各种实例属性来定义梁的功能。

实训任务

创建建工楼的梁，熟悉各种梁的定义与创建。如图 3-2-1 所示。

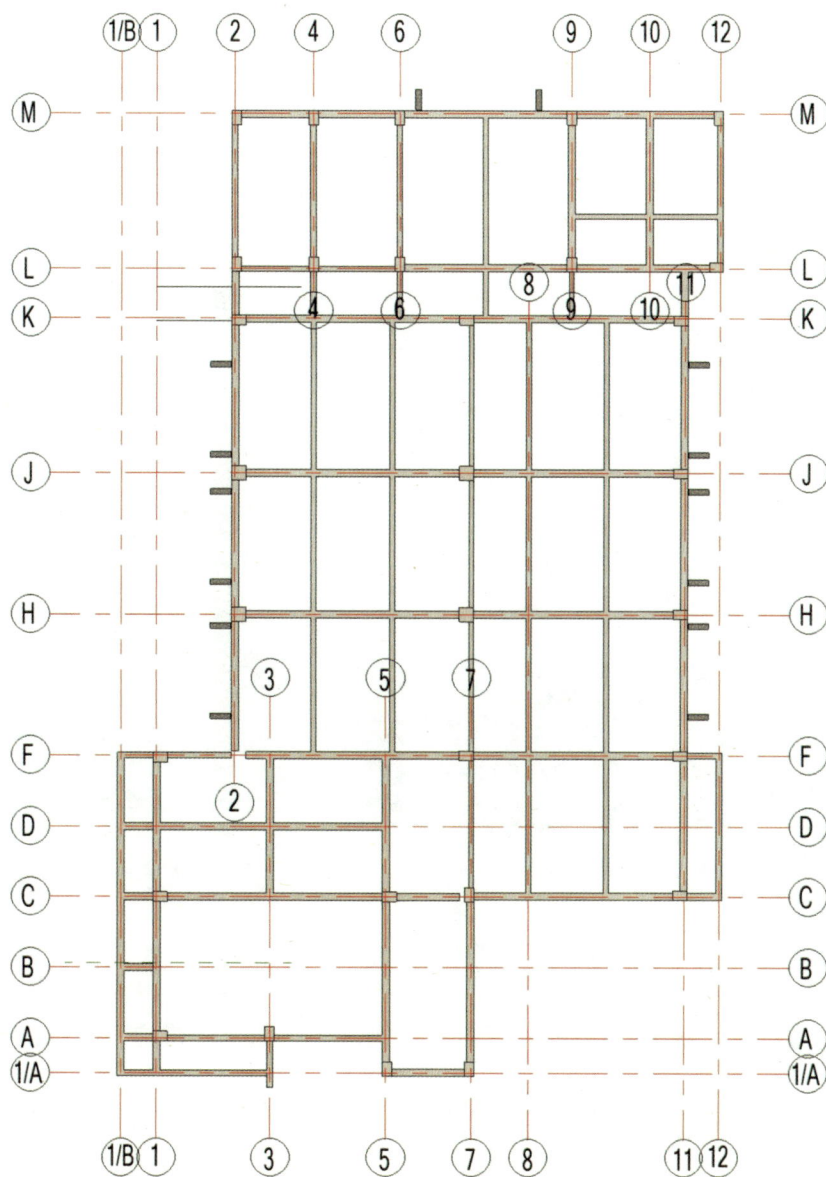

图 3-2-1　F2、F3、F4 梁平面图

操作提示

一、定义梁

1. 切换至"结构"选项卡中，单击"结构"面板中的"梁 🔧 "按钮。

2. 在"属性"面板中，载入"混凝土-矩形梁"结构梁族，以该类型梁为基础，复制修改创建"结构-结构梁-300×800 mm-C25"的矩形建筑梁，修改尺寸"b"为"300"，"h"为"800"，如图 3-2-2 所示，单击"确定"。

可以根据实际情况，对梁属性参数进行修改，如修改"几何图形位置"中的偏移值，如图 3-2-3 所示。

图 3-2-2　定义梁

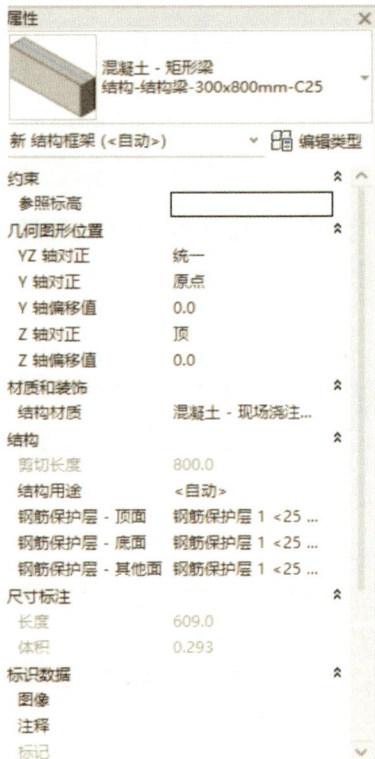

图 3-2-3　梁属性参数

二、创建梁

梁的绘制方法与墙非常相似，在定义好梁的各属性参数后，切换至需绘制梁的 F2 平面视图中。

1. 单击"结构"面板中的"梁"工具，在打开的"修改|放置 梁"上下文选项卡中，确定绘制方式为"直线 ✏ "，设置选项栏中的"放置平面"为"标高：F2""结构用途"为"自动"，如图 3-2-4 所示。

图 3-2-4 选择梁工具

2. 在轴线 C 上，与轴线 1 和轴线 5 的交点处单击，建立水平方向梁如图 3-2-5 所示。

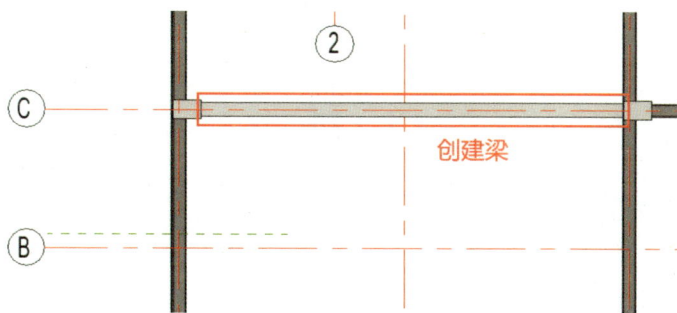

图 3-2-5 创建梁

由于梁的顶部与标高 F2 对齐，所以梁是以淡显方式显示。选择绘制的梁，在"属性"面板中设置"Z 轴对正"为"中心线"，单击"应用"按钮，梁在标高 F2 中高亮显示。可以切换至默认三维视图，观察修改"Z 轴对正""Z 轴偏移值"等参数时梁的变化。

3. 同样，按照图纸要求，综合运用编辑工具，绘制 F2 平面中的梁及 F1 情景室底层梁，如图 3-2-6 所示。

图 3-2-6 创建 2F 梁的三维视图

4. 创建其他楼层平面的梁。当 F2 平面视图梁创建完成后，选择所有的梁，单击"剪贴板"面板中的"复制至剪贴板"工具" ▢ "，将所选择的图元复制至剪贴板。单击"剪贴板"面板中的"对齐粘贴"，弹出"对齐粘贴"下拉列表，在列表中选择"与选定标高对齐"选项，复制F3、F4 平面楼层的梁。

5.结构梁的三维显示效果。完成上述步骤后切换至默认三维视图，观察所绘制的梁状态，如图 3-2-7 所示。

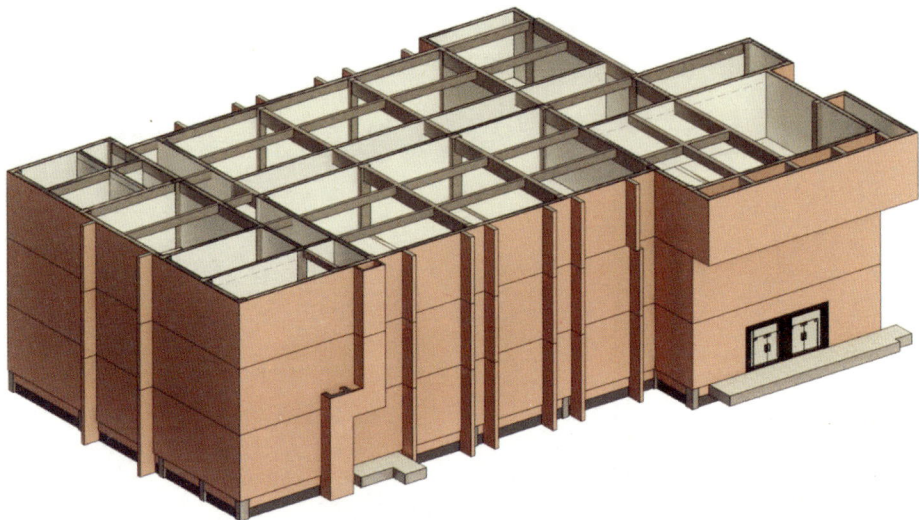

图 3-2-7　梁的三维显示效果

学习任务三　创建楼板

楼板是建筑设计中常用的建筑构件，用于分隔建筑各层空间。Revit 2024 提供了 3 种楼板分别为"楼板：建筑""楼板：结构"和面楼板，其中面楼板是用于将概念体量模型的楼层面转换为楼板模型图元，该方式只能用于从体量创建楼板模型中。结构楼板是为方便在楼板中布置钢筋、进行受力分析等结构专业应用而设计的，提供了钢筋保护层厚度等参数，"结构楼板"与"楼板"的用法没有任何区别。Revit 2024 还提供了楼板边缘工具，用于创建基于楼板边缘的放样模型图元。

一、创建室内楼板

实训任务

创建建工楼室内楼板，熟悉楼板的操作，如图 3-3-1 所示。

使用 Revit 2024 的楼板工具，可以创建任意形式的楼板。只需要在楼层平面视图中绘制楼板的轮廓边缘草图，即可以生成指定构造的楼板模型。

与 Revit 2024 其他对象类似，在绘制前，需预先定义好需要的楼板类型。

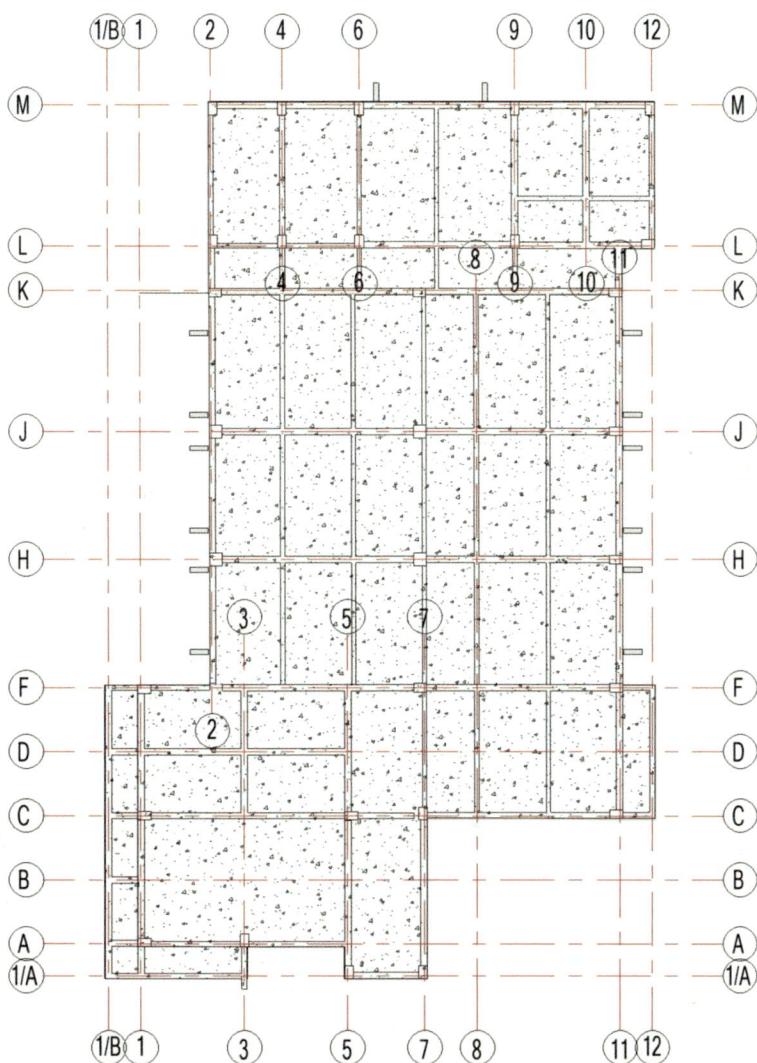

图 3-3-1 建工楼楼板平面图

1. 选择楼板工具

在 Revit 2024 中，打开保存的"建工楼项目. rvt"项目文件，切换至 F1 平面视图。单击"建筑"选项卡下的"选择楼板→楼板：建筑 ⬚"命令，自动切换至"修改│创建楼层边界"上下文选项卡，进入创建楼板边界模式，Revit 2024 将淡显视图中其他图元。

2. 定义楼板名称

在"属性"面板的"类型选择器"中选择楼板类型为"常规 –150 mm"，打开"类型属性"对话框，复制出名称为"建筑–楼板–150 mm–地砖"的楼板类型，如图 3-3-2 所示。

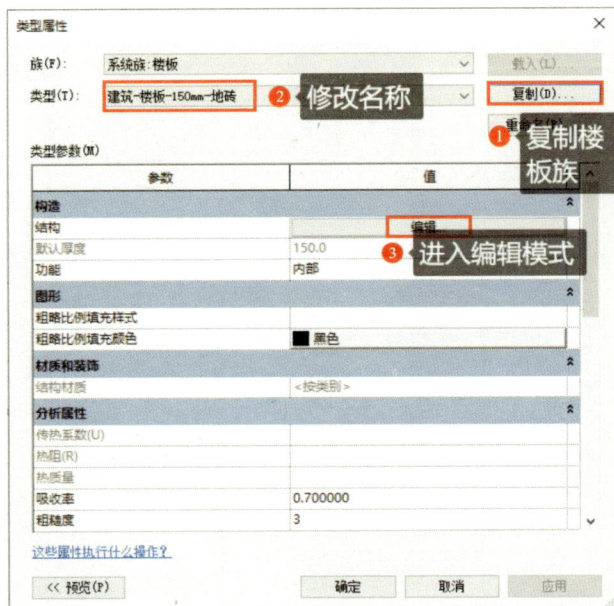

图 3-3-2　复制楼板类型

3.定义楼板的结构参数

单击类型参数列表中"结构"参数后的"编辑"按钮，弹出"编辑部件"对话框，该对话框内容与基本墙族类型中的"编辑部件"对话框相似。如图 3-3-3 所示，单击"插入"按钮两次插入新层，调整新插入层的位置，修改各层功能、厚度，再分别设置这两个层的材质。

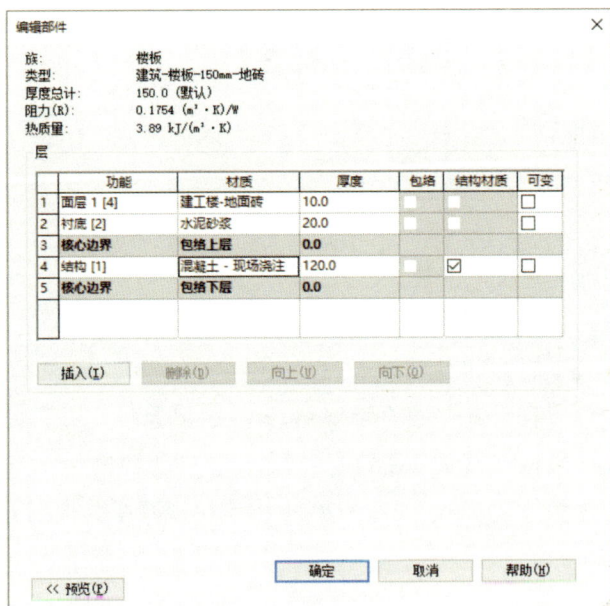

图 3-3-3　设置楼板参数

4. 创建楼板

如图 3-3-4 所示，确认"绘制"面板中的绘制状态为"边界线"，绘制方式为"拾取墙"，设置选项栏中的"偏移值"为"0"，勾选"延伸至墙中（至核心层）"选项。移动鼠标指针至建工实训基地 F1 层外墙位置，墙将高亮显示。单击鼠标左键，沿建筑外墙核心层外表面生成楼板边界线。注意楼板边界线必须综合运用线编辑方式使其首尾相接，否则会提示错误而不能完成边界草图编辑模式。

图 3-3-4　绘制参数设置

确定"属性"面板中的"标高"为"F1"，单击"模式"面板中"完成编辑模式 ✔ "按钮，在打开的 Revit 2024 对话框中单击按钮，如图 3-3-5 所示，完成楼板绘制。由于绘制的楼板与墙体有高度一致性问题，因此 Revit 2024 提示对话框"是否要将高达此楼板/地形实体标高的墙附着到其底部"单击"不附着"按钮，不接受该建议。

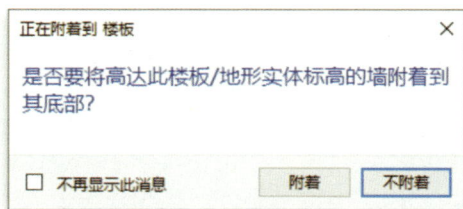

图 3-3-5　完成楼板绘制时的提示

5. 创建不同标高的楼板或地面

对于标高不一致的地面或楼板，应该分别绘制轮廓草图，并在"属性"面板中"修改限制条件"中的"自标高的高度偏移"数据，进行正确的楼板布置。

6. 楼板的三维显示效果

完成 F1 层的楼板布置操作，切换到默认三维视图，并设置"视图样式"为"着色"，查看楼板在建筑中的效果，如图 3-3-6 所示。

7. 创建其他楼层平面的楼板

当 F1 平面视图楼板创建完成后，选择所有的楼板，单击"剪贴板"面板中的"复制至剪贴板"工具" 📋 "，将所选择的图元复制至剪贴板。单击"剪贴板"面板中的"对齐粘贴"，弹出"对齐粘贴"下拉列表，在列表中选择"与选定标高对齐"选项，即复制其他平面楼层的楼板。

图 3-3-6　1F 楼板三维效果

8. 修改楼板

创建完成楼板后，如果发现楼板不符合要求，可以进行修改。方法是选择楼板，单击"修改|楼板"上下文选项卡"模式"选项板中的"编辑边界"按钮，进入楼板边界轮廓编辑模式，重新修改楼板边界轮廓形状。

9. 楼板的三维显示效果

完成后切换至默认三维视图，设置"视图样式"为"着色"，观察所绘制的楼板状态，如图 3-3-7 所示。

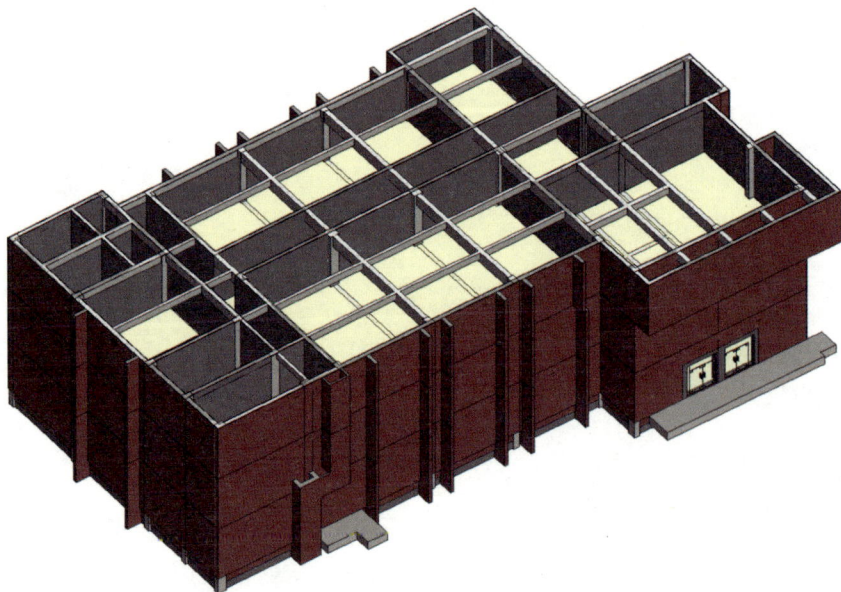

图 3-3-7　建工楼楼板三维效果

二、创建室外楼板

创建建工楼室外楼板，熟悉创建室外楼板的操作。

创建室外楼板的方式与创建室内楼板方式一样，先设置好楼板结构，再绘制首尾相连的楼板轮廓边界线即可。

操作提示

1. 打开楼板已有族

切换至 F1 楼层平面视图，依次展开项目浏览器中"族"的"楼板"类别，该类别显示项目中楼板的所有已定义类型，双击"建筑-楼板-150 mm-地砖"楼板类型，打开楼板"类型属性"对话框。

提示：在项目浏览器中以直接双击族类型的方式可以直接打开任何类别族的"类型属性"对话框。

2. 定义室外楼板类型

以"建筑-楼板-150 mm-地砖"楼板类型为基础，复制出名称为"建筑-楼板-室外台阶楼板 600 mm-地砖"的新楼板类型，定义结构层的参数，如图 3-3-8 所示。完成后单击"确定"按钮，返回"类型属性"，单击"确定"按钮，退出"类型属性"对话框。

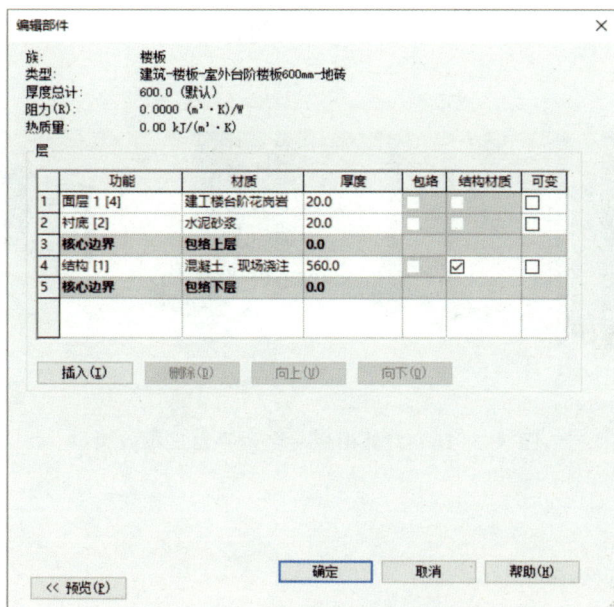

图 3-3-8　定义室外楼板参数

3. 绘制室外楼板台阶轮廓

分别在门厅入口处、7~8 轴线与 B~C 轴线之间、K~L 轴线与 1~2 轴线之间，绘制室外台阶轮廓，注意"建工楼-室外台阶-600 mm"楼板属性中，"限制条件"的"高度"为"F1"。如图 3-3-9 所示。

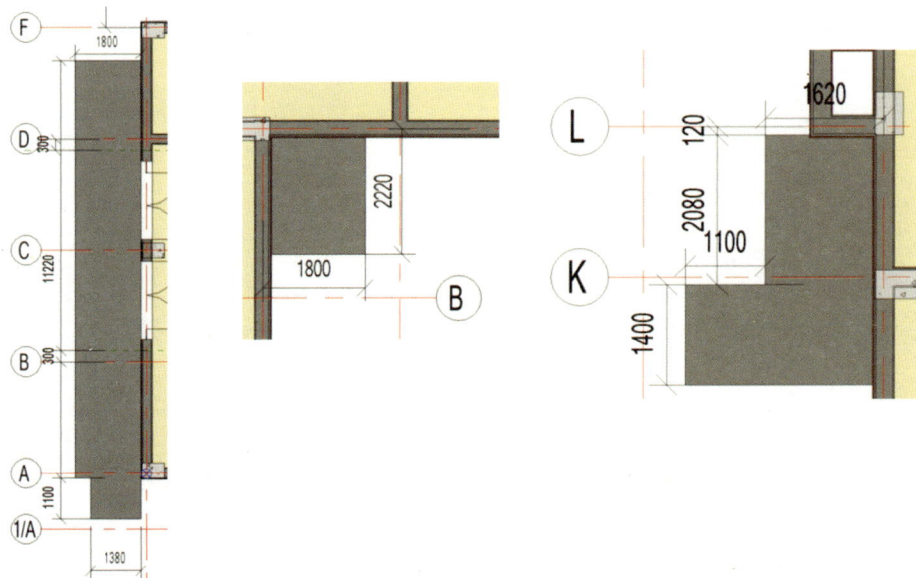

图 3-3-9 创建室外楼板——台阶平台

4. 室外楼板的三维效果显示

切换至默认三维视图，适当调整视图，显示门厅入口处室外台阶平台，如图 3-3-10 所示。

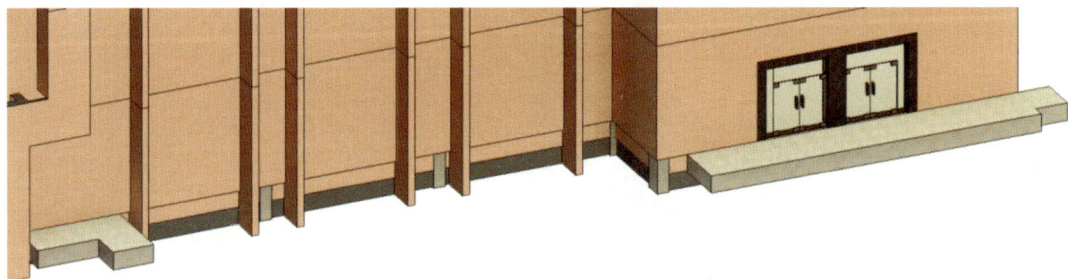

图 3-3-10 室外楼板—台阶平台三维效果

项目四　创建门窗

学习任务一　添加门、窗

门、窗是建筑设计中最常用的构件。Revit 2024 提供了门、窗工具，用于在项目中添加任意形式的门、窗图元。门、窗必须放置于墙、屋顶等主体图元上，这种依赖于主体图元而存在的构件称为"基于主体的构件"。

在 Revit 2024 中，门、窗构件与墙不同，门、窗图元属于可载入族，在添加门、窗前，必须在项目中载入所需的门、窗族，才能在项目中使用。

一、添加门

实训任务

建工楼项目添加对应的门图元，如图 4-1-1 所示。

操作提示

1. 载入合适的门族

单击"建筑"选项卡下"门 ⊞"命令，进入"修改|放置 门"上下文选项卡。注意"属性"面板的类型选择器中，仅有默认"平开门"族。"平开门"族及其类型来自于新建项目时使用的项目样板。要放置子母门图元，必须先向项目中载入合适的门族。

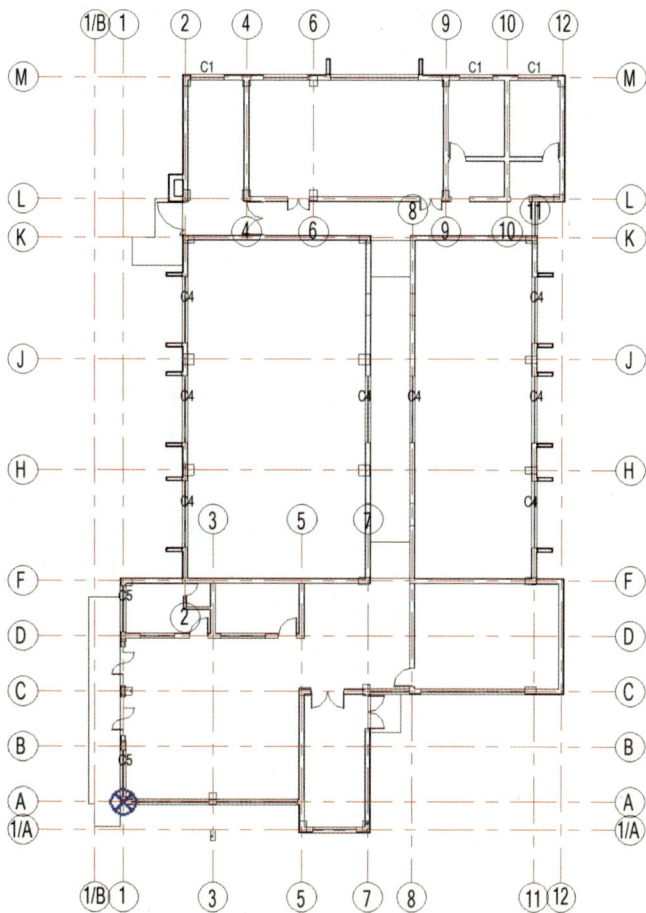

图 4-1-1　楼层 F1 的门

单击"建筑"选项卡下"门→载入族 "命令，弹出"载入族"对话框。选择"Chinese/建筑/门/普通门/子母门/子母门.rfa"族文件，如图4-1-2所示，点击"打开"，载入门族。

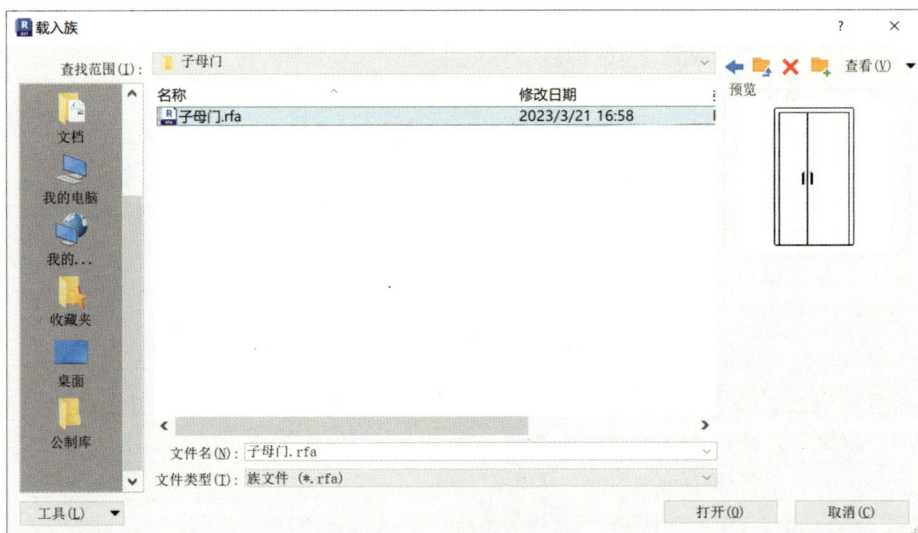

图 4-1-2　载入子母门族

2.定义需要的门类型

复制创建"建筑-门-子母门1800×2100-木制"新子母门类型，修改相关参数后，点击"确定"，如图4-1-3所示。退出类型属性对话框。

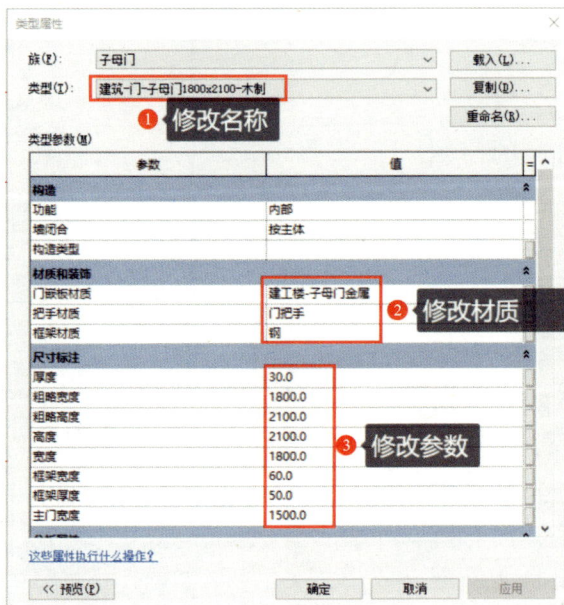

图 4-1-3　修改门参数

3.添加门图元

切换到 1F 平面视图，将光标指向轴线 2 轴上的 K~L 之间的墙体位置，单击后为其添加门图元，如图 4-1-4 所示。

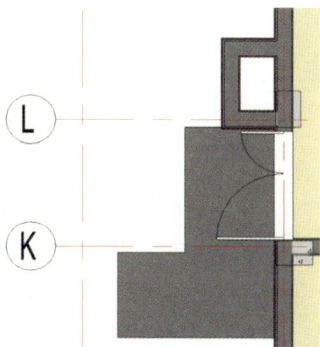

图 4-1-4　创建 M6 门

4.设定门的底高度

退出"门"工具状态后，选中该门图元，确定"属性"面板中"底高度"为"0.0"，其他参数默认。

5.显示门的三维效果图

对照建工楼的图纸，插入其他位置的门，完成后切换到默认三维视图，如图 4-1-5 所示。

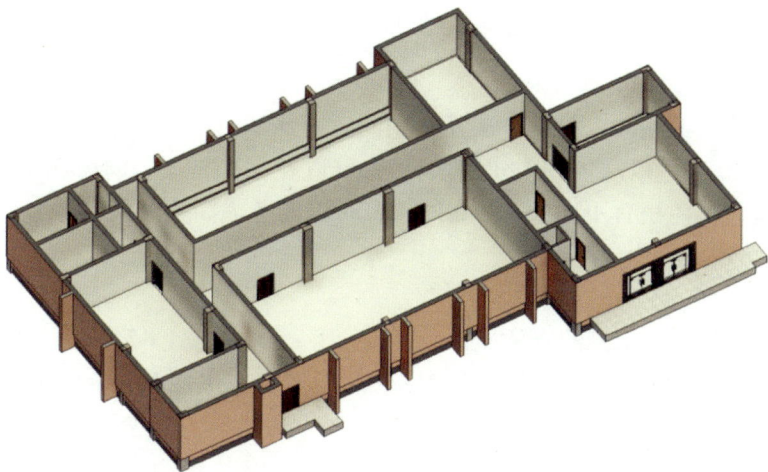

图 4-1-5　1F 门的三维效果

6.添加其他楼层平面图的门图元

当一层平面视图添加"门"后，选择所有的门，单击"剪贴板"面板中的"复制至剪贴板"工具"📋"，将所选择的图元复制至剪贴板。单击"剪贴板"面板中的"对齐粘贴"，弹出"对齐粘贴"下拉列表，在列表中选择"与选定标高对齐"选项，即添加其他平面楼层的门。复制完成后，根据图纸对门细节进行调整。

7. 门的三维显示效果

完成后切换至默认三维视图，观察所绘制的门状态，如图 4-1-6 所示。

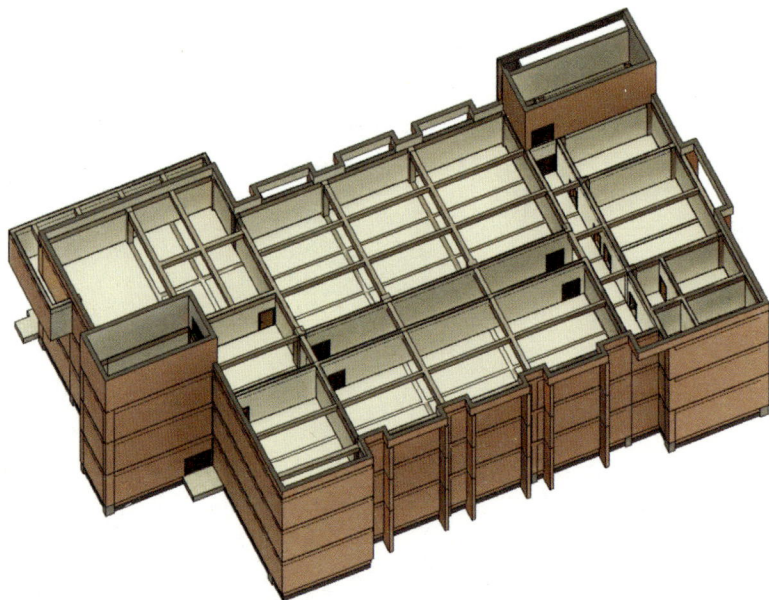

图 4-1-6　门的三维效果

二、添加窗

　　插入窗的方法与上述插入门的方法完全相同。窗是基于主体的构件，可以添加到任何类型的墙内（对于天窗，可以添加到内建屋顶），也可以在平面视图、剖面视图、立面视图或三维视图中添加窗。与门稍有不同的是，在插入窗时需要考虑窗台高度。

实训任务

　　添加建工楼的窗，熟悉窗的有关操作

　　要在项目中添加窗，首先要选择窗类型，然后指定窗在主体图元上的位置，Revit 2024 将自动剪切洞口并放置窗。

操作提示

1. 导入窗族

　　确认当前视图为 F1 楼层平面视图。单击"建筑"选项卡下"窗→载入族 🗔"命令，弹出"载入族"对话框。选择"Chinese/建筑/窗/普通窗/组合窗/组合窗－双层单列（四扇推拉）

－上部双扇.rfa"族文件，如图4-1-7所示，点击"打开"，载入窗族。

图4-1-7　载入窗族

2. 定义需要的窗类型

复制创建"建筑－窗－推拉窗 2520×2400-铝合金"新窗类型，修改相关参数后，点击"确定"，如图4-1-8所示。退出类型属性对话框。

3. 添加窗图元

单击"确定"按钮后，"属性"面板的类型选择器中自动显示该族类型，将光标指向轴线1轴上的 A~B 之间的墙体位置，单击后为其添加窗图元，并调整窗的位置，准确与柱边对齐。创建窗后，选中该窗图元，确定"属性"面板中"底高度"为"900.0"，其他参数默认，如图 4-1-9 所示。

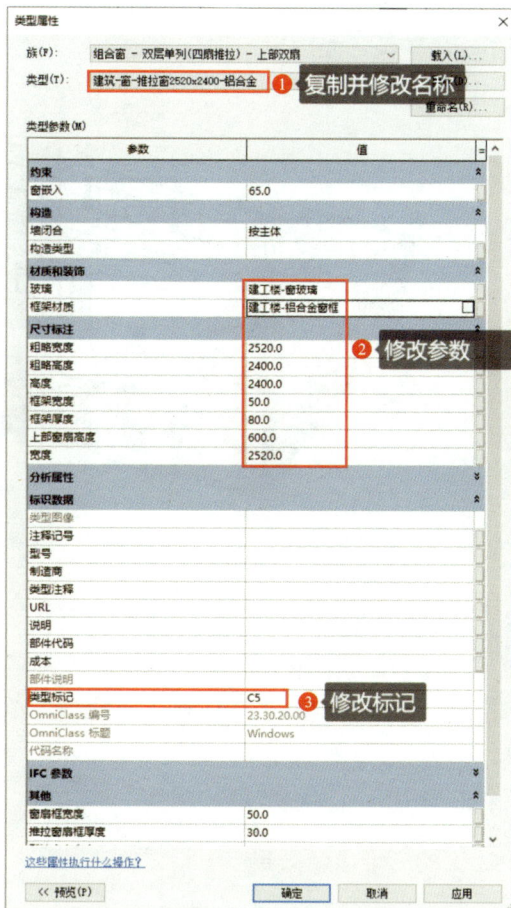

图4-1-8　修改窗类型参数

图 4-1-9 创建 C5 窗

4. 窗的三维效果图显示

对照建工楼的图纸，插入 1F 其他位置的窗，完成后切换到默认三维视图，如图 4-1-10 所示。

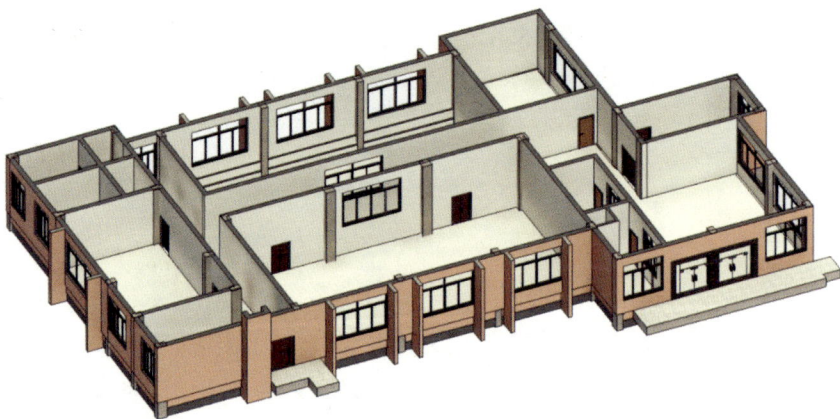

图 4-1-10 1F 窗的三维效果

5. 添加其他楼层的窗

当一层平面视图窗添加完后，选择所有的窗，单击"剪贴板"面板中的"复制至剪贴板"工具" "，将所选择的图元复制至剪贴板。单击"剪贴板"面板中的"对齐粘贴"，弹出"对齐粘贴"下拉列表，在列表中选择"与选定标高对齐"选项，即复制其他平面楼层的窗。复制完成后，根据图纸对窗细节进行调整。

6. 窗的三维显示效果

完成后切换至默认三维视图，观察所绘制的窗状态，如图 4-1-11 所示。

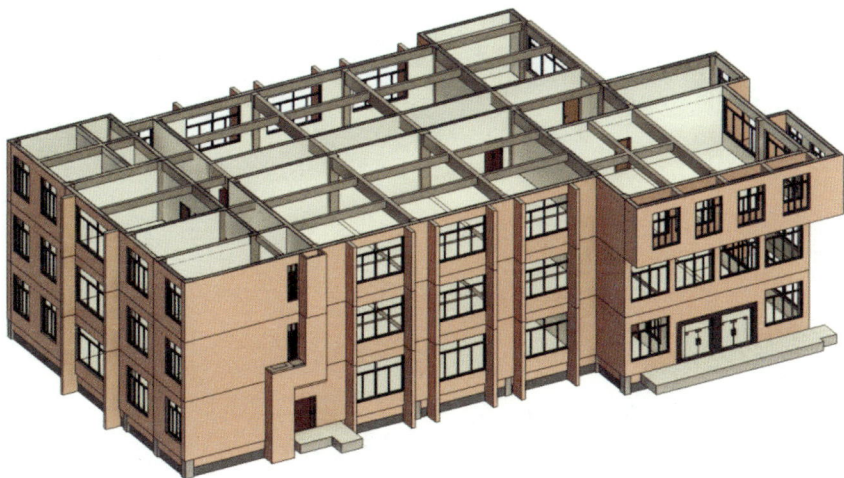

图 4-1-11 窗的三维显示效果

学习任务二 添加百叶窗

外墙上的百叶窗，上有顶板，下有底板，顶板与底板可以按室外楼板进行绘制和创建，而百叶窗是基于主体的构件。因此，要创建百叶窗，必须先绘制墙体，然后再插入百叶窗，用百叶窗剪切墙体。

实训任务

添加建工楼的百叶窗如图 4-2-1 所示，熟悉百叶窗的操作。

图 4-2-1 添加百叶窗效果

操作提示

一、添加室外空调板

1. 确定空调板的位置

切换至 F1 楼层平面视图，适当缩放视图至 F~H 轴线间 2 轴线外墙位置，用参照平面操作在 F~H 轴线间放置室外空调板图元，如图 4-2-2 所示。

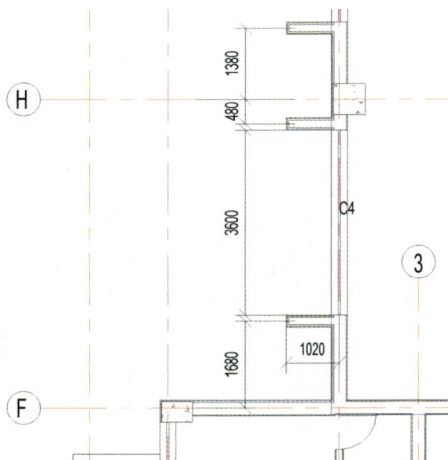

图 4-2-2　空调板位置尺寸

2.定义空调板的结构参数

复制创建厚度为 100 的空调板，其核心层 60 厚、材质为"混凝土"，上面层 20 厚、材质为"建工楼-外-墙面砖"，衬底层 20 厚、材质为"水泥砂浆"，底部面层为"涂膜层"，厚度为 0、材质为"建工楼-内墙白色"，如图 4-2-3 所示。

3.添加空调底板操作

在"绘制"面板中，选择"矩形"工具，捕捉空调板的角点绘制其轮廓，并修改"属性"面板中的标高"F1"，自标高的高度偏移"-600.0"，单击"模式"中的"　✔　"，完成编辑模式。在弹出的 Revit 2024 提示对话框中，选择"不附着"，即不让墙体附着到空调底板标高位置，切换至默认三维视图，如图 4-2-4 所示。

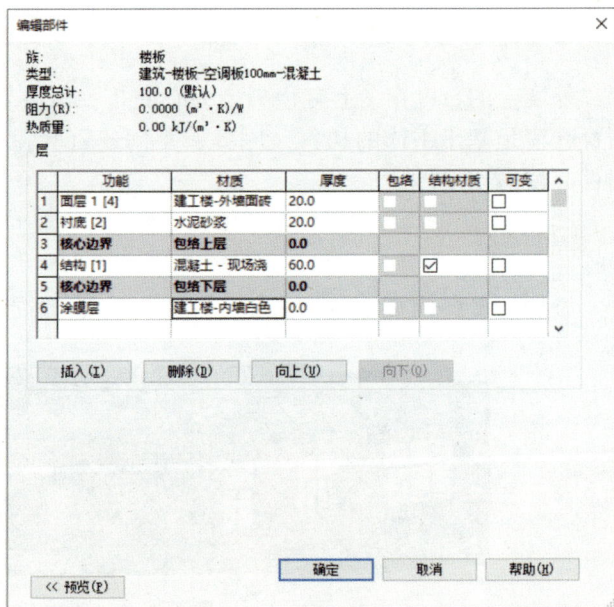

图 4-2-3　空调板参数

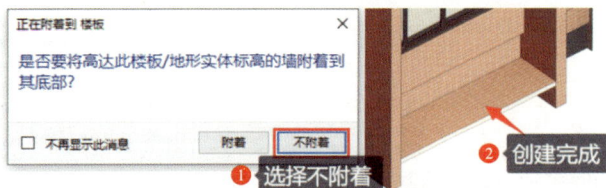

图 4-2-4　创建空调底板

4.复制出空调顶板

切换至西立面视图，选中上一步创建的空调顶板，点击"复制 🔁 "工具，点击视图底部为复制起点，鼠标垂直往上，输入"1500"数值，点击"确定"，完成复制空调顶板。切换至默认三维视图，如图 4-2-5 所示。

5.复制创建其他楼层平面图的空调板图元

当完成一层平面视图空调板的添加后，选择所有的空调板，单击"剪贴板"面板中的"复制至剪贴板"工具" 📋 "，将所选择的图元复制至剪贴板。单击"剪贴板"面板中的"对齐粘贴"，弹出"对齐粘贴"下拉列表，在列表中选择"与选定标高对齐"选项，添加其他平面楼层的空调板。复制完成后，根据图纸对空调板细节进行调整。

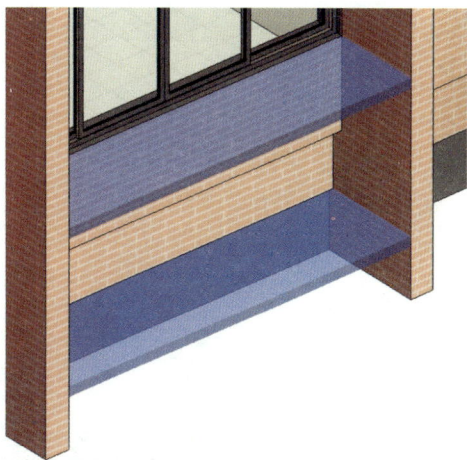

图 4-2-5 复制创建空调顶板

6.空调板的三维显示效果

完成后切换至默认三维视图，观察所绘制的空调板状态，如图 4-2-6 所示。

图 4-2-6 空调板三维效果图

二、添加室外百叶窗墙

切换至 F1 楼层平面视图，适当缩放空调板位置，将在 F~H 轴线间空调板外边缘放置百叶窗墙体图元。

1. 定义百叶墙的类型

复制创建与外墙饰面相同的 120 mm 厚墙体，修改墙体参数如图 4-2-7 所示，单击"确定"。

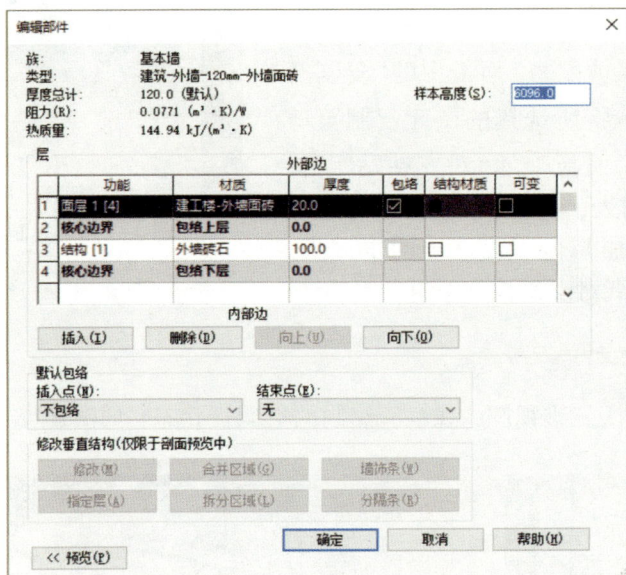

图 4-2-7　百叶窗墙体参数

2. 设定百叶墙高度、定位线等有关参数

在"修改|放置 墙"选项栏设置墙体生成方式为"高度""未连接""1500.0"定位线为"面层面：外部"。"属性"面板中，"底部约束"为"F1"，"底部偏移"为"-600.0"。如图 4-2-8 所示。

3. 创建百叶窗墙

捕捉墙体端点，创建百叶窗墙体。

4. 整百叶墙的位置以及显示三维效果图

为了使空调墙体获得正确的立面投影效果，配合过滤器选择两块空调板，向内移动 20 mm，切换到默认三维视图，如图 4-2-9 所示。

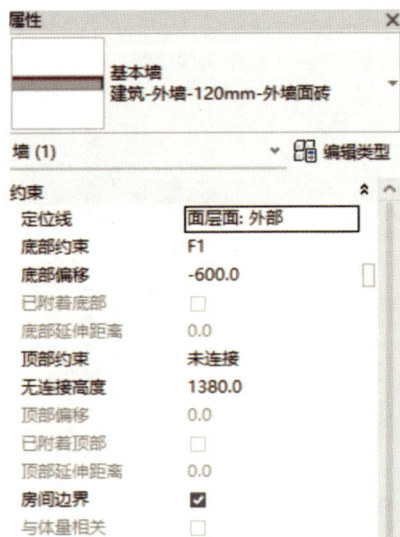

图 4-2-8　创建百叶窗墙体设置

图 4-2-9　百叶窗墙体效果

三、添加百叶窗

1. 载入百叶窗族

单击"建筑"选项卡下"窗→载入族　"命令，弹出"载入族"对话框。选择"Chinese/建筑/窗/普通窗/百叶风口/百叶风口 1. rfa"族文件，如图 4-2-10 所示，点击"打开"，载入百叶窗族，在指定类型中选择"全部类型"，单击"确定"。

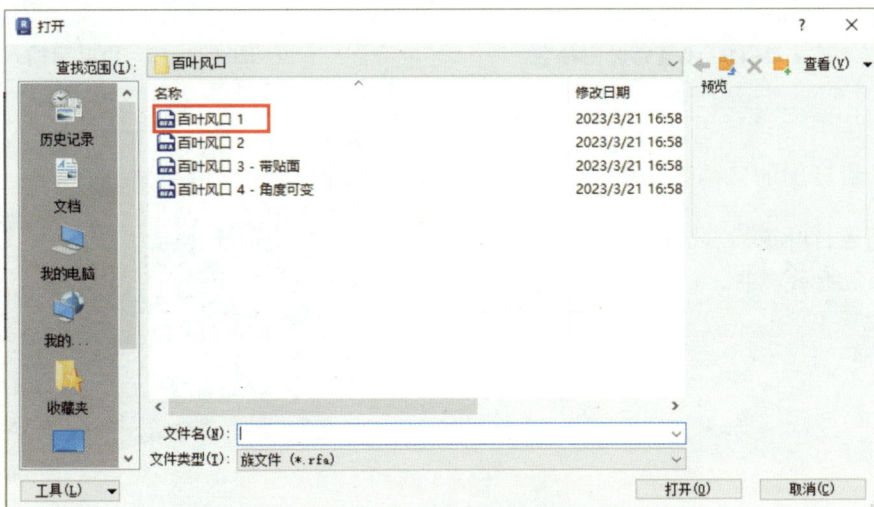

图 4-2-10　载入百叶窗族

2.设置百叶窗参数

在"属性"面板中选择"百叶窗 900×900 mm"，打开"编辑类型"复制创建名称为"建筑–百叶窗–空调窗 3600×1300–铝合金"，设置"宽度"为"3450 mm""高度"为"1250 mm"的新百叶窗类型，如图 4-2-11 所示，注意要修改"窗台底高度"值为"0.0"。

3.插入百叶窗

在百叶窗墙上插入百叶窗，注意调整百叶窗"属性"面板，限制条件中"标高"为"F1"，"底高度"值为"–525.0""顶高度"相应自动修改为"725.0"，如图 4-2-12 所示。

图 4-2-11　设置百叶窗参数

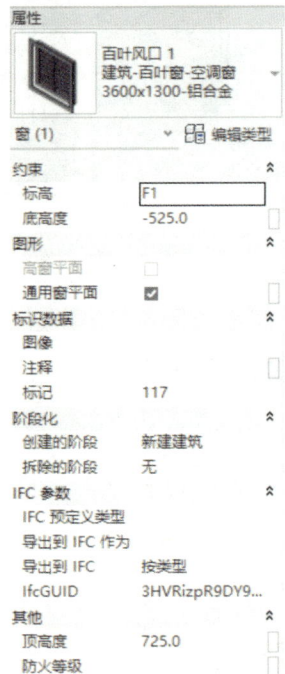

图 4-2-12　百叶窗插入属性

4.显示百叶窗的三维效果

正确插入百叶窗后，切换到默认三维视图，如图 4-2-13 所示。

图 4-2-13　插入百叶窗的三维效果

5.插入其他位置的百叶窗

同样，北向立面插入尺寸为 4800×1300 的百叶窗，综合运用编辑命令，复制创建其他位置的百叶窗，效果如图 4-2-14 所示。

图 4-2-14　添加百叶窗效果

项目五　创建扶手栏杆、楼梯与洞口

学习任务一　创建扶手栏杆

在 Revit 2024 中提供了扶手、楼梯、坡道等工具，通过定义不同的扶手、楼梯的类型，可以在项目中生成各种不同形式的扶手、楼板构件。

一、创建女儿墙栏杆

实训任务

创建建工楼项目女儿墙栏杆如图 5-1-1，熟悉栏杆扶手的有关操作。

在 Revit 2024 中扶手由两部分组成，即扶手与栏杆。在创建扶手前，需要在扶手类型属性对话框中定义扶手结构与栏杆类型。扶手可以作为独立对象存在，也可以附着于楼板、楼梯、坡道等主体图元。

图 5-1-1　绘制女儿墙栏杆效果

操作提示

1. 打开扶手工具

切换至 F4 楼层平面视图，适当放大建工楼女儿墙部分。如图 5-1-2 所示，单击"建筑"选项卡下"楼梯坡道→栏杆扶手"命令，进入"修改|绘制扶手路径"模式，自动切换至"修改|绘制扶手路径"上下文选项卡。

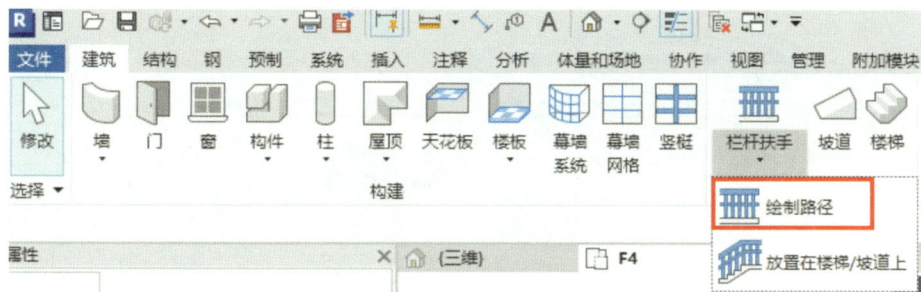

图 5-1-2　"栏杆扶手"工具

2. 定义扶手类型

在"属性"面板类型选择器"扶手类型"列表中选择扶手类型为"900 mm 圆管"。单击"编辑类型"按钮，打开扶手"类型属性"对话框。单击"复制"按钮，复制新建名称为"建筑-扶手-女儿墙扶手400 mm-不锈钢"扶手新类型，如图 5-1-3 所示。类型选择器中，默认扶手类型列表取决于项目样板中的预设扶手类型。

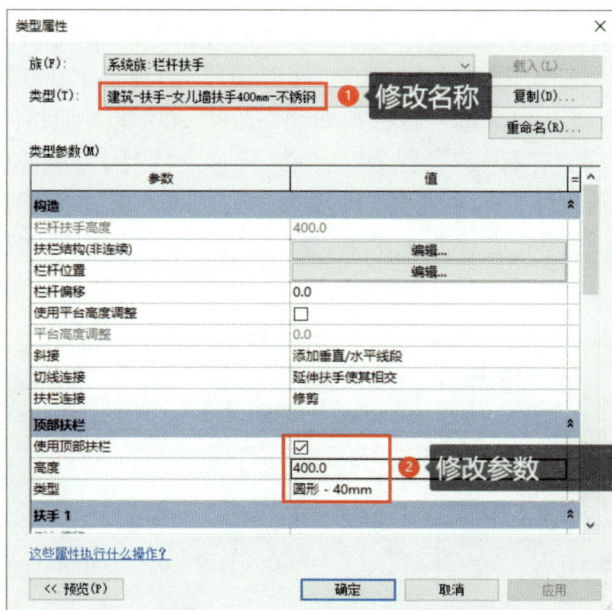

图 5-1-3　"栏杆扶手"参数设置

3. 定义扶手结构参数

（1）定义扶栏结构参数。单击"类型属性"对话框中"扶栏结构"参数后的"编辑"按钮，弹出"编辑扶手"对话框。如图 5-1-4 所示，设置第 1 行"扶栏 1"轮廓为"公制-圆形扶手：40 mm"，修改扶手材质为"建工楼-抛光不锈钢"，该材质基于材质对话框"金属"材质类中的"抛光不锈钢"材质复制建立。设置完成后，单击"确定"按钮返回"类型属性"对话框。

（2）定义扶栏位置参数。单击"类型属性"对话框中"栏杆位置"参数后的"编辑"按钮，弹

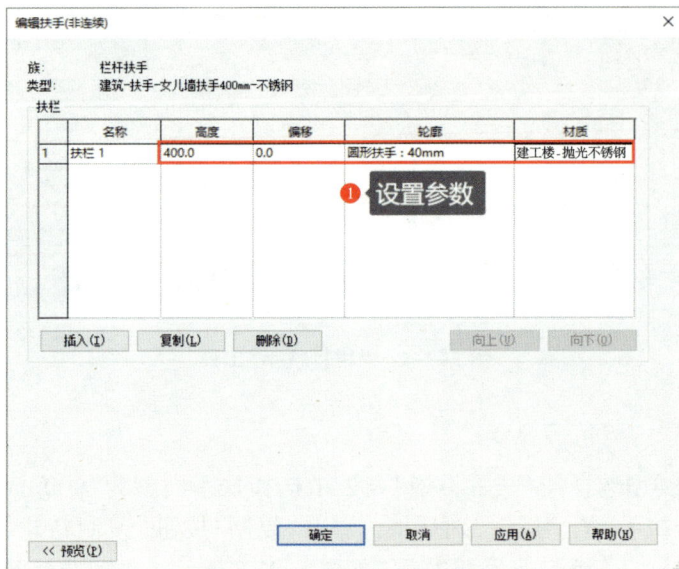

图 5-1-4　编辑扶手属性

出"编辑栏杆位置"对话框。如图 5-1-5 所示，在"栏杆扶手族"列表中"主样式"框内，选择"栏杆-圆形：25 mm""底部"设置为"主体""底部偏移"值为"-100.0""顶部"设置为"扶栏1""顶部偏移"值为"0.0""相对前一栏杆的距离"值为"200.0""偏移值"为"0.0""支柱"框内的设置："起点支柱"的"栏杆族"设置为"无"；"转角支柱"因为本任务中没有，修改与否，并不会影响效果；"终点支柱"的"栏杆族"设置为"无"，即不在这些位置放置起终点栏杆，其他参数参照图中所示。设置完成后，单击"确定"按钮，返回"类型属性"对话框。

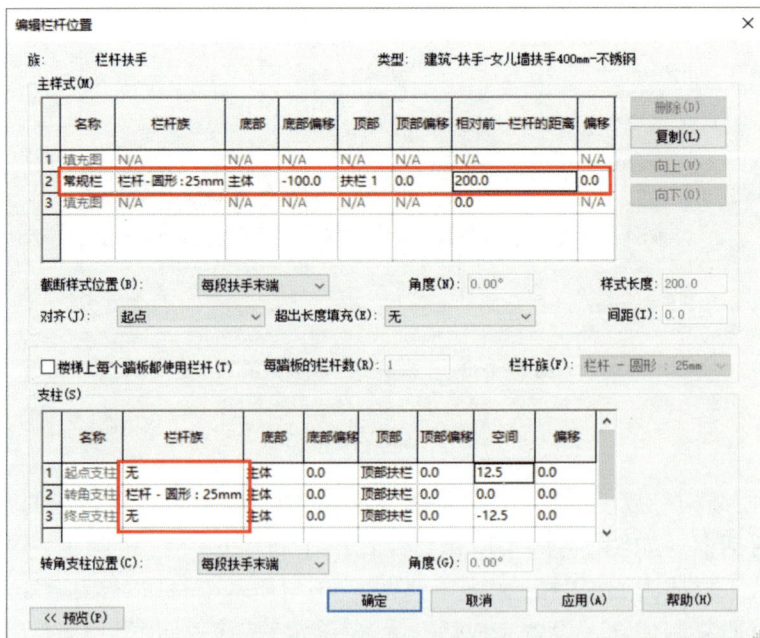

图 5-1-5　编辑栏杆位置

（3）确定栏杆偏移量。修改"类型属性"对话框中类型参数中的"栏杆偏移"值为"0"，单击"确定"按钮，退出"类型属性"对话框。

（4）确定扶手底部标高以及偏移值。如图 5-1-6 所示，设置"属性"面板中的"底部标高"为"F4"，"底部偏移"值设置为"900.0"，即扶手位于 F4 标高之上 900 mm，其"底部"计算位置与女儿墙的顶面高度相同。

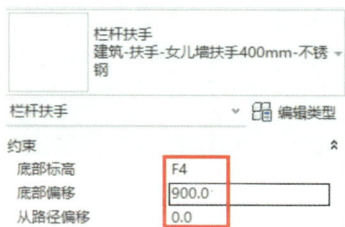

图 5-1-6　创建栏杆参数设置

4.绘制扶手

单击"绘制"面板中的"直线"绘制方式，设置选项栏中的"偏移值"为"-60.0"，适当放大 F4 楼层平面视图的女儿墙栏杆安装位置。如图 5-1-7 所示，在建工楼女儿墙轴线上捕捉轴线与轴线、轴线与参照平面等的交点，绘制出栏杆路径，由于设置了偏移量，因此会在距轴线

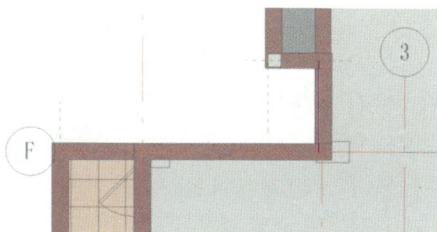

图 5-1-7　创建女儿墙栏杆路径

60 mm 处生成路径直线。当然也可以使用"修剪/延伸单个图元"等多种编辑工具，延伸扶手路径直线端点至两侧墙核心表面。注意：扶手路径可以不封闭，但所有路径迹线必须连续。

5.显示扶手的三维效果

单击"完成扶手"按钮，完成扶手绘制，Revit 2024 将在绘制的路径位置生成扶手。切换至三维视图，该扶手如图 5-1-8 所示。使用相同的方式，在女儿墙其他位置放置扶手。

图 5-1-8　女儿墙栏杆完成效果

二、绘制二层楼板边扶手栏杆

实训任务

完成建工楼项目二层楼梯板边扶手栏杆，熟悉扶手栏杆的有关操作

操作提示

1. 打开扶手工具

切换至 F2 楼层平面视图，单击"建筑"选项卡下"楼梯坡道→栏杆扶手→绘制路径 🏛绘制路径"命令，进入"修改|创建扶手路径"模式，自动切换至"修改|创建扶手路径"上下文选项卡。

2. 定义扶手类型

在"栏杆扶手"属性面板中，点击"编辑类型"，打开"类型属性"对话框，在"类型"中选择"玻璃嵌板 – 底部填充"，以此为基础复制创建"建筑 – 扶手 – 2F 扶手 1100 mm – 不锈钢玻璃"栏杆扶手，如图 5-1-9 所示。

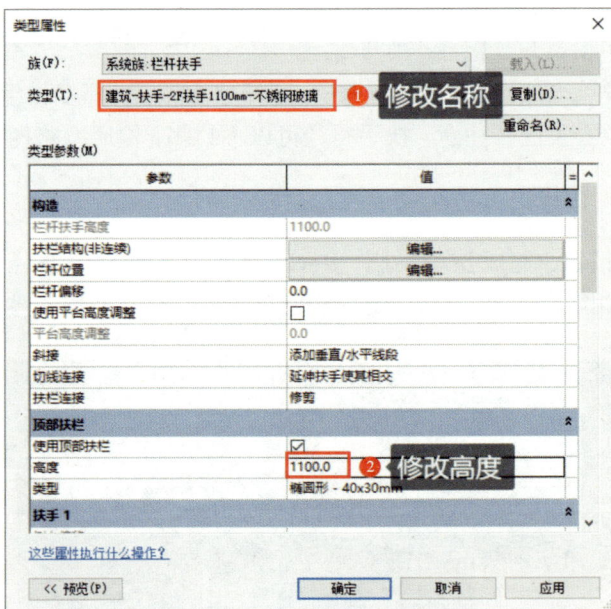

图 5-1-9　创建二层栏杆扶手

3. 定义扶栏结构参数

（1）定义扶栏结构参数。点击"栏杆结构（非连续）"的"编辑"按钮，打开"编辑扶手"对话框，修改"高度"为"1100""材质"为"建工楼 – 抛光不锈钢"，相关参数如图 5-1-10 所示，

单击"确定"按钮，返回"类型属性"对话框。

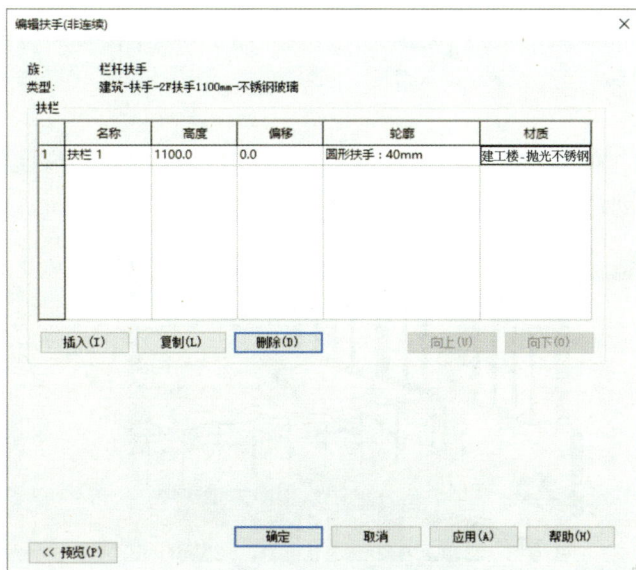

图 5-1-10 编辑扶手

（2）定义栏杆位置参数。点击"栏杆位置"的"编辑"按钮，打开"编辑栏杆位置"对话框，修改相关参数如图 5-1-11 所示，单击"确定"按钮，返回"类型属性"对话框。

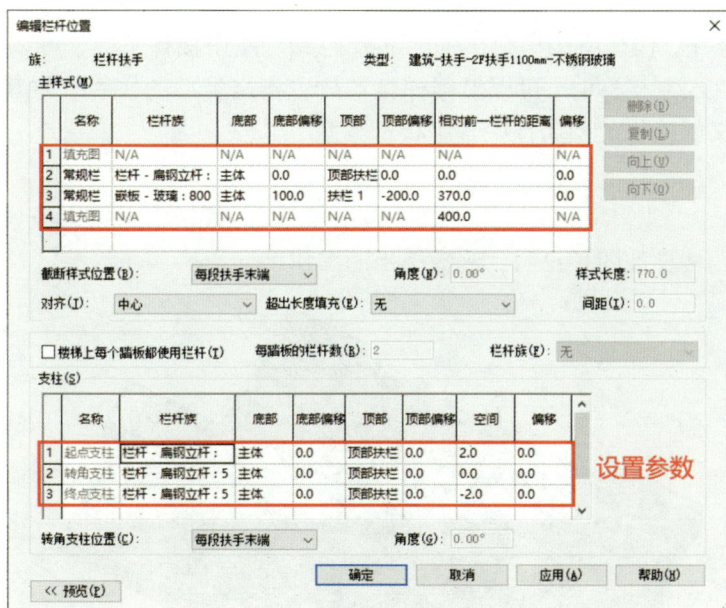

图 5-1-11 编辑栏杆位置

（3）确定栏杆偏移值。修改"栏杆偏移"值为"0.0"，其他参数不变，单击"确定"按钮，完成"类型属性"编辑。

4. 创建扶手

捕捉 C 轴与 1 轴和 5 轴的交点，绘制出二层楼层的模型室楼板边缘的扶手栏杆路径。

5. 显示扶手栏杆的三维效果

切换至三维视图，在"三维视图"属性面板中，勾选"剖切框"，拖拽剖面框边沿夹点，对模型进行剖切，显示创建的 2F 不锈钢玻璃栏杆栏板，如图 5-1-12 所示。

图 5-1-12　二楼栏杆的三维效果

学习任务二　创建楼梯

在 Revit 2024 中，楼梯由楼梯和扶手两部分构成。使用楼梯工具，可以在项目中添加各种样式的楼梯。在绘制楼梯时，可以沿楼梯自动放置指定类型的扶手。与其他构件类似，在使用楼梯前应定义好楼梯类型属性中各种楼梯参数。

实训任务

添加建工楼的楼梯如图 5-2-1，熟悉楼梯的操作。

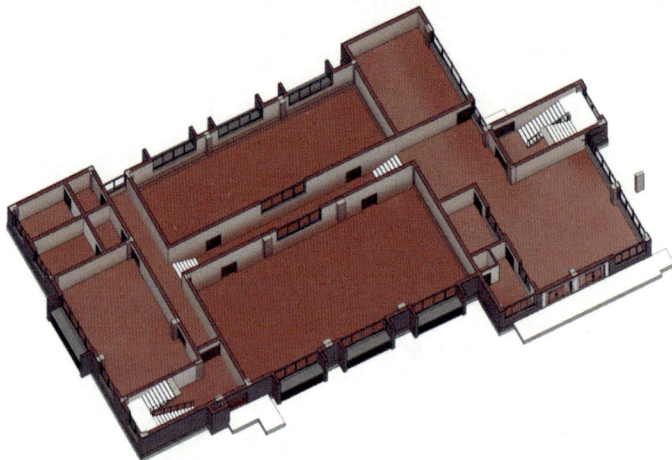

图 5-2-1　建工楼 1 号楼梯平面图

操作提示

1. 隐藏楼板操作

切换至 F1 楼层平面视图,适当缩放视图至 5 轴至 7 轴之间需设置楼梯部位。选择楼板等构件,在"视图控制栏"中选择"临时隐藏/隔离"按钮中的"隐藏图元"选项,隐藏楼板的这个功能使图面清晰。

2. 绘制参照平面

使用"参照平面"工具,如图 5-2-2 所示,在楼梯间绘制参照平面。

3. 选择楼梯工具

单击"建筑"选项卡下"楼梯 ⬡ "命令,选择"梯段 ⬡ 梯段 "工具。

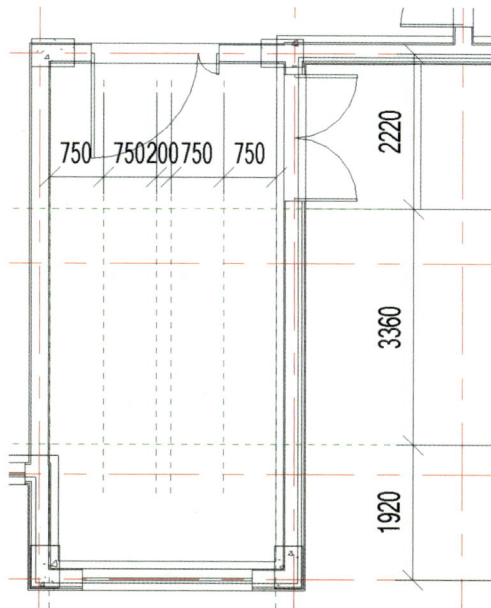

图 5-2-2　绘制参照平面

4. 定义楼梯类型

单击"属性"面板中的"编辑类型"按钮,打开楼梯"类型属性"对话框。在"类型属性"对话框中,选择楼梯族为"系统族:现场浇筑楼梯",类型为"整体浇筑楼梯",复制出名称为"建筑-楼梯-1 号楼梯-混凝土"的新楼梯类型,修改"类型属性"如图 5-2-3 所示。设置完成后,单击"确定"按钮,退出"类型属性"对话框。

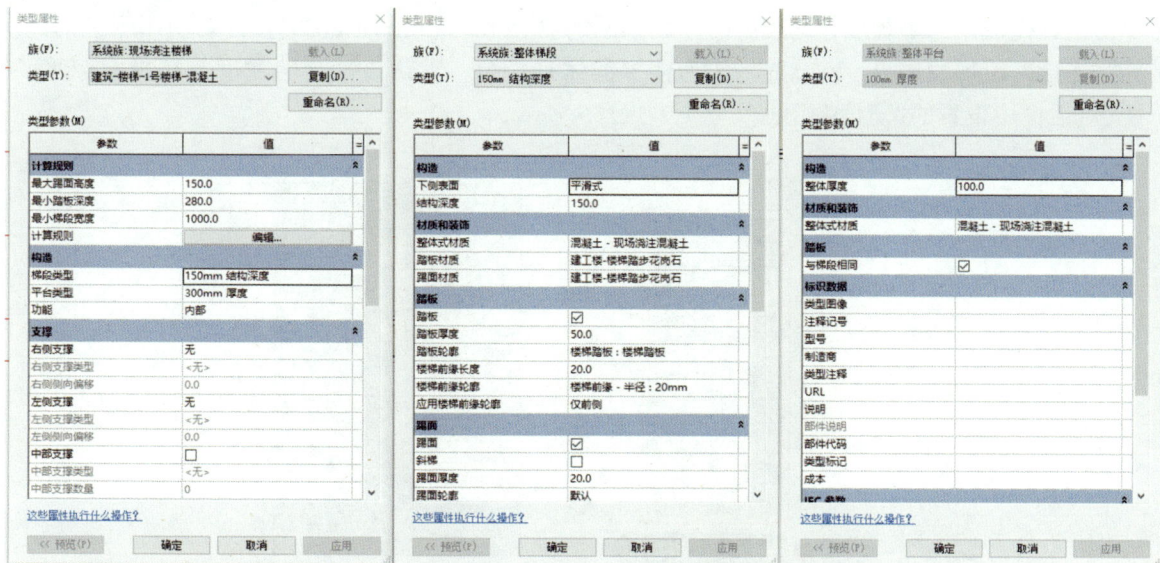

图 5-2-3　设置 1 号楼梯参数

5.定楼梯的标高限制条件以及图形等参数

如图 5-2-4 所示，修改"属性"面板中楼梯"底部标高"为标高"F1""顶部标高"为标高"F2"，设置"定位线"为"梯段：中心"，实际梯段"宽度"为"1500"。

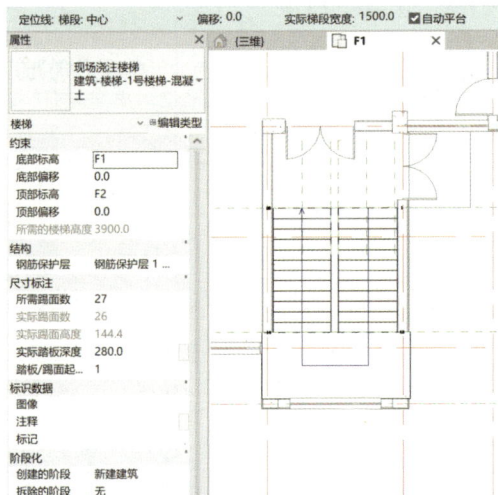

图 5-2-4　设置 1 号楼梯绘制参数

6.创建楼梯

根据前面绘制的参照平面，移动鼠标指针至相应参照平面交点位置单击，确定为梯段起点和终点。在移动鼠标指针过程中，注意 Revit 2024 会显示从梯段起点至鼠标当前位置已创建的踢面数及剩余的踢面数。当创建的踢面数为 13 时，单击完成第一段梯段。同样根据参照平面位置，完成第二段梯段的绘制。完成第二段梯段时，Revit 2024 提示"剩余 0 个"时，单击指针完成第二个梯段，完成后的梯段如图 5-2-5 所示。Revit 2024 会自动使用绿色的边界线连接两段梯段边界，该位置将作为楼梯的休息平台。默认该平台的宽度与楼梯"实例属性"对话框中设置的"宽度"相同。

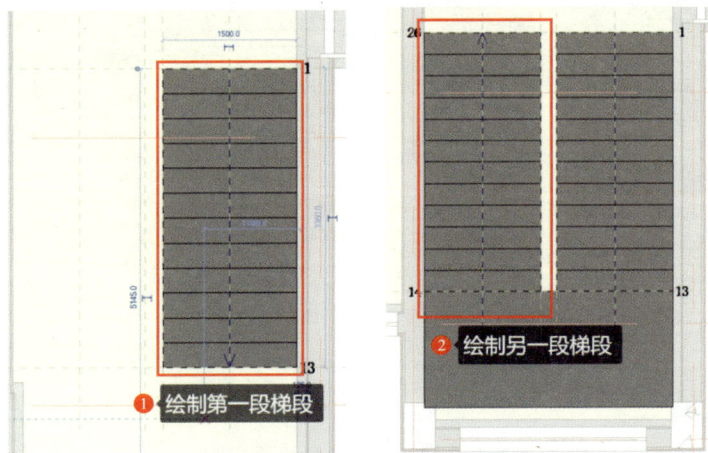

图 5-2-5　按顺序绘制梯段

选择休息平面楼梯边界线，对齐至墙体核心层边界。单击"模式"面板中的"完成编辑模式"按钮，完成楼梯创建。Revit 2024将按绘制的楼梯草图生成三维楼梯，在平面视图中生成楼梯投影。在Revit 2024中创建楼梯时，绘制梯段的起点将作为楼梯的"上楼"位置。注意：在编辑模式下绘制的参照平面，完成编辑后将不会显示在视图中。只有再次进入编辑模式后，才能查看和修改草图中的参照平面。

7. 定义栏杆扶手类型

选择自动创建的栏杆扶手图元，点击"属性"栏的"编辑类型"，在栏杆扶手类型列表中选择"建筑-扶手-2F扶手1100 mm-不锈钢玻璃"，单击"确定"按钮退出。

Revit 2024默认会以楼梯边界线为扶手路径，在梯段两侧均生成扶手。在F1楼层平面视图中选择楼梯外侧靠墙扶手，按键盘"Delete"键删除该扶手。

8. 显示楼梯的三维效果

切换默认三维视图，并在属性对话框中，勾选"剖面框"，适当调整剖面框位置，使之剖切到楼梯位置，如图5-2-6所示。

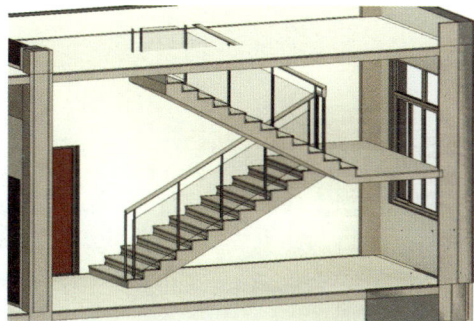

图 5-2-6 1号楼梯1F的三维视图完成图

9. 复制生成其他楼层的楼梯

按住"Ctrl"键选择楼梯和扶手，复制到"剪贴板"并使用"对齐粘贴"工具粘贴至F2、F3标高。图5-2-7中显示了完成后楼梯的三维形式。注意，由于楼板和天花板还未开洞口，因此，楼梯在三维视图上会与楼板和天花板相交。

实训：添加建工楼2~4轴线与L~M轴线之间的2号楼梯，如图5-2-8所示，创建步骤参考1号楼梯。

图 5-2-7 1号楼梯三层三维视图完成图

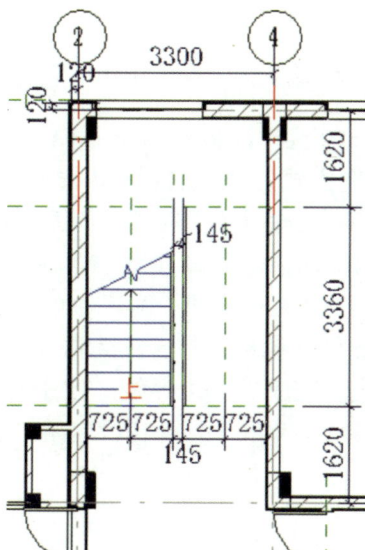

图 5-2-8 2号楼梯平面图

学习任务三　创建洞口

在项目中添加楼板、天花板等构件后，需要在楼梯间、电梯间等部位的楼板、天花板及屋顶上创建洞口。在创建楼板、天花板、屋顶这些构件的轮廓边界时，可以通过"边界轮廓"来生成楼梯间、电梯井等部位的洞口，也可以使用 Revit 2024 提供的洞口工具在创建完成的楼板、天花板上生成洞口。

实训任务

使用竖井洞口工具为建工楼项目 2~4 轴线与 L~M 轴线之间的楼梯位置创建洞口，熟悉竖井的有关操作。

操作提示

1.选择竖井操作状态

切换至 F1 楼层平面视图，适当放大 2~4 轴与 L~M 轴线之间的楼梯位置。单击"建筑"选项卡"洞口→竖井"工具，进入"创建竖井洞口草图"状态，自动切换至"修改|创建竖井洞口草图"上下文选项卡，如图 5-3-1 所示。

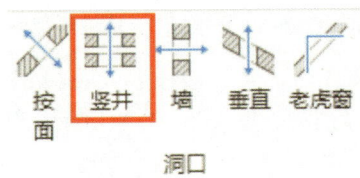

图 5-3-1　竖井工具

2.绘制竖井洞口轮廓草图

确认"绘制"面板中的绘制模式为"边界线"，绘制方式为"矩形"；确认选项栏中的值为"0"，不勾选"半径"选项。如图 5-3-2 所示，移动鼠标指针至 M 轴线与 4 轴线内墙核心层表面交点处并单击，确定为矩形第一点。向左下方移动鼠标指针，在 2 轴线外侧任意点处单击，完成矩形边界线。使用对齐工具对齐矩形底边界线至楼梯梯段起始位置。

图 5-3-2　创建竖井洞口轮廓草图

3.设置竖井的标高限制条件

在"属性"面板中修改"底部约束"为"F1"标高，"底部偏移"值为"150""顶部约束"为"直到标高：F4""顶部偏移"值为"500"，即 Revit 2024 将在 F1 标高之上 150 mm 处至 F4 标高之上 500 mm 之间的范围内创建竖井洞口。如图 5-3-3 所示。

4.完成竖井操作

单击"模式 ✔ "按钮完成竖井的创建。竖井将剪切高度内所有楼板、天花板。切换至三维视图，结果如图 5-3-4 所示。

属性

竖井洞口 (1)　　　　　　　　✏ 编辑类型

约束	
底部约束	F1
底部偏移	150.0
顶部约束	直到标高: F4
无连接高度	12050.0
顶部偏移	500.0
阶段化	
创建的阶段	新建建筑
拆除的阶段	无

图 5-3-3　设置竖井洞口参数

图 5-3-4　竖井洞口三维视图完成图

项目六　创建台阶、坡道和散水

学习任务一　创建台阶

在创建门厅入口处室外台阶之前，已在第 1.3.3 节中以创建室外楼板的方式添加了室外楼板。室外台阶可以以室外楼板为基础，通过主体放样方式进行创建。创建主体放样图元的关键操作是创建并指定合适的轮廓。在 Revit 2024 中可以自定义任意形式的轮廓族。

实训任务

建工楼项目添加生成室外台阶，熟悉"楼板边"工具的操作，如图 6-1-1 所示。

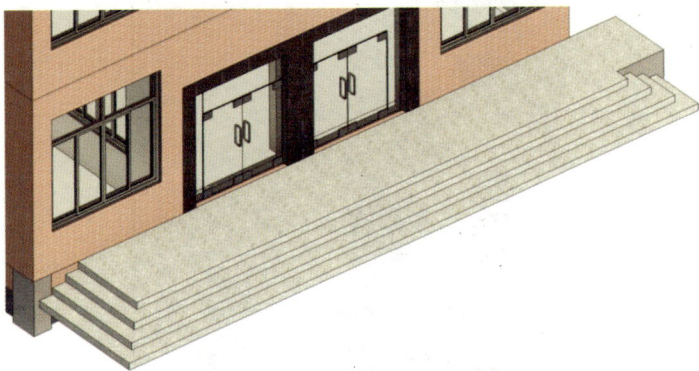

图 6-1-1　主入口室外台阶

操作提示

1. 导入轮廓族操作

单击"应用程序菜单"按钮，选择"新建-族"命令，弹出"新族-选择样板文件"对话框。在对话框中选择"公制轮廓.rft"族样板文件，单击"打开"按钮进入轮廓族编辑模式。如图 6-1-2 所示，在该编辑模式默认视图中，Revit 2024 默认提供了一组正交的参照平面。参照平面的交点位置，可以理解为在使用楼板边缘工具时所要拾取的楼板边线位置。

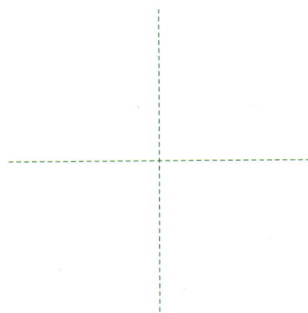

图 6-1-2　"公制轮廓"族样板

2. 定义轮廓族

单击快速访问栏中的"保存"按钮，以名称"建筑-室外台阶轮廓-4 级室外台阶-主入口"保存该族文件。单击"族编辑器"面板中的"载入到项目中 按钮，将该族载入至综合楼项目中。族将以".rfa"的格式保存。注意：创建族后，必须将其载入项目中，才能在项目中使用该族。

3. 绘制封闭的轮廓草图

使用"创建"选项卡"详图"面板中的"直线"工具，按图 6-1-3 所示尺寸和位置绘制封闭的轮廓草图。

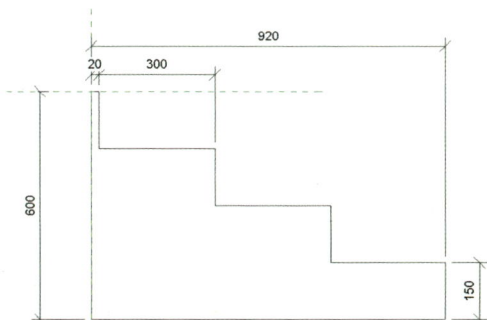

图 6-1-3　台阶轮廓

4. 定义楼板边缘类型各参数

切换至 1F 楼层平面视图，单击"建筑"选项卡下的"楼板→楼板边 命令。打开楼板边缘"类型属性"对话框，复制出名称为"建筑-室外台阶-4 级室外台阶-主入口"的楼板边缘类型。设置类型参数中的"轮廓"为上一步中载入的"4 级室外台阶轮廓：4 级室外台阶轮廓"，修改"材质"为"建工楼台阶花岗岩"，如图 6-1-4 所示。设置完成后，单击"确定"按钮，退出"类型属性"对话框。

图 6-1-4　设置主入口室外台阶类型属性

5. 生成室外台阶

切换至"三维视图"，适当放大主入口处楼板位置，单击拾取"建筑-楼板-室外台阶楼板 600 mm-地砖"楼板前侧上边缘，Revit 2024 将沿楼板边缘生成台阶，同样拾起左侧边缘、右侧边缘，生成室外台阶，按"Esc"键两次完成楼板边缘。

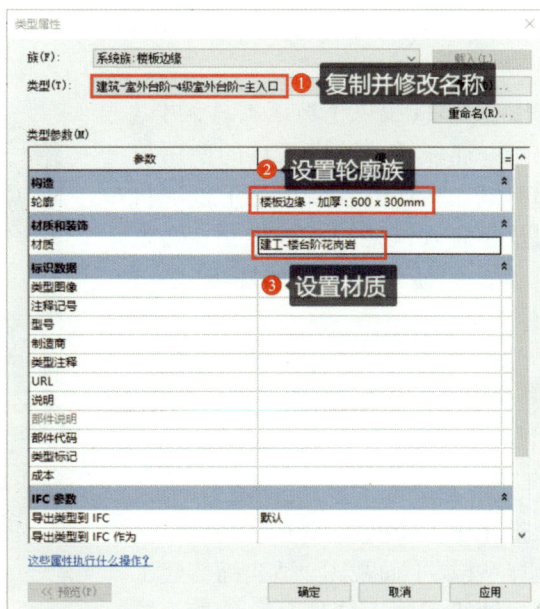

6. 创建其他两个入口的台阶

按照图纸所示，用同样的方法创建其他两个入口的台阶，如图 6-1-5 所示。

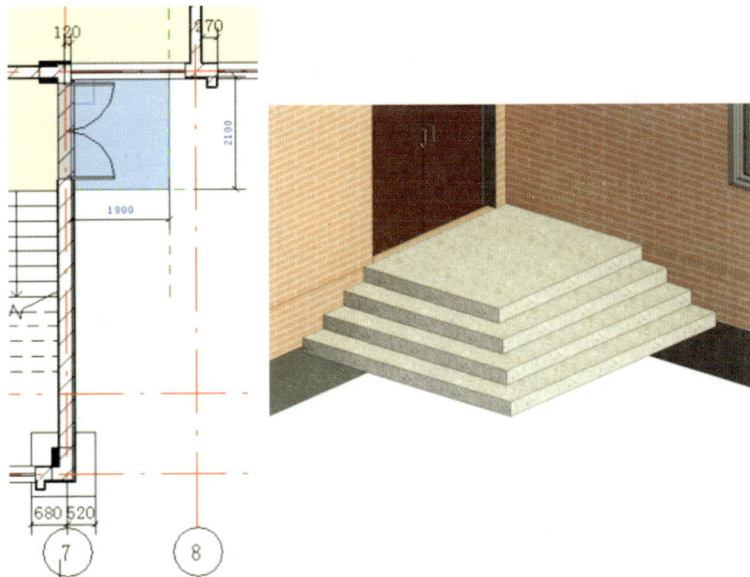

图 6-1-5　创建其余两个入口室外台阶

学习任务二　创建坡道

Revit 2024 提供了坡道工具，可以为项目添加坡道。坡道工具的使用与楼梯类似。实训内容添加建工楼项目南向及西向入口处的室外坡道，熟悉坡道工具的使用操作，如图 6-2-1 所示。

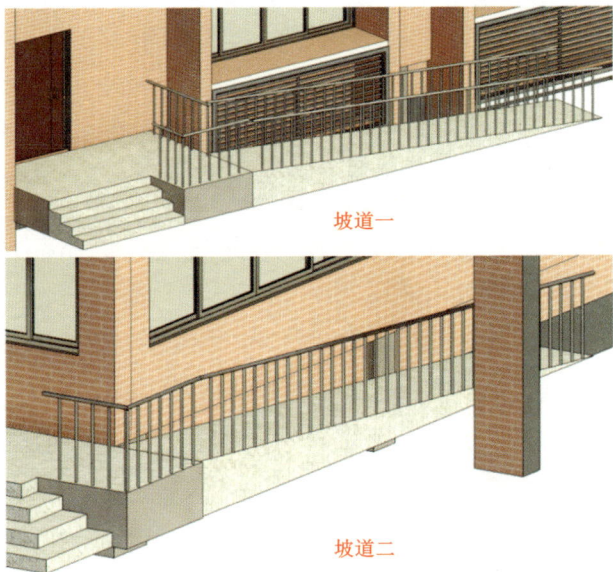

图 6-2-1　建工楼坡道示意图

操作提示

1. 打开坡道工具

打开建工楼项目文件，切换至"室外地坪"楼层平面视图，适当缩放建工楼西向轴线间主入口处台阶位置。单击"建筑"选项卡下"楼板坡道→坡道 "命令。进入"修改|创建坡道草图"状态，自动切换至"创建坡道草图"上下文选项卡。

2.定义坡道各属性参数

单击"属性"面板中的"编辑类型"按钮，打开坡道"类型属性"对话框，复制出名称为"建筑-坡道-室外坡道 1/12-地砖"的新坡道类型。如图 6-2-2 所示，修改类型参数中的"功能"为"外部""坡道材质"为"建工楼台阶花岗岩"；确认"坡道最大坡度（1/x）"为"12"，即坡道最大坡度为 1/12；修改"造型"方式为"实体"，其余参数参照图中设定。完成后单击"确定"按钮，退出"类型属性"对话框。

3.修改坡道标高参数

如图 6-2-3 所示，在"属性"面板中，修改底部标高为"室外地坪"，底部偏移为"0"，顶部标高为 F1，顶部偏移值为"0"，即该坡道由室外地坪上升至室外台阶顶部标高（到达入口处台阶楼板顶面），修改"宽度"值为"1200.0"，其余参照图中所示。单击"应用"按钮，应用设置完成。

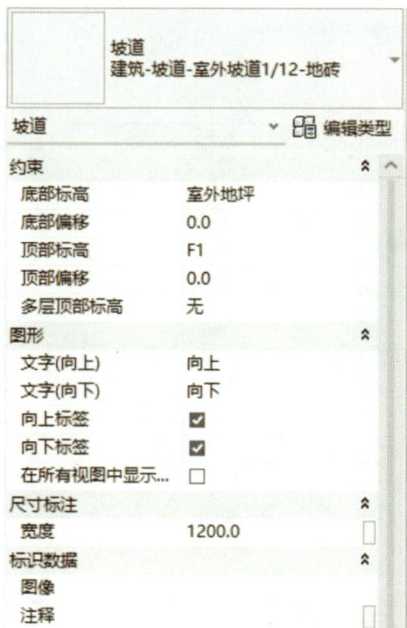

图 6-2-2　坡道类型属性

图 6-2-3　坡道属性

4.定义栏杆扶手类型

单击"工具"面板中的"栏杆扶手"按钮，在弹出的"栏杆扶手"对话框中选择"建工楼-楼梯栏杆-1100 mm"。完成后单击"确定"按钮，退出"栏杆扶手"对话框。

5.绘制坡道的参照平面

使用"参照平面"工具，按照如图6-2-4所示距离分别绘制参照平面。

6.完成坡道的绘制

单击"创建坡道草图轮廓"上下文选项卡"绘制"面板中的绘制模式为"梯段"，绘制方式为"直线"，从坡道底部向顶部捕捉参照平面交点，完成后单击"模式"面板中的"完成编辑模式"，即完成坡道绘制。

7.添加坡道的扶手栏杆

复制创建命名为"建筑-扶手-室外台阶扶手900 mm-不锈钢"的栏杆类别，参数设置如图6-2-5所示，将坡道两侧的扶手栏杆设置为相应类别，使其符合要求，切换至默认三维视图，适当调整观察角度。

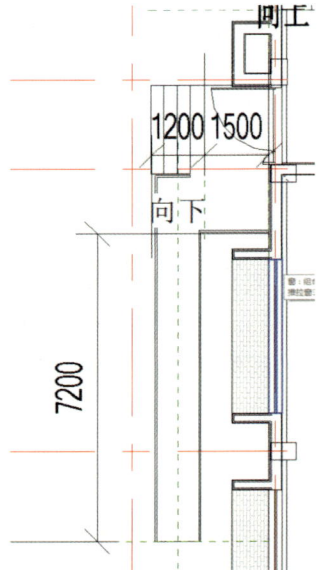

图 6-2-4 绘制坡道参照平面

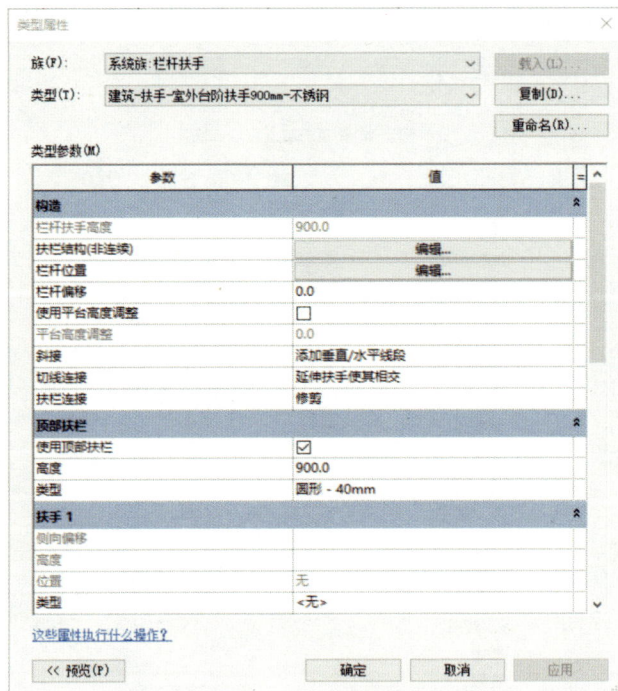

图 6-2-5 设置坡道栏杆参数

8. 创建南向坡道

按相同的步骤，创建南向立面的坡道，如图 6-2-6 所示。

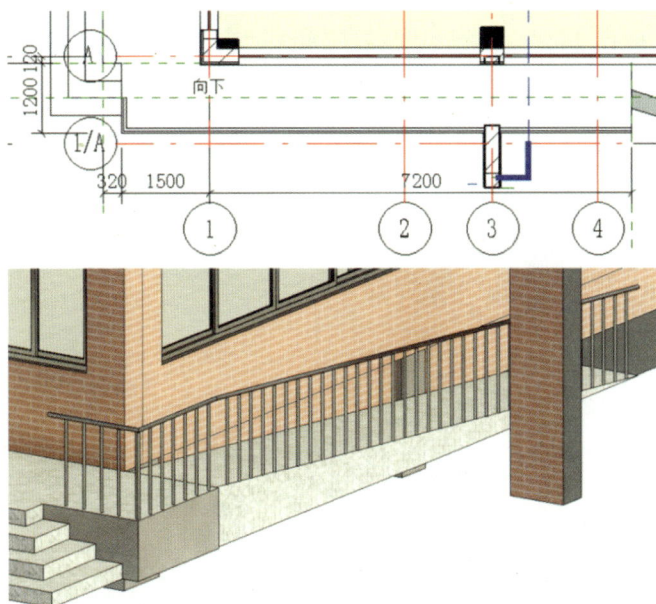

图 6-2-6　绘制南向坡道

学习任务三　创建散水

Revit 2024 不仅提供楼板边工具，也可以用来创建外墙的散水。

实训任务

创建建工楼外墙散水，熟悉楼板边工具的操作。如图 6-3-1 所示。

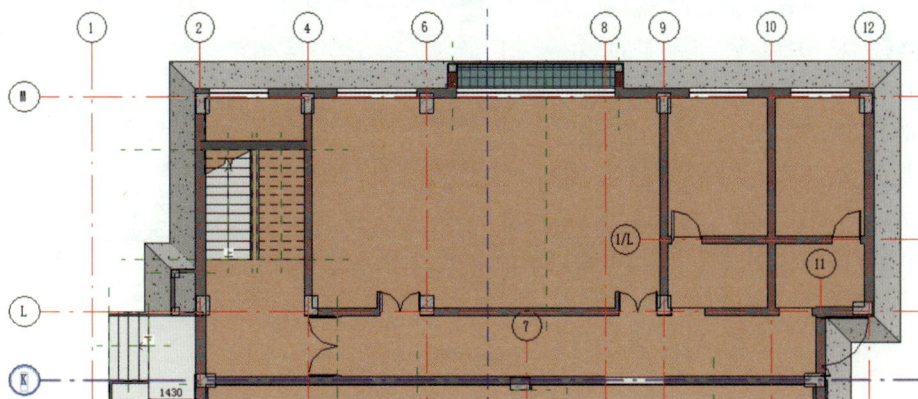

图 6-3-1　外墙散水

操作提示

1. 选择族样板

单击"应用程序菜单"按钮，在列表中选择"新建-族"选项，以"公制轮廓.rft"为族样板，进入轮廓族编辑模式。

2. 创建散水截面轮廓族

使用"直线"工具，按图 6-3-2 所示尺寸绘制首尾相连且封闭的散水截面轮廓。单击"保存"按钮，将该族重命名为"建工楼-800 宽室外散水轮廓.rfa"。单击"族编辑器"面板中的"载入到项目中"按钮，将轮廓族输入至综合楼项目中。

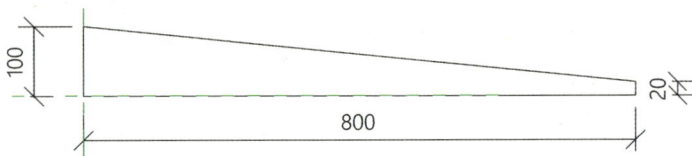

图 6-3-2　外墙散水轮廓

3. 选择墙饰条操作

单击"建筑"选项卡"构建"面板中的"墙"工具下拉箭头，在"墙"工具列表中选择"墙饰条"，系统自动切换至"修改|放置墙饰条"上下文选项卡。注意：在平面视图中无法使用"墙饰条"和"分隔缝"工具。

4. 定义建工楼外墙散水墙饰条的各属性参数

打开"类型属性"对话框，复制出名称为"建筑-室外散水-散水 800 mm-混凝土"的墙饰条类型。勾选类型参数中的"被插入对象剪切"选项，即当墙饰条位置插入门窗洞口时自动被洞口打断；修改"构造"参数分组中的"轮廓"为"800 宽室外散水轮廓；800 宽室外散水轮廓"；修改"材质"为"建工楼-现场浇筑混凝土"，其余参数如图 6-3-3 所示。单击"确定"按钮，退出"类型属性"对话框。注意："剪切墙"选项允许墙饰条深入主体墙时，剪切墙体；墙饰条可以设置所属墙的子类别。

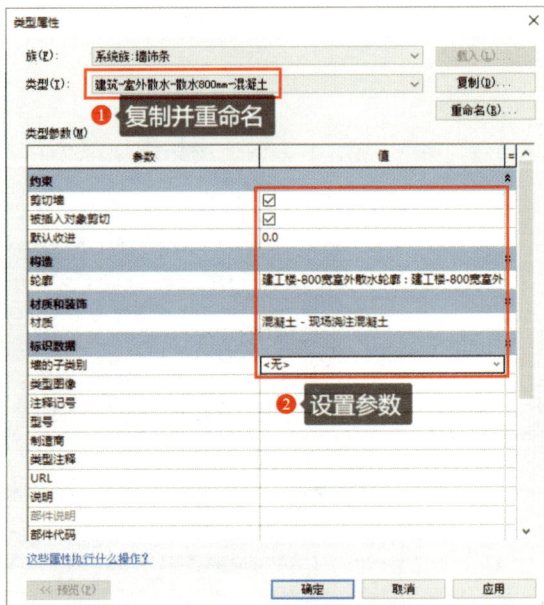

图 6-3-3　散水类型设置

5. 生成外墙散水

确认"放置"面板中墙饰条的生成方向为"水平",即沿墙水平方向生成墙饰条。在三维视图中,分别单击拾取建工楼外墙底部边缘,沿所拾取墙底部边缘自动生成散水,如图 6-3-4 所示。

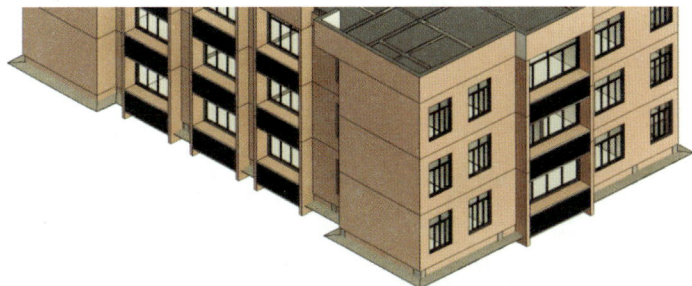

图 6-3-4　外墙散水三维效果图

项目七　创建建筑构件

学习任务一　创建雨篷

入口处雨篷为钢结构雨篷,相对比较复杂,也没有现成的族资可利用,因此,将采用分构件绘制方式进行创建。

实训任务

创建建工楼入口处雨篷,熟悉采用构件创建的方式来创建雨篷的操作。如图 7-1-1 所示。

图 7-1-1　雨篷示意图

操作提示

一、创建雨篷结构钢梁

1. 绘制雨篷处的参照平面

打开建工楼项目文件,切换至 F2 平面视图,适当放大门厅入口处,作为创建雨篷的参照平面,如图 7-1-2 所示。

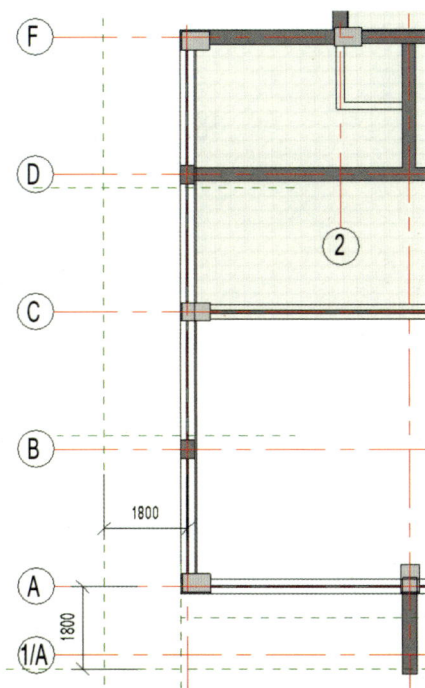

图 7-1-2 绘制雨篷梁参照平面

2. 载入雨篷结构钢梁结构族

选择"插入\载入族"工具,调出"载入族"对话框,在列表中选择"Chinese\结构\框架\钢\热轧普通工字钢.rfa"族,打开"指定类型"对话框,选择"全部类型",单击"确定",插入工字钢梁族。

3. 定义雨篷结构钢梁名称

打开工字钢"类型属性"对话框,复制创建名称为"建筑-钢梁-入口雨篷工字梁-钢",参数不做修改,如图 7-1-3 所示。

4. 创建雨篷梁

(1)创建第一根雨篷梁。在"修改|放置梁"选项卡中,放置平面选择"标高:F2",结构用途选择"水平支撑",不勾选"三维捕捉"、"链"。拾取 A 轴上与 1 轴交点柱外边缘点作为起点,A 轴与参照平面交点为终点,创建第一根雨篷梁,如图 7-1-4 所示。

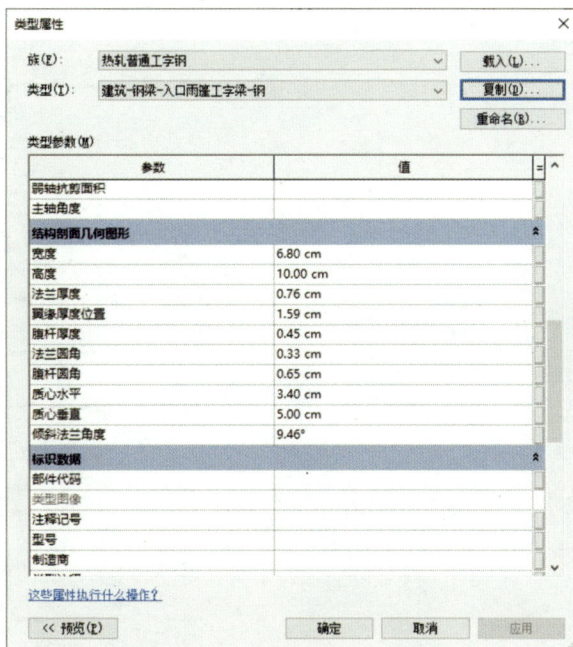

图 7-1-3 修改雨篷工字梁参数

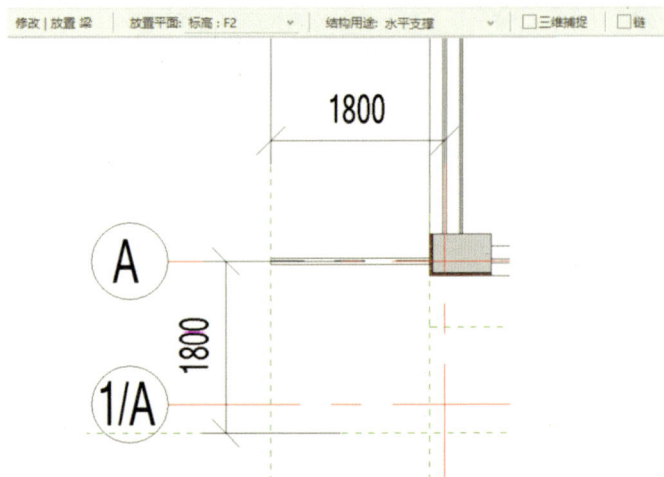

图 7-1-4　绘制第一根雨篷梁

（2）创建雨篷其他工字钢梁。选取上一步绘制的第一根工字钢梁，自动切换至"修改|结构框架"上下文选项卡，选择"修改"面板中的"阵列 "工具，注意"修改|结构框架"选项卡中，选择的阵列方式为"线性"，不勾选"成组并关联"选项，"项目数"填入"13"，"移动到"选项为"最后一个"，勾选"约束"选项，捕捉 A 轴上任意点作为起点，移动鼠标至 F 轴作为终点，阵列复制出共 13 根工字钢梁，如图 7-1-5 所示。

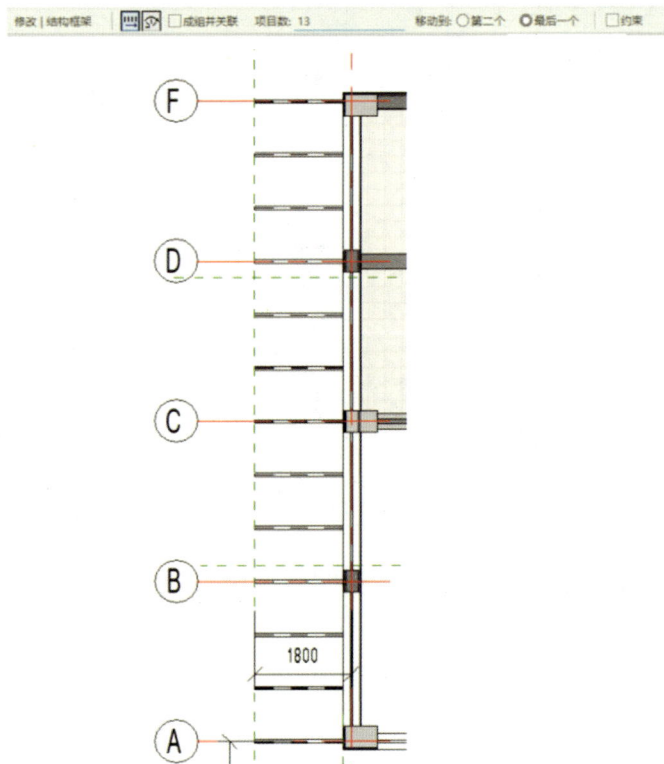

图 7-1-5　阵列复制西向雨篷梁

(3)同样方法绘制出南向第一根雨篷梁，阵列复制出 5 根工字钢雨篷梁，如图 7-1-6 所示。

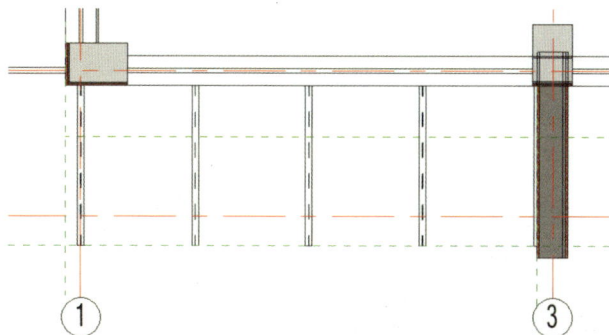

图 7-1-6　阵列复制南向雨篷梁

(4)沿参照平面创建、复制创建水平方向与垂直方向工字钢梁，三维效果如图 7-1-7 所示。

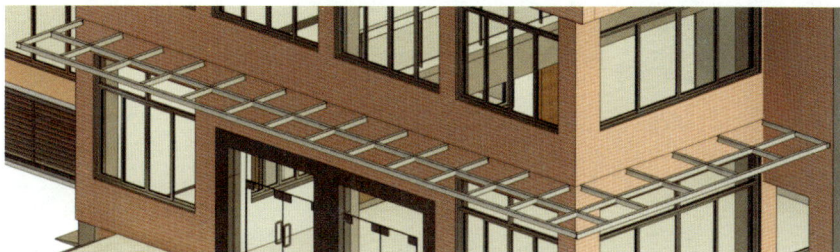

图 7-1-7　雨篷梁完成效果

二、创建雨篷驳接抓和雨篷玻璃

1. 载入抓点族

选择"插入\载入族"工具，载入"Chinese\建筑\幕墙\幕墙构件\抓点\驳接抓 2. rfa"族，选择"建筑→构件→放置构件 放置构件"工具，在"属性"面板中选择"驳接抓 2"，修改"类型属性"，复制创建名称为"建工楼-雨篷驳接抓-不锈钢"的玻璃节点连接件，修改"类型参数"如图 7-1-8 所示，由于雨篷玻璃厚度为 12 mm，所以，修改"尺寸标注"中的"玻璃厚度"参数为"12.0"，完成后单击"确定"，退出"类型属性"对话框。

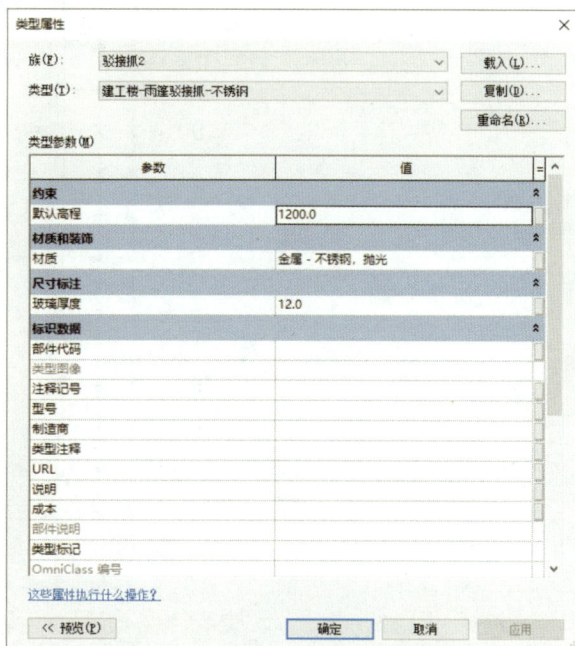

图 7-1-8　雨篷驳接抓类型属性

2. 创建第一个驳接抓

捕捉雨篷结构工字梁左下角交点，放置好第一个驳接抓，注意放置位置是否正确，可以通过改变视图后，从立面图、三维图中观察，用移动命令、镜像等工具，放置驳接抓于正确的位置，如图 7-1-9 所示。

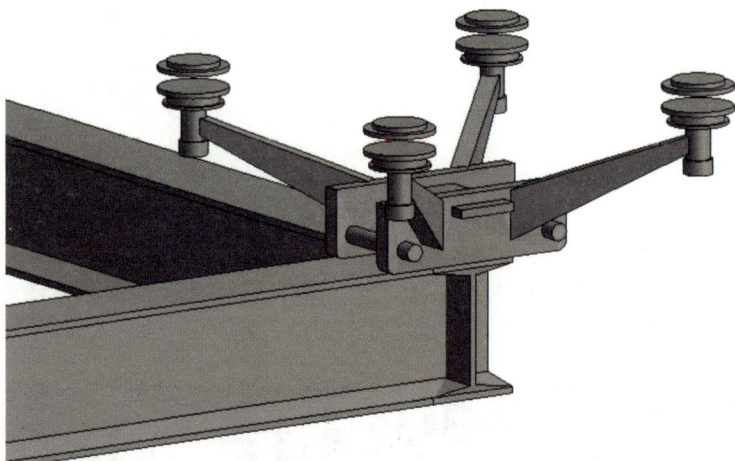

图 7-1-9 放置驳接抓

3. 创建其他位置的驳接抓

通过复制、阵列等工具，创建其他位置的驳接抓，如图 7-1-10 所示。

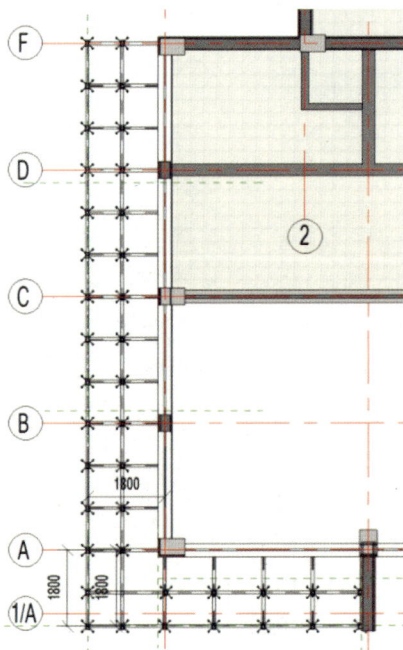

图 7-1-10 放置驳接抓

4. 创建雨篷玻璃

（1）定义雨篷玻璃参数。采用楼板工具创建雨篷玻璃。切换到 F2 楼层平面视图，单击"建筑"选项卡下的"楼板→建筑楼板 📘楼板:建筑"命令，自动切换至"修改|创建楼层边界"上下文选项卡中，单击"属性"面板的"编辑类型"，调出"类型属性"对话框，复制创建名称为"建筑-雨篷-入口雨篷 12 mm-玻璃"的楼板类型，单击"结构"后的"编辑"按钮，调出"编辑部件"对话框，修改"建工楼—雨篷玻璃"的材质和厚度，如图 7-1-11 所示。注意：可适当调整玻璃材质的透明度，增强其在三维视图中的造型效果。

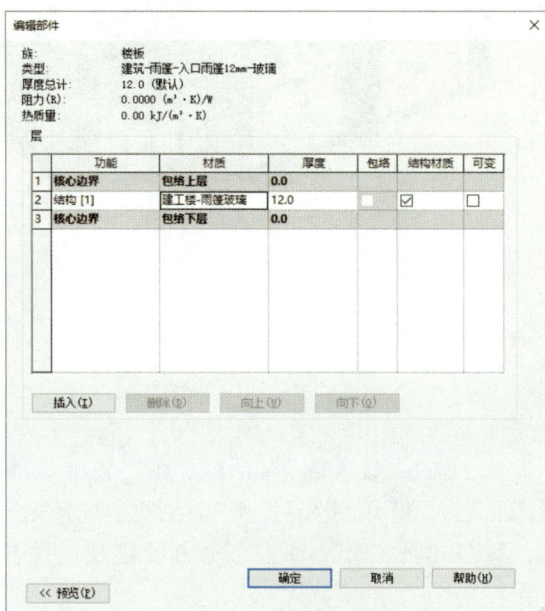

图 7-1-11　编辑雨篷玻璃属性

（2）创建雨篷玻璃。选择"绘制"面板下"边界线"的"直线 ╱"工具，绘制雨篷玻璃轮廓边缘，设置标高为"F2"，自标高的高度偏移填入"145"，如图 7-1-12 所示，完成后单击"完成编辑模式 ✔"按钮，完成创建雨篷玻璃。

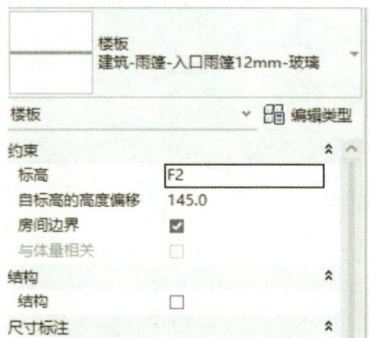

图 7-1-12　雨篷属性设置

5.显示雨篷的三维效果

单击"完成楼板"按钮，Revit 2024 生成雨篷玻璃楼板。切换至三维视图，雨篷玻璃如图 7-1-13 所示。

图 7-1-13　雨篷三维效果

三、设置雨篷拉杆

1.导入拉杆族

选择"插入\载入族"工具，调出"载入族"对话框，在列表中选择"Chinese\结构\框架\轻型钢\冷弯空心型钢-圆形.rfa"族，打开"指定类型"对话框，选择第一种类型"Y21.3×1.2"单击"确定"，插入"冷弯空心型钢-圆形"族。注意：为方便创建雨篷拉杆，需先在视图中隐藏玻璃图元。

2.定义雨篷拉杆族类型

打开 F2 平面视图，单击"结构"选项卡下的"梁 ✏"命令，在属性面板中选择"冷弯空心型钢-圆形"，点击"编辑类型"，打开"类型属性"对话框，复制创建类型名称为"建工楼-拉杆-雨篷拉杆 80 mm-不锈钢"，尺寸标注中的"t"修改为"2.0"、"D"修改为"80.0"，其他参数不做修改，如图 7-1-14 所示。

图 7-1-14　修改雨篷拉杆参数

3. 创建拉杆

捕捉 A 轴与参照平面的交点作为起点，以 A 轴与 1 轴柱外边缘为终点创建拉杆，并修改"属性"面板中的"参照标高"为"F2"，"起点标高偏移"为"0.0"、"终点标高偏移"为"1800.0"，其他参数不变，如图 7-1-15 所示。

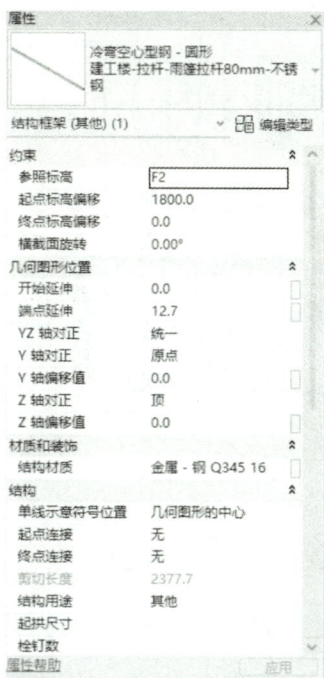

图 7-1-15　修改雨篷拉杆属性

4. 完成建工楼雨篷创建

阵列复制其他位置的另外两根拉杆，切换至三维视图，如图 7-1-16 所示。同样绘制南向 1 轴线位置拉杆，完成建工楼雨篷创建。

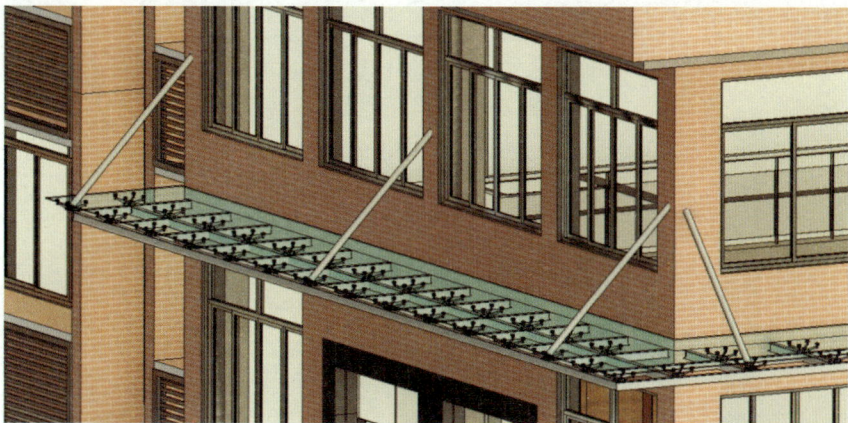

图 7-1-16　创建雨篷拉杆完成

5.显示雨篷的三维效果

切换至三维视图，该入口处雨篷三维效果如图 7-1-17 所示。

图 7-1-17　雨篷三维效果

学习任务二　创建模型文字

建工楼在西向立面有以中、英文命名的"建工实训基地"的广告字，可采用 Revit 2024 提供的"模型文字 A"工具来进行创建。

实训任务

创建以中、英文命名的"建工实训基地"的广告字，熟悉创建模型文字操作，如图 7-2-1 所示。

图 7-2-1　建工楼模型文字

操作提示

1.设置工作平面

模型文字也是一种模型实体图元，在创建之前，要设置工作平面以确定模型文字的位置。

打开建工楼项目文件，切换至 F2 视图，单击"建筑"选项卡下"工作平面→设置→设置工作平面 ⊞ 设置工作平面"命令，弹出"工作平面"对话框，选择"拾取平面"，如图 7-2-2 所示。再单击 1 轴墙体外边线，将其设为放置"模型文字"的工作平面。在弹出的对话框中选择"立面：西"，视图将自动跳转到"西立面"视图。

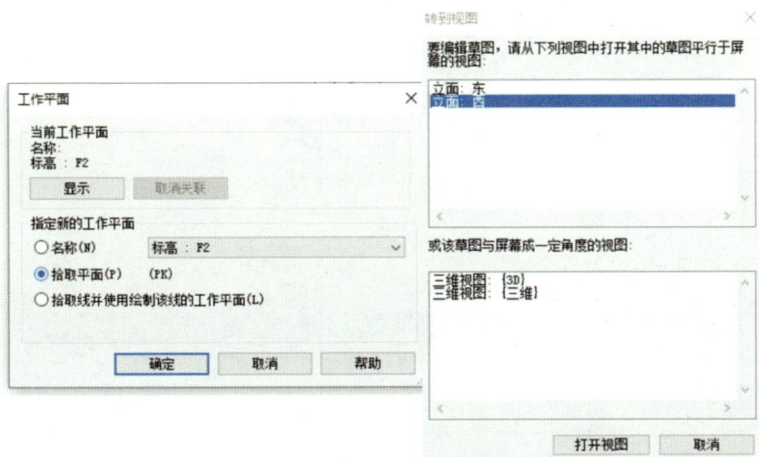

图 7-2-2　设置工作平面

2.创建模型文字

(1)点击"模型文字"工具，调出"编辑文字"对话框，在文本框中已预设"模型文字"字样并处于选取状态，直接输入需要创建的模型文本"建工实训基地"，包括文本之间的空格，如图 7-2-3 所示。

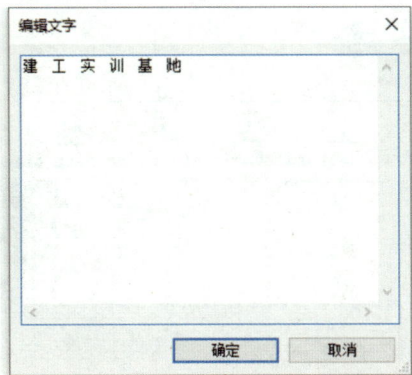

图 7-2-3　输入模型文字

（2）编辑好文字后，单击"确定"，退出"编辑文字"对话框，输入的模型文字随鼠标在设置的工作平面内移动，单击鼠标左键，将模型文字放置至合适的位置。再次单击"建工实训基地"文字，在"属性"面板中编辑类型，可以看出"模型文字"为系统族，复制创建名称为"建工楼–外墙文字"的类型，并对"文字字体""文字大小"进行设置，如图7-2-4所示，单击"确定"，退出"类型属性"对话框，继续在"属性"面板中编辑设置其他属性，完成后单击"应用"按钮，模型文字创建完成。

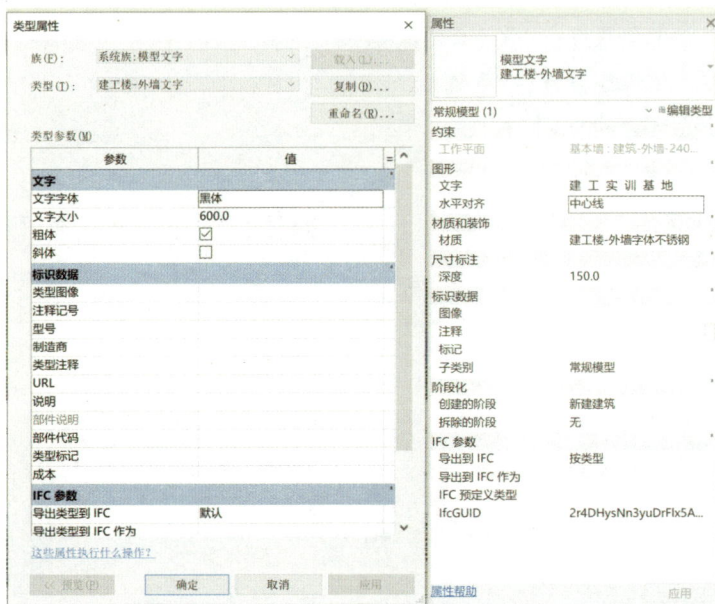

图7-2-4　编辑模型文字属性

（3）模型文字创建后，可以通过移动、旋转等工具对其进行位置的调整。

3. 创建拼音模型文字

同上一步骤，继续创建"Architectural Engineering Training base"模型文字，完成后切换至三维视图，如图7-2-5所示。

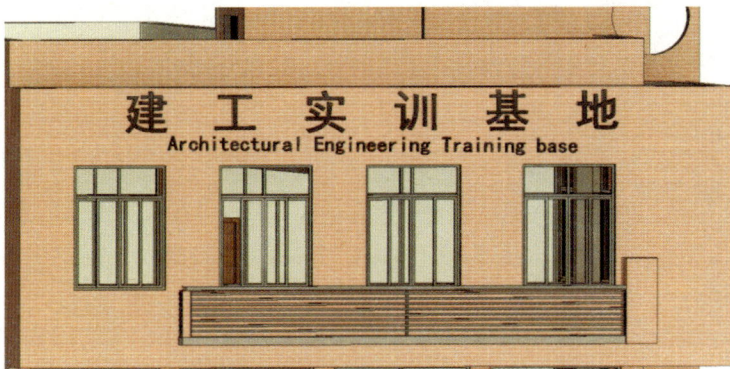

图7-2-5　模型文字三维效果

学习任务三　布置卫生间

使用"构件"工具调用合适的族，可以为项目布置室内房间的家具、洁具等。若使用"构件"工具布置房间，必须先将指定的构件族载入项目中。

实训任务

布置建工楼的卫生间洁具，熟悉"构件"工具的操作，如图 7-3-1 所示。

操作提示

1.载入卫生间洁具族

打开建工楼项目文件，切换至 F1 楼层平面视图，适当放大视图 9～12 轴线间卫生间的位置。载入"C:\ProgramData\Autodesk\RVT 2024\Libraries\Chinese\建筑\卫生器具\3D\常规卫浴\洗脸盆\台下式台盆-多个.rfa"、"C:\ProgramData\Autodesk\RVT 2024\Libraries\Chinese\建筑\专用设备\卫浴附件\盥洗室隔断\厕所隔断\3D.rfa"、"C:\ProgramData\Autodesk\RVT 2024\Libraries\Chinese\建筑\卫

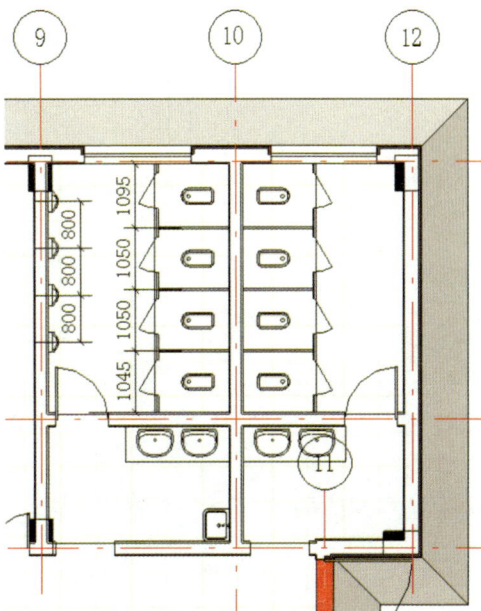

图 7-3-1　卫生间平面布置图

生器具\3D\常规卫浴\污水池.rfa"、"C:\ProgramData\Autodesk\RVT 2024\Libraries\Chinese\建筑\卫生器具\3D\常规卫浴\小便器\小便器-挂墙式.rfa"4 个卫浴族文件。

2.打开构件放置与修改工具

单击"建筑"选项卡"构建"面板中的"构件"下拉工具列表，在列表中选择"放置构件"选项，自动切换至"修改|放置构件"上下文选项卡。由于 Revit 2024 会默认在放置构件时激活"在放置时进行标记"选项，如果构件无可用的标签，则会将构件标记标注为"？"，此时，可以在状态栏中，单击 标记... 按钮，弹出如图 7-3-2 所示的"载入的标记和符号"对话框，载入相应符号，当然也可以不激活"在放置时进行标记"选项，则不对该构件进行标记。

3.放置卫生间污水池

使用"构件"工具，选择"建工楼-卫浴洁具-卫

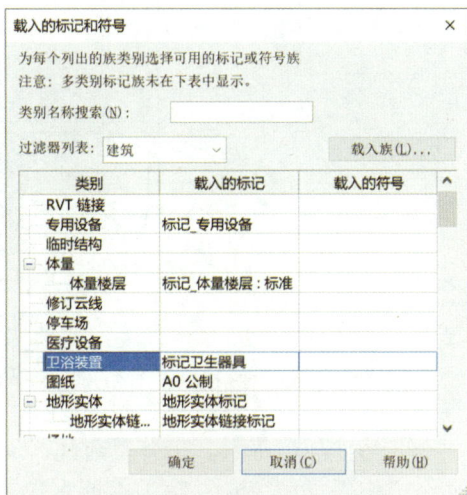

图 7-3-2　载入的标记和符号

生间污水池-陶瓷"族类型，按图 7-3-3 所示位置，在盥洗室房间靠墙边放置污水池。

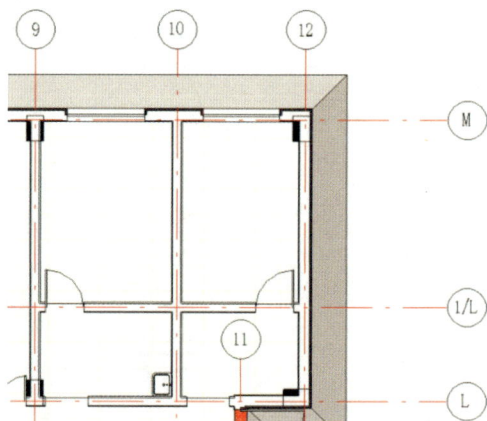

图 7-3-3　放置污水池

4. 放置卫生间洗脸盆

使用"构件"工具，在"属性"面板类型选择器列表中选择"建工楼-台式双洗脸盆：台式洗脸盆"作为当前类型，移动鼠标指针至盥洗室房间，如果方向不正确，可以通过按空格键方式进行调整，旋转构件方向。当捕捉至如图 7-3-4 所示的位置时，单击鼠标左键，放置台式双洗脸盆。完成后按"Esc"键两次，退出放置构件状态。注意：洗脸盆还可以通过修改"属性"面板中的参数来调整相关内容。

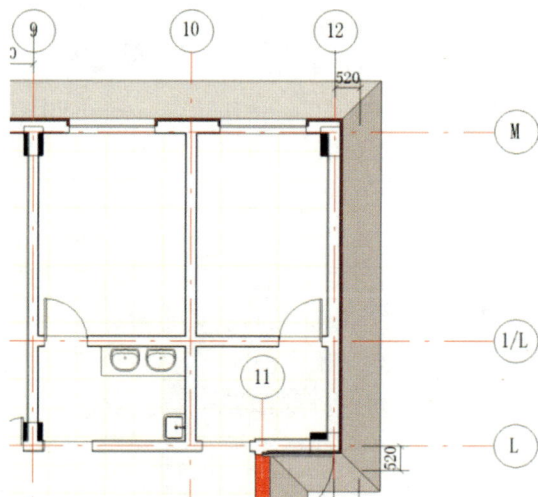

图 7-3-4　放置洗脸盆

5. 放置卫生间隔断

使用"构件"工具，在类型选择器列表中选择"建工楼-卫生间隔断：中间或靠墙（150 高地台）"构件类型，按图 7-3-5 所示位置布置卫生间隔断。由于该族必须基于墙，单击放置侧墙体才可以放置隔断。按图中所示尺寸值修改"属性"面板中的"宽"为指定值，配合使用移动工具对齐各隔断图元。注意：在"建工楼-卫浴洁具-卫生间隔断-木质"族中定义的各尺寸参数为实例参数，因此允许用户使用尺寸调节符号通过拖曳的方式调节尺寸。此时，如果使用对齐工具对齐隔断，会修改隔断的实例长度。

6. 放置卫生间小便斗

继续使用"构件"工具，选择"建工楼-悬挂小便斗"族类型作为当前类型，按图7-3-6所示位置拾取墙，放置小便斗。

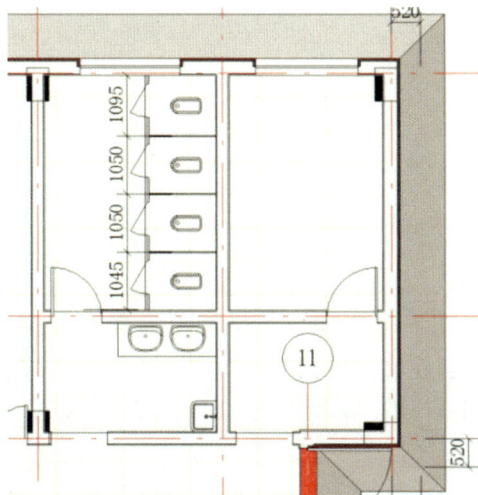

图 7-3-5　放置卫生间隔断

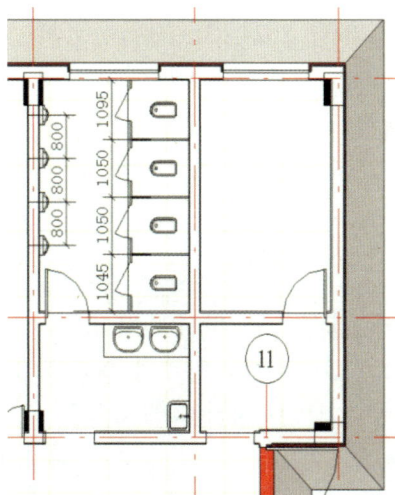

图 7-3-6　放置小便斗

7. 放置另一侧卫生间洁具

选取洗脸盆、卫生间隔断，通过镜像复制方式，复制到10轴线右侧，如图7-3-7所示。

8. 放置其他楼层平面卫生间洁具

把F1层平面中的卫生间洁具全部选取，复制到剪贴板，然后选择"粘贴\与选定的标高对齐"方式，复制到F2、F3楼层平面，完成各层卫生间的布置。

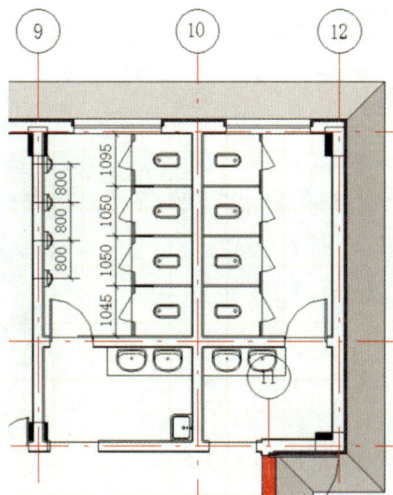

图 7-3-7　镜像复制洗脸盆及卫生间隔断

项目八 创建场地及场地构件

使用 Revit 2024 提供的场地工具，可以为项目创建场地三维地形模型、场地红线、建筑地坪等构件，完成建筑场地模型的创建。可以在场地中添加植物、停车场等场地构件，以丰富场地内容。

学习任务一 添加地形实体

地形表面是场地设计的基础。使用"地形实体"工具，可以为项目创建地形实体模型。Revit 2024 提供了两种创建地形实体的方式：从草图创建和从导入创建。导入测量文件的方式可以导入 DWG 文件或测量数据文本，Revit 2024 自动根据测量数据生成真实场地地形表面。

实训任务

使用从草图创建的方式为建工楼项目创建简单地形实体模型。

操作提示

1.插入地形 CAD 底图

打开建工楼项目文件，切换至"室外地坪"楼层平面视图，单击"插入"选项卡下的"导入 CAD 📷"命令，在"室外地坪"楼层平面视图中插入"场地总平面图.dwg"文件。注意勾选"仅当前视图"，将"导入单位"设置为"毫米"，单击"打开"按钮，如图 8-1-1 所示。

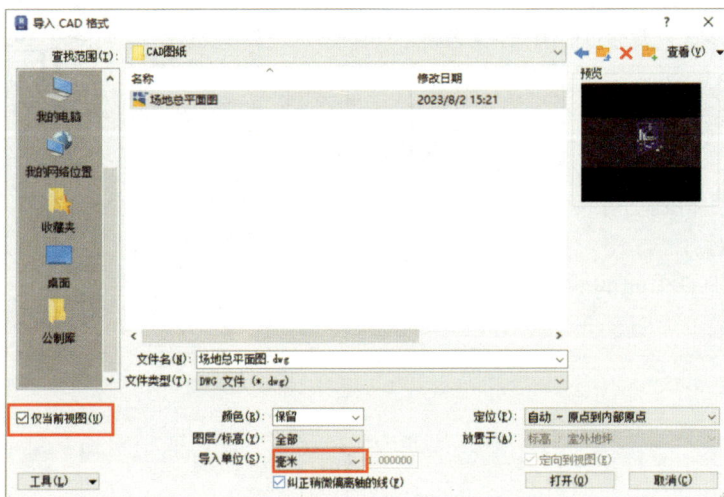

图 8-1-1 插入 CAD 文件的设置

2.对齐底图与模型

CAD 底图插入后，单击导入的图纸中心位置的"⊙"图标解锁，解锁后使用"移动""对齐"等工具，将图纸放置到正确的位置，如图 8-1-2 所示。

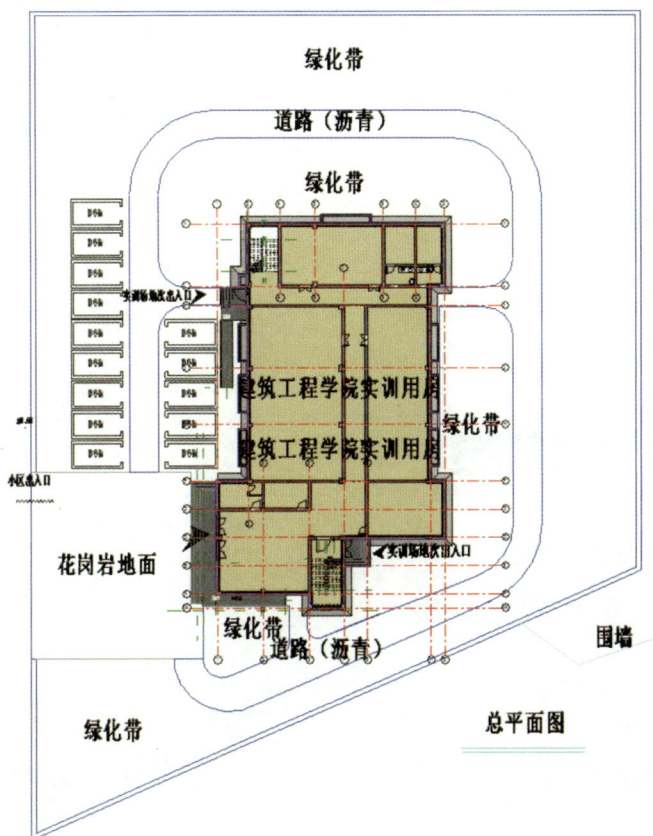

图 8-1-2　插入 CAD 底图

3.打开地形实体工具

切换至"室外地坪"楼层平面视图，如图 8-1-3 所示，单击"体量和场地"选项卡下的"场地建模→地形实体→从草图创建 "命令，自动切换至"修改|创建地形实体边界"上下文选项卡。

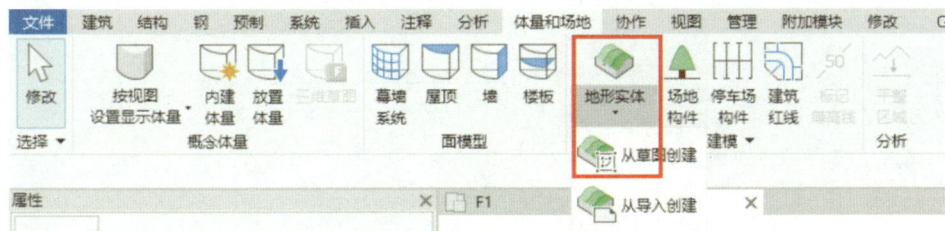

图 8-1-3　体量和场地选项卡

4.定义地形实体各属性参数

单击"属性"面板中的"编辑类型"按钮，打开坡道"类型属性"对话框，复制出名称为"建筑-地形实体-地坪碎石 450 mm-碎石"的新地形实体类型，如图 8-1-4 所示。

5.定义结构层参数设置

如图 8-1-5 所示，插入"面层 1[4]""面层 2[5]"，定义其材质、厚度等。

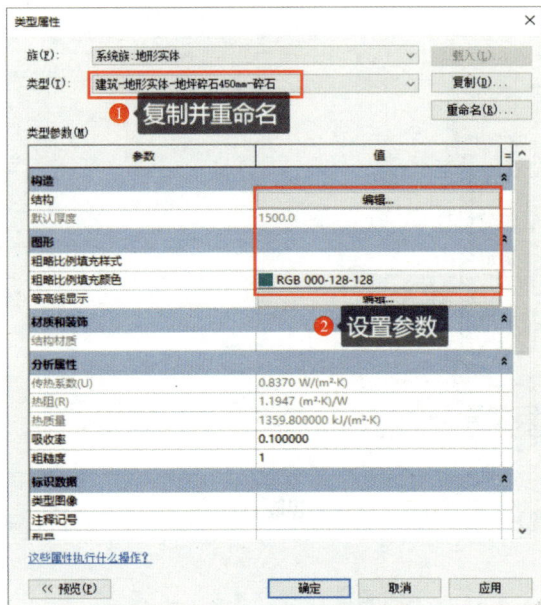

图 8-1-4　复制创建新的地形实体类型

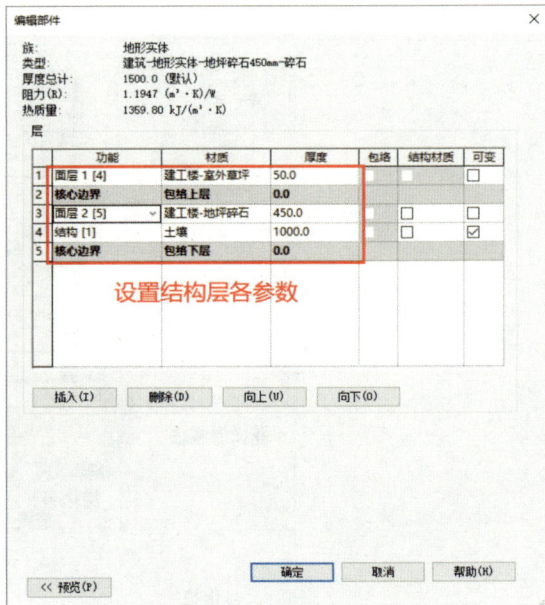

图 8-1-5　设置地形实体参数

6.修改地形实体标高参数

在"属性"面板中，修改标高为"室外地坪"，自标高的高度偏移为"0"，如图 8-1-6 所示。

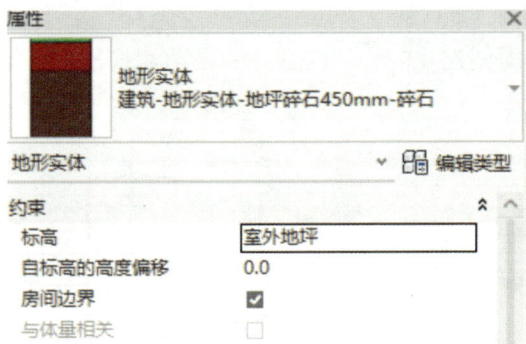

图 8-1-6　设置地形实体标高参数

7. 绘制地形实体

单击"绘制"选项卡"拾取线 ⚞ "工具，拾取建工楼模型外边线为地形实体的内边线，拾取 CAD 底图的外边线为地形实体的外边线，为如图 8-1-7 所示。单击"模式"面板中的"完成 ✔ "按钮，Revit 2024 将自动生成地形实体模型。

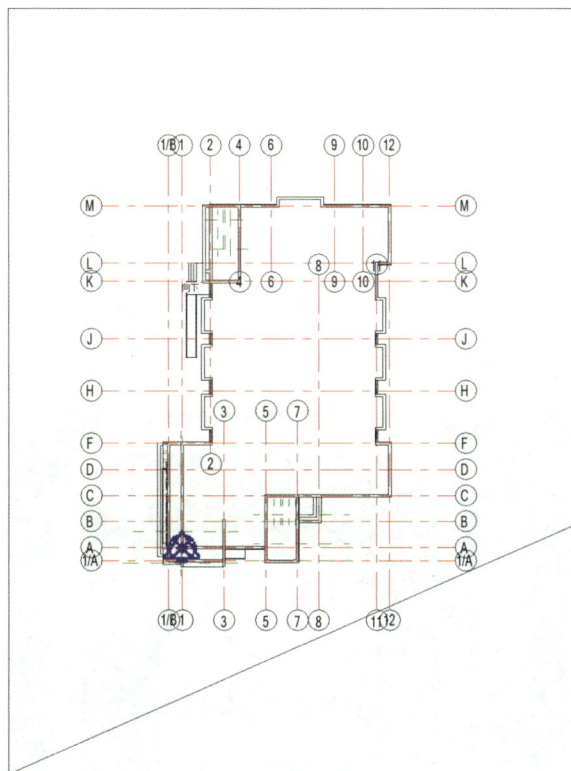

图 8-1-7　绘制地形实体边界线

8. 地形实体模型三维显示

切换至三维视图，完成后的地形实体如图 8-1-8 所示。

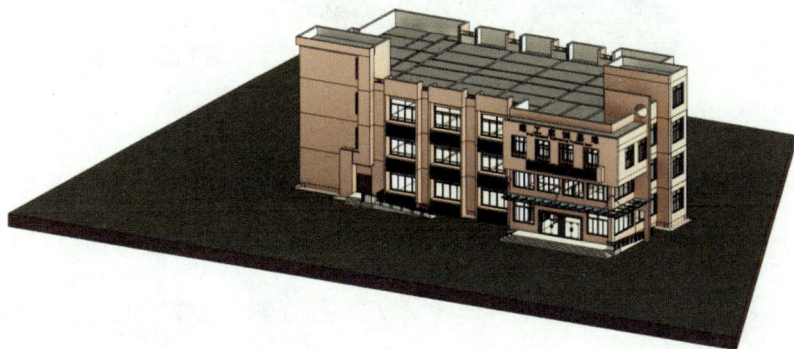

图 8-1-8　完成地形实体效果

Revit 2024 创建地形与以前各版本的方法不同，其采用更直观、更简单的方式来进行创建，使用从草图创建地形实体的方式比较简单，适合于创建较为简单的场地地形实体。如果场地地形较为复杂，可以通过导入测量数据创建地形表面模型的方式。

学习任务二　创建场地细分模型

完成地形实体模型后，可以使用"细分"工具将地形表面划分为不同的区域，并为各区域指定不同的材质，从而得到更为丰富的场地模型。使用"细分"工具可以在场地内划分场地道路、场地景观等场地区域。场地还可以对原始地形进行场地平整，并生成平整后的新地形，Revit 2024 会自动计算原始地形与平整后地形之间产生的挖填方量。

实训任务

创建建工楼项目场地道路，熟悉使用"细分"工具将地形表面划分为不同的区域，如图 8-2-1 所示，并为各区域指定不同的材质。

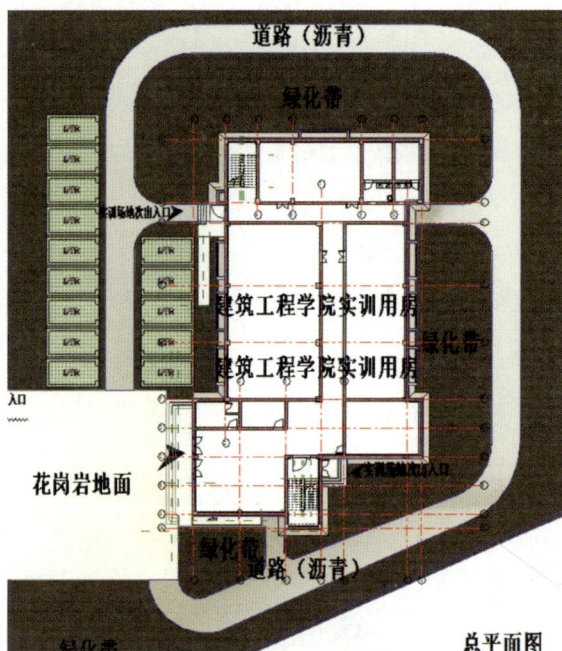

图 8-2-1　场地细分图

操作提示

1.打开细分工具

打开建工楼项目文件，切换至"室外地坪"楼层平面视图，选择"地形实体"模型，自动切换至"修改|地形实体"上下文选项卡，单击"细分 🔲"工具，进入"修改|创建细分边界"状态。

2. 绘制道路边界

单击"绘制"选项卡"拾取线 ⚡ "工具，拾取 CAD 底图的道路边线，如图 8-2-2 所示。
单击"模式"面板中的"完成 ✔ "按钮，Revit 2024 将自动生成道路细分地形实体模型。

3. 定义道路类型各参数

切换至三维视图，打开地形实体"类型属性"对话框，修改"材质"为"建工楼-室外道路"
"细分高度"为"100"，如图 8-2-3 所示。设置完成后，单击"确定"按钮，退出"类型属性"对
话框。

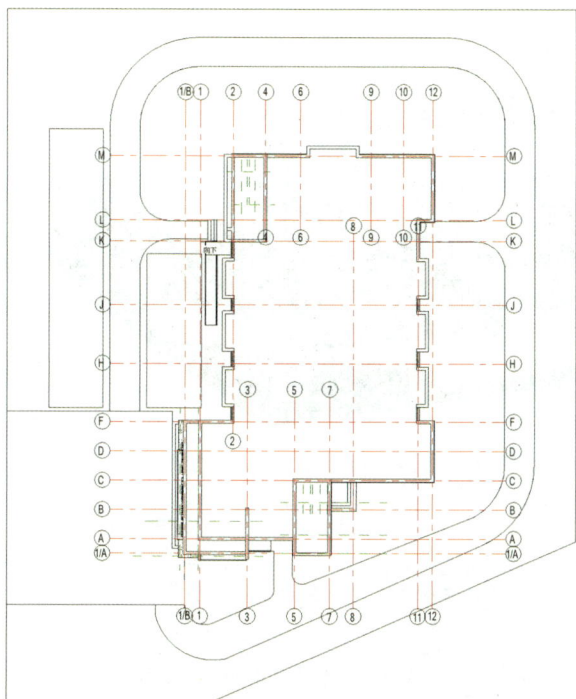

图 8-2-2　绘制道路轮廓

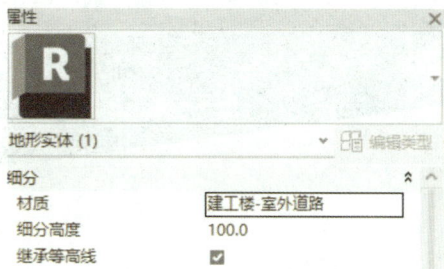

图 8-2-3　设置道路类型属性

4. 创建其他细分地形实体模型

按相同的步骤，创建入口处"花岗岩地面""停车位"细分地形实体模型，如图 8-2-4 所示。

图 8-2-4　细分地形实体模型完成效果

学习任务三　场地构件

Revit 2024 提供了"场地构件"工具，可以为场地添加停车场、树木、RPC 等构件。这些构件均依赖于项目中载入的构件族，必须先将构件族载入到项目中才能使用这些构件。

实训任务

为建工楼项目场地添加花坛、人物等场地构件模型，进一步使用"场地构件"工具，丰富和完善场地模型。如图 8-3-1 所示。

图 8-3-1　放置各类场地构件效果

操作提示

1. 载入各类场地构件族

打开建工楼项目文件，切换至"室外地坪"楼层平面视图，载入文件夹中的"RPC 甲虫. rfa""RPC 女性. rfa""RPC 男性. rfa""RPC 灌木. rfa""室外路灯. rfa"等族文件。

Revit 2024 提供了"公制场地. rte""公制植物. rte"和"公制 RPC. rte"族样板文件，用于用户自定义各种场地构件。

2. 打开场地工具

切换至"体量和场地"选项卡，单击"场地建模→场地构件 🌲 "工具。

3. 绘制花坛

（1）定义花坛材质。切换至"室外地坪"楼层平面视图。使用墙工具，在"类型选择器"类型列表中选择墙类型为"砖墙 240 mm"，打开"类型属性"对话框，以"砖墙 240 mm"为基础，复制出名称为"建筑-路缘石-室外花坛 100-花岗石"的墙类型。打开墙"编辑部件"对话框，按图 8-3-2 所示修改墙"结构[1]"厚度为"100"，修改材质为"建工楼-路缘石"，并选择一种花岗岩作为路缘石材料。设置完成后单击"确定"按钮，退出"类型属性"对话框。

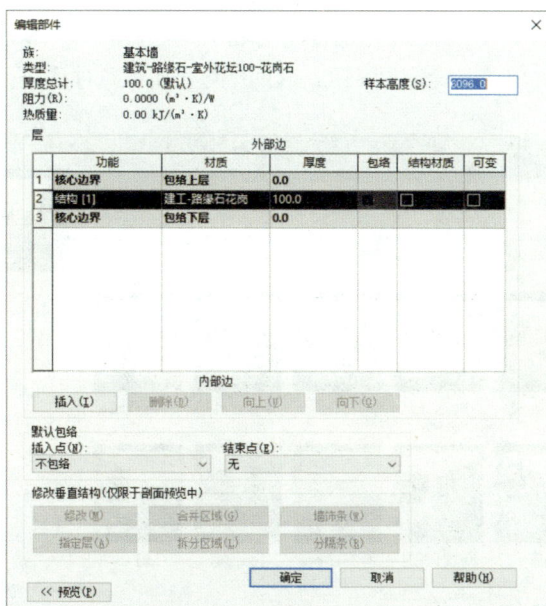

图 8-3-2　设置路缘石参数

（2）定义花坛的高度参数。设置选项栏中的"高度"选项为"未连接"，在"高度值"中输入"200"作为墙高度。设置"定位线"为"核心面：外部"，"偏移量"为"0"。按图 8-3-3 所示尺寸和位置绘制花坛，未标注尺寸位置均对齐外墙面至项目中已有构件边缘。

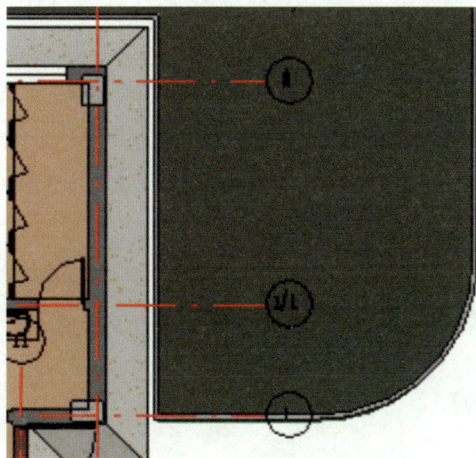

图 8-3-3　绘制路缘石花坛

4. 放置灌木构件

（1）定义建工楼-灌木类型以及渲染外观属性。使用"场地构件"工具，在类型列表中选择当前构件类型为"RPC 灌木：小檗-1.0 米"，打开"类型属性"对话框，复制出名称为"建工楼-灌木"的新类型。修改其"高度"为"2000"，"注释"参数值为"小檗"。单击"渲染外观"类型参数后的"浏览"按钮，弹出"渲染外观库"对话框。如图 8-3-4 所示，单击顶部"类别"列表，在列表中选择"Shrubs & Grasses"类别，此时将在预览窗口中显示所有该类别渲染外观。选择"Holly"，设置完成后单击"确定"按钮，返回"类型属性"对话框。

图 8-3-4　定义灌木类型

（2）均匀放置灌木构件。在相应位置沿花坛方向单击鼠标左键，均匀放置灌木构件。继续使用"场地构件"工具，在类型列表中选择"RPC 男性：LaRon"，移动鼠标指针至幕墙外室外楼板上的任意位置，Revit 2024 将预显示该人物族，箭头方向代表该人物"正面"方向。按键盘空格键后将以 90° 的角度旋转"LaRon"方向，单击鼠标左键放置该族。使用相同的方式，不必在意各人物的具体位置和人物类型，在场地任意位置单击放置 RPC 人物。使用类似的方式，放置 RPC 甲虫、室外路灯等各种场地设施。

注意：所有的"场地构件"族均会出现在"构件"族类型列表中。RPC 族文件为 Revit 2024 中的特殊构件类型族。通过指定不同的 RPC 渲染外观，可以得到不同的渲染结果。RPC 族仅在渲染时才会显示真实的对象样式，在三维视图中，将仅以简化模型替代。

模块二

BIM应用

项目九　建筑的渲染与漫游

在传统二维模式下进行方案设计时，无法很快地校验和展示建筑的外观形态，对于内部空间的情况更是难以直观地把握。在 Revit 2024 中我们可以实时地查看模型的三维效果，形成非常逼真的图像，还可以创建漫游动画、进行日光分析等。Revit 2024 软件集成了 mental ray 渲染引擎，可以生成建筑模型的照片级真实渲染图像，无需导出到其他软件，便于展示设计的最终效果，方便设计师在与甲方进行交流时能充分表达其设计意图。

学习任务一　渲染

在 Revit 2024 中，用户可以通过以下流程进行渲染操作：创建渲染三维视图—指定材质渲染外观—定义照明—配景设置—渲染设置以及渲染图像—保存渲染图像。渲染图像使人更容易理解建筑的形状和大小，并且渲染图像较具真实感，能清晰地反映建筑的结构形状。

一、渲染视图设置和布景

设置好材质后，可以为项目添加透视图及布景。使用"相机"工具可以在项目中添加任意位置的透视视图。在进行渲染之前需根据表现的需要添加相机，以得到各个不同的视点。

操作提示

（1）打开"建工楼"项目文件，切换至 F2 楼层平面图，单击"视图"选项卡中的"三维视图"工具下拉列表，在列表中选择"相机"工具。勾选选项栏中的"透视图"选项，设置"偏移量"值为"1750"，即相机的高度为 l750 mm，如图 9-1-1 所示。

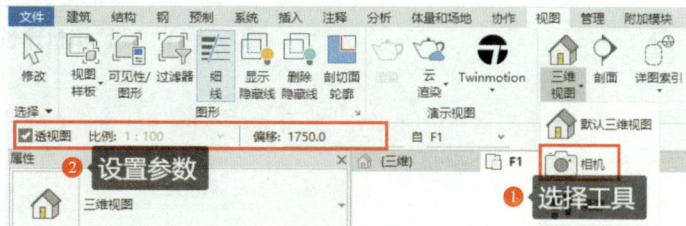

图 9-1-1　相机工具

提示：不勾选选项栏中的"透视图"选项，视图会变成正交视图，即轴测图。

（2）移动光标至绘图区域中，在图 9-1-2 所示位置单击鼠标，放置相机视点，向右上方移动鼠标指针至"目标点"位置，单击鼠标生成三维透视图。

图 9-1-2　设置相机位置

被相机三角形包围的区域就是可视的范围，其中三角形的底边表示远端的视距，如果在图 9-1-3 所示的"属性"对话框中不勾选"远剪裁激活"选项，则视距变为无穷远，将不再与三角形底边距离相关。在该对话框中，还可以设置相机的视点高度（相机高度）、目标高度（视线终点高度）等参数。同时在透视图中显示视图范围裁剪框，按住并拖动视图范围框的 4 个蓝色圆点可以修改视图范围。

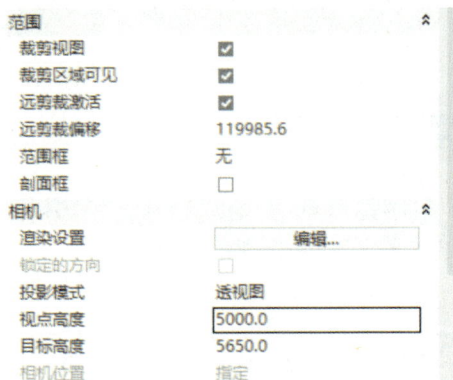

图 9-1-3　设置相机属性

提示：如果相机在平面或立面等二维视图中消失后，可以在"项目浏览器"中相机所对应的三维视图上单击鼠标右键，从弹出的菜单中选择"显示相机"命令，即可在视图中重新显示相机。

（3）使用相同方式根据需要在项目室内添加相机，生成如图 9-1-4 所示的三维透视图。

（4）在二层房间中加入办公桌、椅等各类家具设备后，使用相机生成三维透视图，如图 9-1-5 所示。

（5）用相机确定好三维透视图后，为了防止不小心移动相机而破坏了确定的视图方向，

图 9-1-4　室内相机视图

图 9-1-5　室内添置家具的相机视图

可以将三维视图保存并锁定，方法是单击底部视图控制栏中的"🏠"按钮，在弹出的菜单中单击"保存方向并锁定视图"命令，三维视图被锁定后将不能改变视图方向。如果要改变被锁定的三维视图方向，可以再次单击底部视图控制栏的"🏠"按钮，在弹出的菜单中单击"解锁视图"命令即可。解锁后就可以任意修改视图方向，修改满意后可以再次保存视图，如果修改不满意需要回到之前保存的视图，可以单击底部视图控制栏中的"🏠"按钮，在弹出的菜单中单击"恢复方向并锁定视图"命令，进行还原。

二、渲染设置及图像输出

创建好相机后，可以启动渲染器对三维视图进行渲染。为了得到更好的渲染效果，需要根据不同的情况调整渲染设置，例如，调整分辨率、照明等，同时为了得到更好的渲染速度，也需要进行一些优化设置。

Revit 2024 的渲染消耗时间取决于图像分辨率和计算机 CPU 的计算速度等因素。

一般来说分辨率越低，CPU 的数量（如四核 CPU）越多和频率越高，渲染的速度越快。根据项目或者设计阶段的需要，选择不同的设置参数，在时间和质量上达到一个平衡。如果有更大的场景和需要更高层次的渲染，建议将模型文件导入到 3ds Max 等其他软件中渲染或者进行云渲染。

以下方法会对提高渲染性能有帮助。

操作提示

（1）隐藏不必要的模型图元。

（2）将视图的详细程度修改为粗略或中等。在三维视图中减少细节的数量，可减少要渲染的对象的数量，从而缩短渲染时间。

（3）仅渲染三维视图中需要在图像中显示的那一部分，忽略不需要的区域。比如可以通过使用剖面框、裁剪区域、摄影机剪裁平面或渲染区域来实现。

（4）优化灯光数量，灯光越多，需要的时间也越多。

下面以室外视图为例，介绍在 Revit 2024 中进行渲染的一般过程。

操作步骤：

①打开建工楼项目文件。切换至透视图模式，单击视图控制栏中的"渲染 ⬠ "按钮，打开"渲染"对话框，"渲染"对话框中各参数功能和用途说明如图 9-1-6 所示。

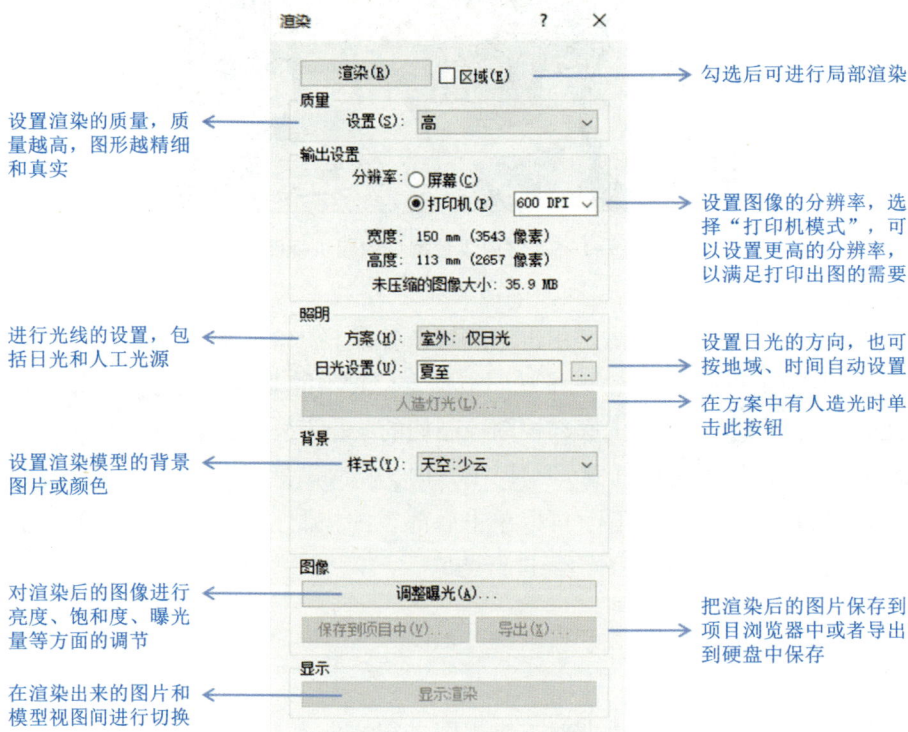

图 9-1-6　渲染面板设置

提示：在渲染设置对话框中，"日光设置"参数取决于当前视图采用的"日光和阴影"中的日光设置。

②按照图 9-1-6 中所示参数设置完成后，单击"渲染"按钮即可进行渲染，渲染完成效果如图 9-1-7 所示，单击"保存到项目中"按钮，可以将渲染结果保存到项目中。

图 9-1-7　室外渲染效果图

提示：一般情况下不要一开始就用高质量的渲染模式。可以先从渲染草图质量图像开始，以便观察初始设置的效果，然后根据草图的情况调整材质、灯光和其他设置，并根据需要适当提高渲染质量，逐步改善图像效果。当确认材质渲染外观和渲染设置符合要求后，才使用高质量渲染模式生成最终图像。

（5）室内渲染的过程与室外渲染类似，但在进行室内渲染时必须设置室内照明方式。室内渲染中有多种照明形式，如室内日光渲染、室内灯光渲染、室内灯光及日光混合渲染等。

下面继续以建工楼项目为例介绍如何进行室内日光渲染和室内灯光渲染。

操作步骤：

①在项目浏览器中，双击"三维视图"下的"模型室"视图，打开已经预设好的室内透视三维视图。

②打开"渲染"对话框，单击"质量"栏中的"设置"下拉箭头，选择"编辑"选项，打开"渲染质量设置"对话框，如图 9-1-8 所示。

③点击"渲染"，效果如图 9-1-9 所示。渲染完成后，单击"保存到项目中"按钮，将渲染结果保存到项目中。

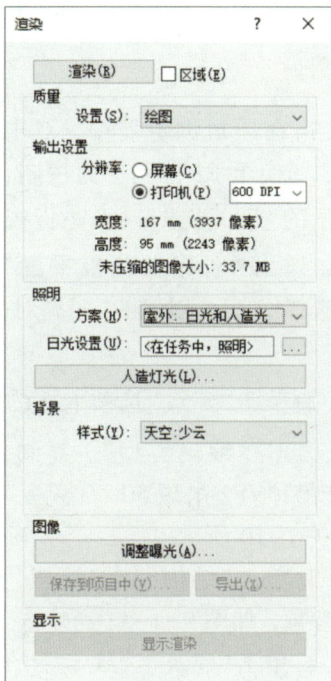

图 9-1-8　室内渲染面板设置

图 9-1-9　室内渲染效果图

三、人造光源场景创建与渲染

对于无法直接使用日光作为光源的室内场景，如无采光口的室内房间，可以选择仅室内灯光作为渲染光源，包括灯光的布置及设置、渲染参数的设置两个部分。

首先需要做的是灯光的布置。Revit 2024 中的灯光也是以族的形式存在的，导入一个灯具族就相当于导入了一个光源，且灯具族里的参数与实际灯具参数具有同等意义，即如果设置了灯具族的灯光参数，在渲染的时候渲染器就会最大限度地模拟出灯具的真实发光效果。

操作提示

（1）在项目浏览器中，双击"F2"楼层平面视图，切换至 F2 楼层平面视图，单击"视图"选项卡下的"平面视图→天花板视图 天花板投影平面 "命令，弹出"新建天花板平面"对话框。在列表中选择"F2"，创建 F2 标高对应的天花板平面视图。

（2）单击"建筑"选项卡下的"视天花板 "命令，点击"编辑类型"，复制出名称为"建筑-天花吊顶-F2 吊顶 50-石膏板"的天花板类型，如图 9-1-10 所示。

（3）单击"结构编辑"按钮，修改 F2 天花板各个参数，如图 9-1-11 所示。

（4）单击"建筑"选项卡下的"构件→放置构件 放置构件 "命令，自动切换至"修改 | 放置构件"上下文选项卡。单击"载入族"工具，载入"Chinese\建筑\照明设备\射灯和嵌入灯\隐藏

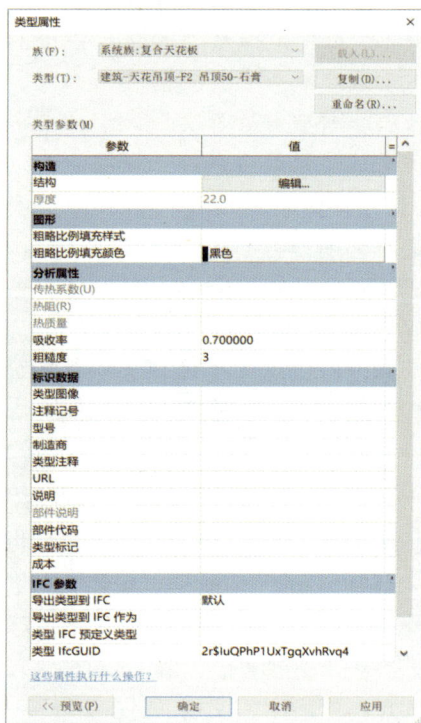

图 9-1-10　创建 F2 石膏板吊顶类型

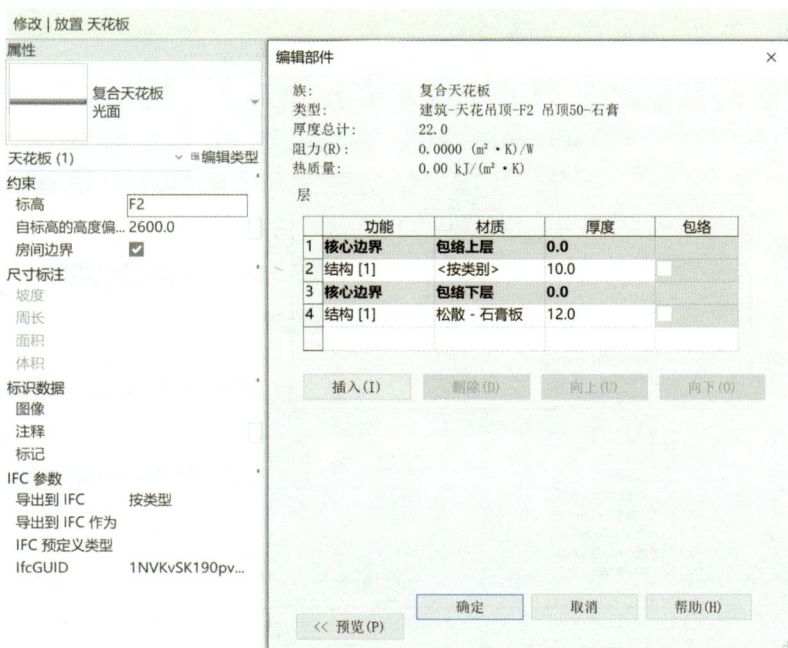

图 9-1-11　F2 石膏板吊顶参数设置

式射灯.rfa"族文件及"Chinese\建筑\照明设备\射灯和嵌入灯\暗灯槽-抛物面矩形.rfa"族文件，按图 9-1-12 所示位置在天花板中放置灯光。

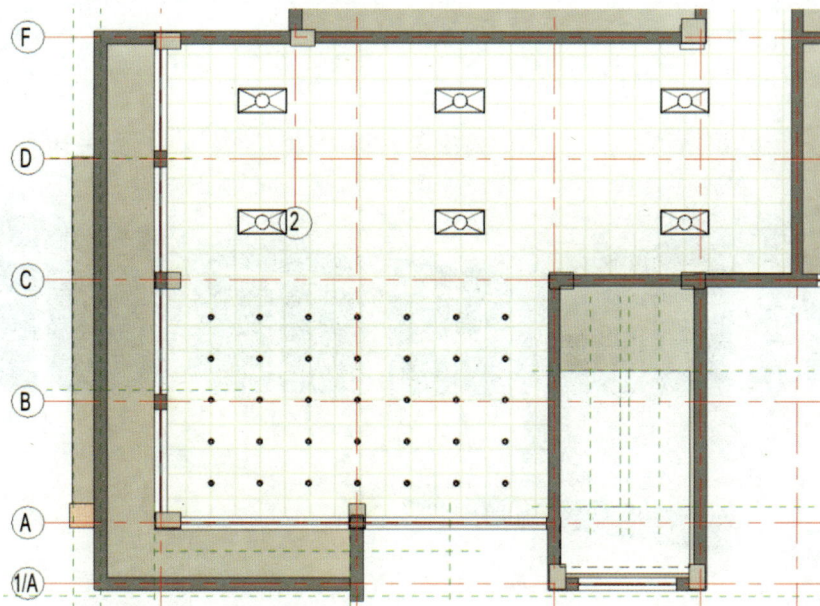

图 9-1-12　天花板平面灯具布置

（5）打开"类型属性"对话框，在灯具"类型属性"对话框中还可以进一步调节灯具参数，按图 9-1-13 所示设置灯具颜色、初始亮度等参数。

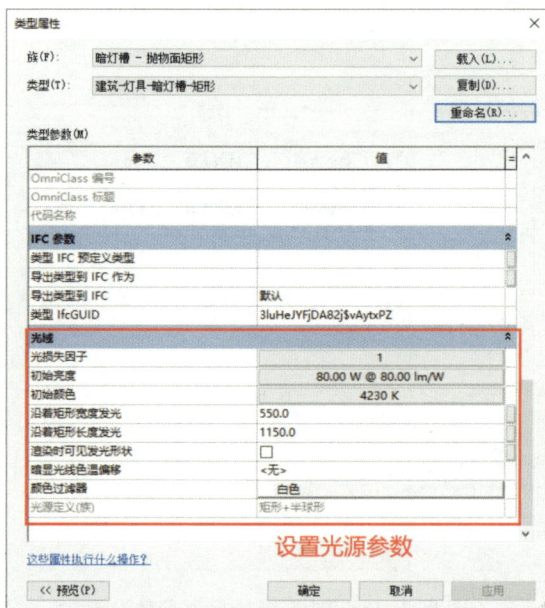

图 9-1-13　设置灯具光源参数

（6）在项目浏览器中，双击"三维视图"下的"模型室"视图，打开已经预设好的室内三维视图。打开"渲染"对话框，在"渲染"对话框中，设置照明"方案"为"室内：仅人造光"，其余参数设置方法同前面所述，设置好后单击"渲染"按钮即可进行渲染，效果如图 9-1-14 所示。渲染完成后将渲染结果选择保存到项目中。

图 9-1-14　室内仅人造光照明效果

在渲染时，Revit 2024 可以控制已添加到项目中的灯具开或关状态。单击"渲染"对话框中的"人造灯光"按钮，打开"人造灯光"对话框。如图 9-1-15 所示，复选框控制灯光的开或关，"暗显"值控制灯具的发光量，其值介于 0 和 1 之间，值为 1 时表示灯光是完全打开(未暗显)的，值为 0 时表示灯光是关闭(完全暗显)的。

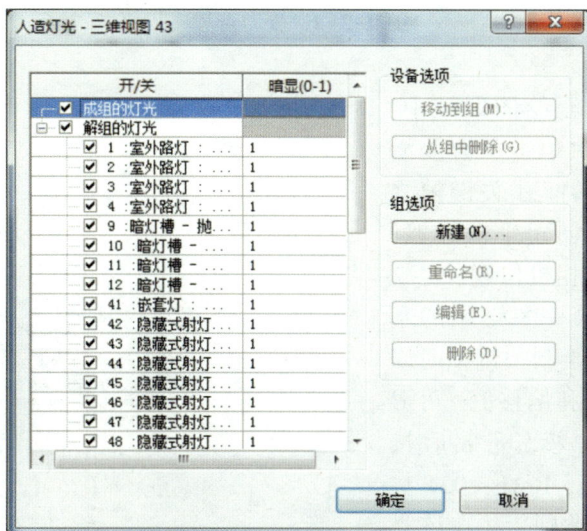

图 9-1-15　人造灯光控制

学习任务二　漫游动画

在 Revit 2024 中还可以使用"漫游"工具制作漫游动画，让项目展示的空间更加给人身临其境之感，下面使用"漫游"工具在建工楼项目建筑物的外部创建漫游动画。

操作提示

(1)打开"建工楼"项目文件，切换至 F1 楼层平面视图，单击"视图"选项卡下的"三维视图→漫游 👣 漫游"工具，如图 9-2-1 所示。

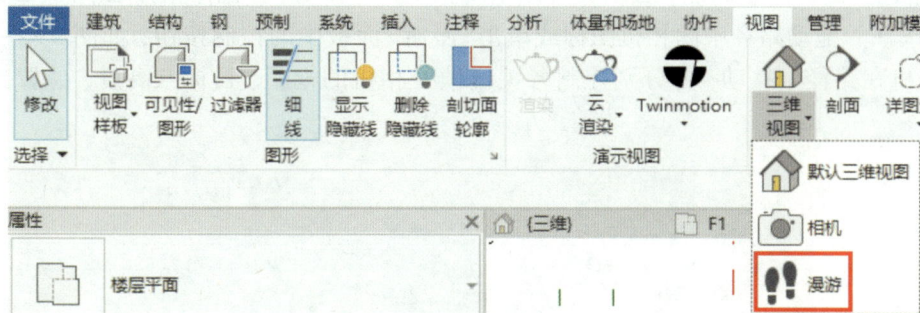

图 9-2-1　漫游工具

（2）在"修改|漫游"选项卡中勾选选项栏中的"透视图"选项，设置"偏移量"，即视点的高度为 1750 mm，设置基准标高为"F1"，如图 9-2-2 所示。

图 9-2-2　漫游选项

（3）移动鼠标指针至绘图区域中，如图 9-2-3 所示，依次单击放置漫游路径中关键帧相机位置。在关键帧之间，Revit 2024 将自动创建平滑过渡，同时每一帧也代表一个相机位置，也就是视点的位置。如果某一关键帧的基准标高有变化，可以在绘制关键帧时修改选项栏中的基准标高和偏移值，可形成上下穿梭的漫游效果。完成后按"Esc"键完成漫游路径，Revit 2024 将自动新建"漫游"视图类别，并在该类别下建立"漫游 1"视图。

提示： 如果漫游路径在平面或立面等视图中消失后，可以在项目浏览器中对应的漫游视图名称上单击鼠标右键，从弹出的菜单中选择"显示相机"命令，即可重新显示路径。

（4）路径绘制完毕后，一般还需进

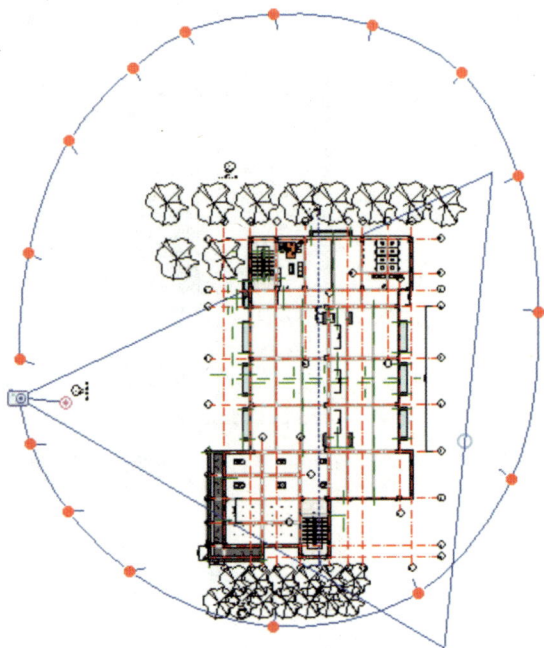

图 9-2-3　漫游路径编辑

行适当的调整。在平面图中选择漫游路径，进入"修改|相机"上下文选项卡，单击"漫游"面板中的"编辑漫游"工具，漫游路径将变为可编辑状态。选项栏中共提供了 4 种方式用于修改漫游路径，分别是控制活动相机、编辑路径、添加关键帧和删除关键帧。

（5）在不同的编辑状态下，绘图区域的路径会发生相应变化，如果修改控制方式为"活动相机"，路径会出现红色圆点，表示关键帧呈现相机位置即可视三角范围，如图 9-2-3 所示。

（6）按住并拖动路径中的相机图标或单击"漫游"面板中的控制按钮，如图 9-2-4 所示，可以使相机在路径上移动，并分别控制各关键帧处相机的视距、目标点高度、位置、视线范围等。

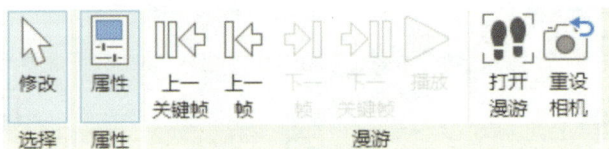

图 9-2-4　漫游控制面板

提示： 在"活动相机"编辑状态下，如果位于关键帧时，能够控制相机的视距、目标点高度、位置、视线范围，但对于非关键帧只能控制视距和视线范围。另外请注意，在整个漫游过程中只有一个视距和视线范围，不能对每帧进行单独设置。

（7）如果对漫游路径的绘制不满意，可以设置选项栏中的"控制"方式为"路径"，进入路径编辑状态，此时路径会以蓝色圆点表示关键帧。在平面图中拖动关键帧，调整路径在平面上的布局，切换到立面视图中，按住并拖动关键帧夹点调整关键帧的高度，即视点的高度。使用类似的方式，根据项目的需要可以为路径添加或减少关键帧。

（8）打开"实例属性"对话框，单击其他参数分组中"漫游帧"参数后的按钮，打开"漫游帧"对话框。如图 9-2-5 所示，可以修改"总帧数"和"帧/秒"值，以调节整个漫游动画的播放时间。漫游动画播放总时间＝总帧数÷帧率（帧/秒）。

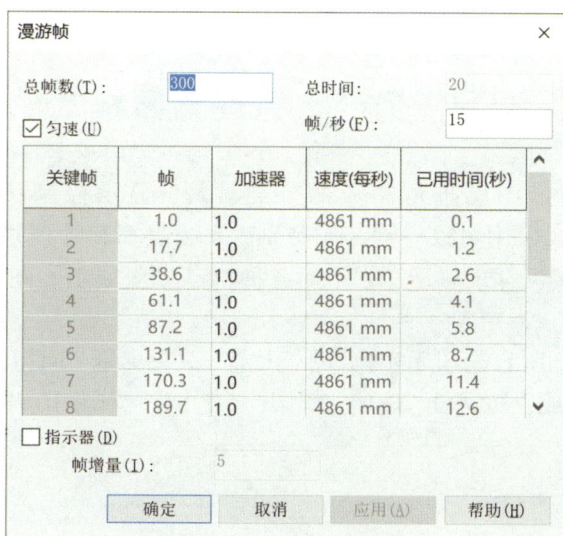

关键帧	帧	加速器	速度（每秒）	已用时间（秒）
1	1.0	1.0	4861 mm	0.1
2	17.7	1.0	4861 mm	1.2
3	38.6	1.0	4861 mm	2.6
4	61.1	1.0	4861 mm	4.1
5	87.2	1.0	4861 mm	5.8
6	131.1	1.0	4861 mm	8.7
7	170.3	1.0	4861 mm	11.4
8	189.7	1.0	4861 mm	12.6

图 9-2-5　漫游帧对话框

（9）整个路径和参数编辑完成后，切换至漫游视图，选择漫游视图中的"剪裁边框"，将自动切换至"修改 | 相机"上下文选项卡，单击"漫游"面板中的"编辑漫游"按钮，打开漫游控制栏，单击"播放"回放，完成的漫游。预览满意后，单击"应用程序菜单"按钮，在列表中选择"导出—漫游和动画—漫游"选项，在出现的对话框中设置导出视频文件的大小和格式，设置完毕后确定保存的路径，即可导出漫游动画。

使用"漫游"工具，可以更加生动地展示建筑模型，并输出独立的动画文件，方便非 Revit 2024 用户使用和播放漫游结果。在输出漫游动画时，可以选择渲染的方式输出，能呈现更为真实的漫游结果。

项目十　绘制建筑施工图

要在 Revit 2024 中通过模型创建施工图，就必须根据施工图的表达来设置各视图属性，控制各类模型对象的显示，修改各类模型图元在各视图中的截面、投影的线型、打印线宽、颜色等图形信息。

学习任务一　管理对象样式

在 AutoCAD 中是通过图层进行图元的分类管理、显示控制、样式设定的，而 Revit 2024 放弃了图层的概念，采用对象类别与子类别，系统组织和管理建筑信息模型中的信息。在 Revit 2024 中各图元实例都隶属于"族"，而各种"族"则隶属于不同的对象类别，如墙、门、窗、柱、楼梯等。

以建工楼项目为例，所有窗图元实例都属于"窗"对象类别，而每一个"窗"对象，都由更详细的"子类别"图元构成，如洞口、玻璃、框架(竖梃)等，如图 10-1-1 所示。

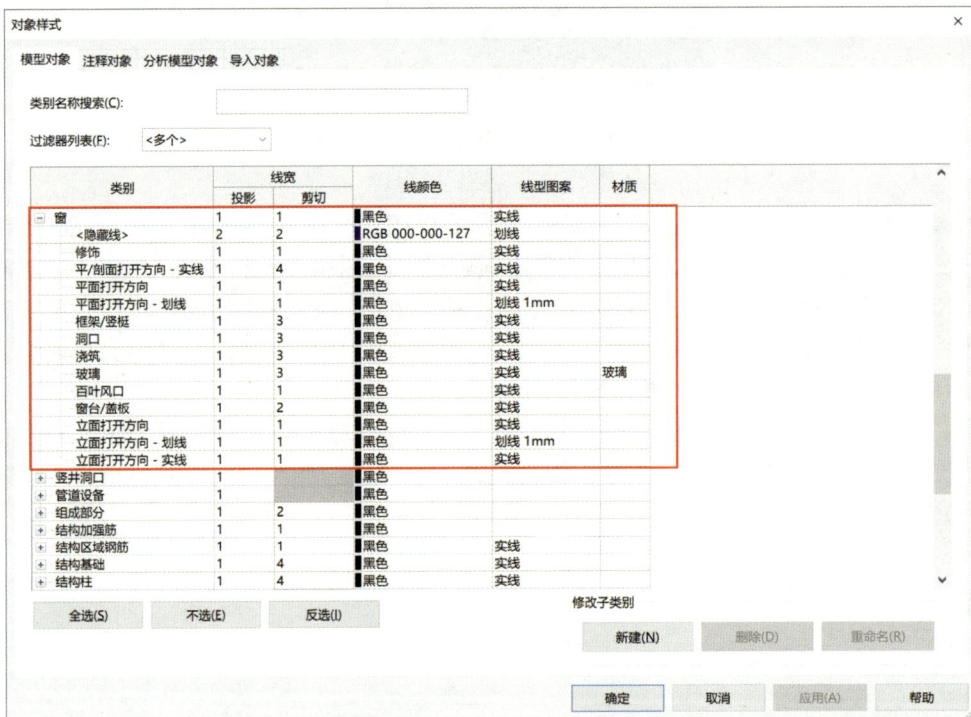

图 10-1-1　窗的对象样式设置

在 Revit 2024 中实现上述管理方式主要通过"对象样式"和"可见性/图形替换"工具来实现。"对象样式"工具可以全局查看和控制当前项目中"对象类别"和"子类别"的线宽、线颜色等。"可见性/图形替换"则可以在各个视图中，对图元进行针对性的可见性控制、显示替换等操作，如图 10-1-2 所示。

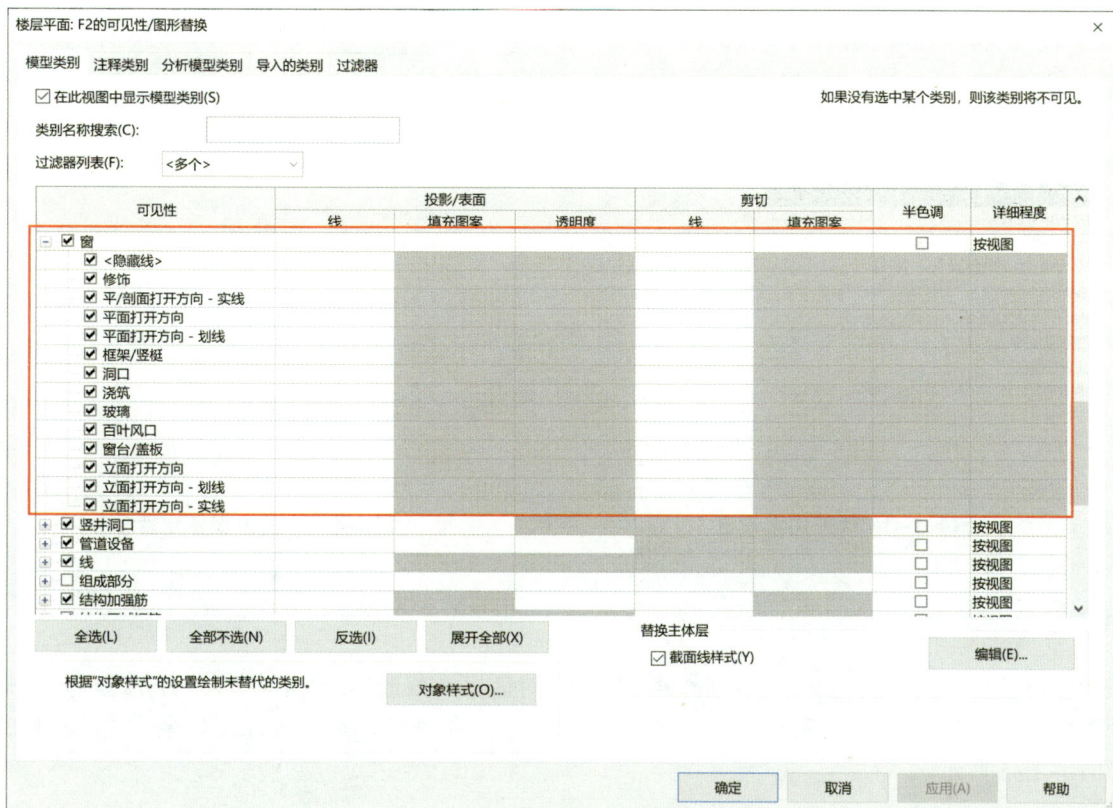

图 10-1-2 窗在 F2 中的可见性图形控制

下面将详细介绍在 Revit 2024 中"对象样式"管理的方法和操作。

一、设置线型与线宽

通过设置 Revit 2024 中线型、线宽等属性，在视图中，控制各类模型对象在视图投影线或截面线的图形表现。"线宽"和"线型"的设置适合于所有类别的图元对象。

下面以建工楼项目为例，说明设置线型与线宽的方法与操作步骤。

操作提示

（1）打开建工楼项目文件，切换至 F1 楼层平面视图，单击"管理"选项卡的"其他设置→线型图案 线型图案"工具，打开"线型图案"对话框，如图 10-1-3 所示。

（2）在"线型图案"对话框中显示了当前项目中所有可用线型图案名称和线型图案预览。

单击"新建"按钮，弹出"线型图案属性"对话框。如图 10-1-4 所示，在"名称"栏中输入"GB 轴网线"，作为新线型图案的名称；定义第 1 行类型为"划线"，值为"12 mm"；设置第 2 行类型为"空间"，值为"3 mm"；设置第 3 行类型为"划线"，值为"1 mm"；设置第 4 行类型为"空间"，值为"3 mm"。设置完成后单击"确定"按钮，返回"线型图案"对话框。再次单击"确定"按钮，退出"线型图案"对话框。

图 10-1-3　线形图案设置

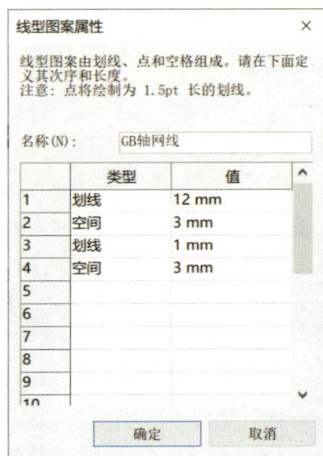

图 10-1-4　线形图案属性

提示：线型图案必须以"划线"或"圆点"形式开始，线型类型"值"均指打印后图纸上的长度值。在视图不同比例下，Revit 2024 会自动根据视图比例缩放线型图案。

（3）选择视图中任意轴线，打开"类型属性"对话框。修改"轴线中段"为"自定义"，修改"轴线中段填充图案"线型为上一步中创建的"GB 轴网线"线型名称，其余参数设置如图 10-1-5 所示。

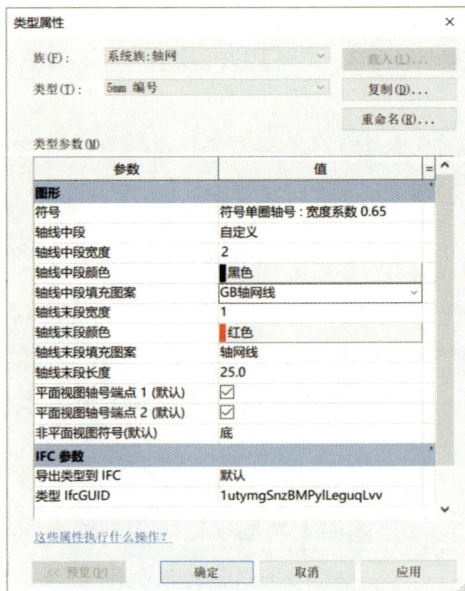

图 10-1-5　修改轴网类型属性

注意"轴线中段宽度"值的"2"并不代表其宽度是 2 mm，而是线宽代号。单击"确定"按钮，退出"类型属性"对话框，Revit 2024 将使用"GB 轴网线"重新绘制所有轴网图元。

（4）在"管理"选项卡的"设置"面板中单击"其他设置"下拉列表，在弹出的列表中选择打开"线宽"对话框，如图 10-1-6 所示，可以分别设置模型线宽、透视视图线宽和注释线宽。

图 10-1-6　线宽设置对话框

（5）Revit 2024 为每种类型的线宽提供了 16 个设置值。在"模型线宽"选项卡中，代号 1~16 代表视图中各线宽的代号，可以分别指定各代号线宽，即在不同视图比例下的线的打印宽度值。单击"添加"按钮，可以添加视图比例，并在该视图比例下指定各代号线宽的值。

提示：Revit 2024 材质中设置的"表面填充图案"和"截面填充图案"采用的是模型线宽设置中代号为 1 的线宽值。

（6）切换至"透视视图线宽"和"注释线宽"选项卡，选项中分别列举了模型图元对象在透视图中显示的线宽和注释图元，如尺寸标注、详图线等二维对象的线宽设置，同样以 1~16 代号代表不同的线宽，如图 10-1-7 所示，将"注释线宽"各编号下的线宽值进行了修改。

图 10-1-7　透视视图线宽

二、设置对象样式

可以针对 Revit 2024 中的各对象类别和子类别，分别设置截面和投影的线型和线宽，来调整模型在视图中的显示样式。

下面为建工楼项目设置对象样式，调整各类别对象在视图中的显示样式。

操作提示

（1）打开建工楼项目文件，切换至 F2 楼层平面视图，适当放大办公楼主入口处位置。在"管理"选项卡的"设置"面板中单击"对象样式"按钮，打开"对象样式"对话框。该对话框中根据图元对象类别分为模型对象、注释对象、分析模型对象和导入对象 4 个选项卡，分别用于控制模型对象类别、注释对象类别、分析模型对象类别和导入对象类别的对象样式。如图 10-1-8 所示，确认当前选项卡为"模型对象"选项卡。在列表中列出了所有当前建筑规程中的对象类别，并分别显示各类别的投影线宽、剪切线宽（如果该类别对象允许剖切显示）、线颜色、线型图案及默认材质。

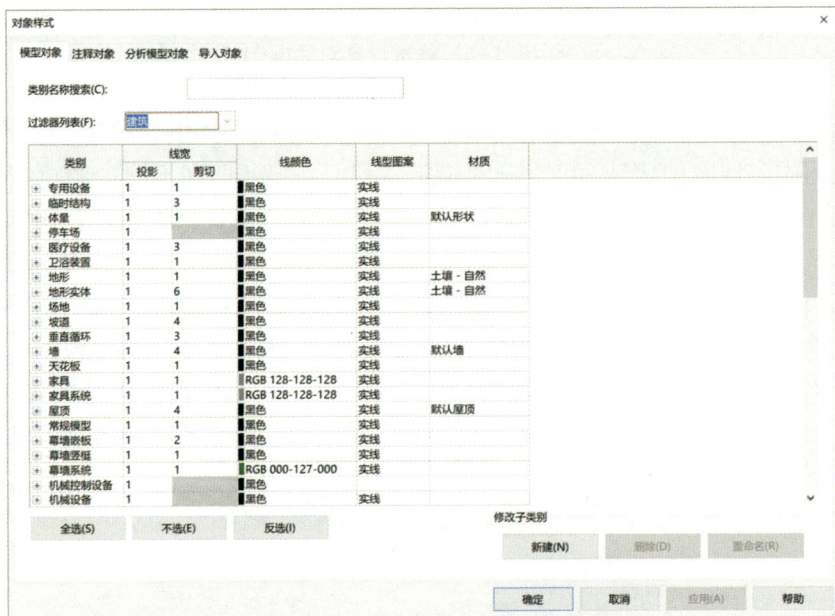

图 10-1-8　建筑规程中的模型对象样式

（2）提示：规程是 Revit 2024 用于区分不同设计专业间模型对象类别而设置的。Revit 2024 支持显示的规程有建筑、结构、机械、电气、管道和基础设施共 6 种规程。如果需要显示 Revit 2024 的某种对象类别，请勾选"对象样式"对话框"过滤器列表"中"类别"选项。

（3）如图 10-1-9 所示，浏览至"楼梯"类别，确认"楼梯"类别"投影"线宽代号为 2，修改"剪切"线宽代号为 2，即楼梯投影和被剖切时其轮廓图形均显示和打印为中粗线（参见上一节线宽设置中模型线宽设置）。单击颜色按钮，修改其颜色为"蓝色"，确认"线型图案"为

"实线"。单击"确定"按钮，退出"对象样式"对话框。视图中楼梯修改为新的显示样式。

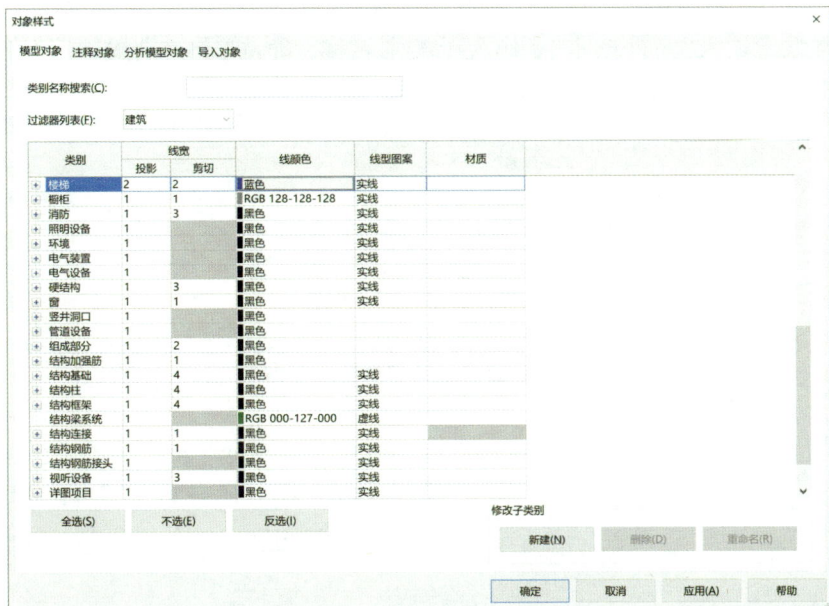

图 10-1-9 修改楼梯对象样式

同样，如 10-1-10 所示，打开"对象样式"对话框，切换至"注释对象"标签，浏览至"楼梯路径"，单击"楼梯路径"类别前"+"，展开楼梯子类别，分别修改"文字(向上)"子类别"线颜色"为"红色"，"文字(向下)"子类别"线颜色"为"黑色"，单击"确定"，退出"对象样式"对话框，观察视图注释的文字标变化为红色了。注意：修改后，其他视图也相应发生变化。

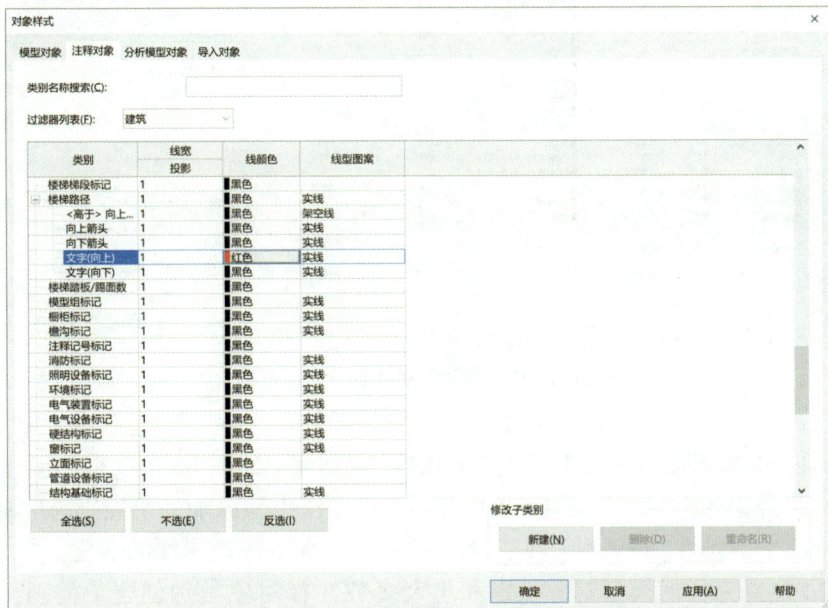

图 10-1-10 修改楼梯注释对象样式

（4）切换至默认三维视图，打开"对象样式"对话框，展开"模型对象"选项卡中"墙"类别，单击"修改子类别"栏中的"新建"按钮，弹出图 10-1-11 所示的"新建子类别"对话框，在"名称"文本框中输入"室外散水"，作为子类别名称，确认"子类别属于"墙类别。完成后单击"确定"按钮，返回"对象样式"对话框。

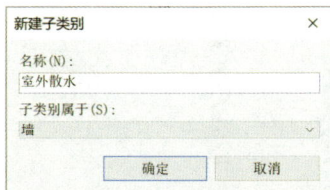

图 10-1-11　新建墙的子类别

（5）如图 10-1-12 墙子类别中，添加了名称为"室外散水"的新子类别。确认"室外散水"子类别"投影线宽"线宽代号为 2，修改"剪切线宽"线宽代号为 3，修改"线颜色"为"黄色"，线型图案为"实线"。设置完成后单击"确定"按钮，退出"对象样式"对话框。

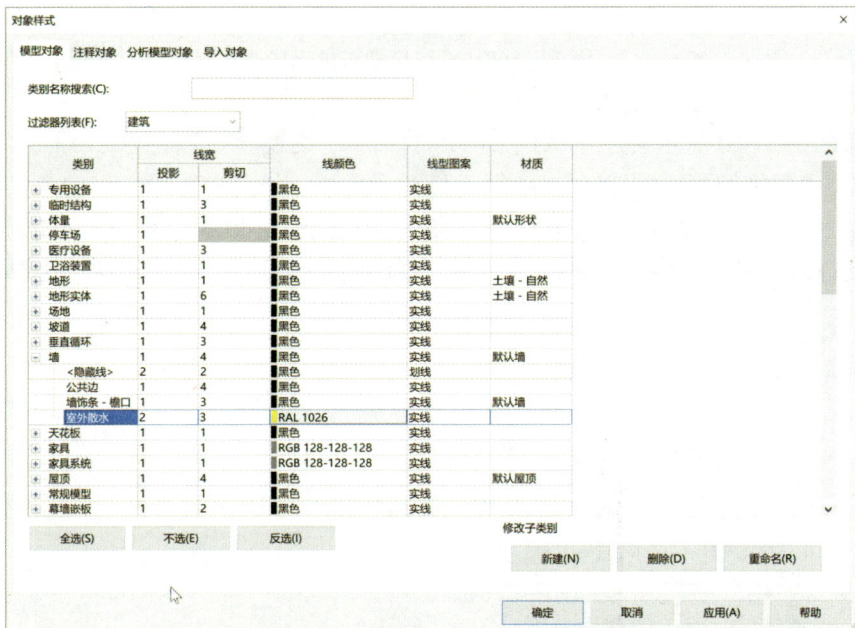

图 10-1-12　修改"室外散水"对象样式

（6）选择任意散水模型图元，打开"类型属性"对话框，如图 10-1-13 所示，修改"墙的子类别"参数为"室外散水"，该子类别是上面第（4）步操作中新添加的子类别。完成后单击"确定"按钮，退出"类型属性"对话框，注意观察视图中散水边缘投影线的变化。

Revit 2024 允许为任何模型对象类别和绝大多数注释对象类别创建子类别，但不允许在项目中新建对象类别，对象类别被固化在"规程"中。使用族编辑器自定义族时，可以在族编辑器中为该族中各模型图元创建该族所属对象的子类别。在项目中载入带有自定义的子类别族时，族中的子类别设置也将同时显示在项目中对应的对象类别下。

可以针对特定视图或视图中特定图元，指定对象显示样式。选择需要修改的图元，单击鼠标右键，在弹出的菜单中选择"替换视图中的图形—按图元"选项，可以打开"视图专用图元图形"对话框。如图 10-1-14 所示，可以分别修改各线型的可见性、线宽、颜色和线型图案。

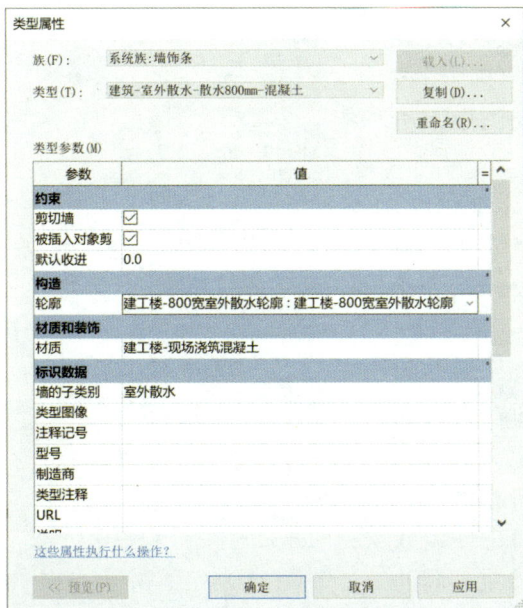

图 10-1-13　修改"墙的子类别"为"室外散水"对象样式　　图 10-1-14　视图专有图元图形对话框

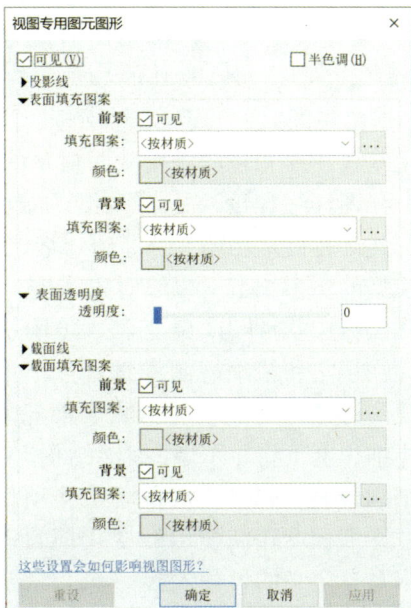

学习任务二　视图控制

在 Revit 2024 中视图是查看项目的窗口，视图按显示类别可以分为平面视图、剖面视图、详图索引视图、绘图视图、图例视图和明细表视图共 6 大类视图。除明细表视图是以明细表的方式显示项目的统计信息外，其余几类视图显示的图形内容均来自项目三维建筑设计模型的实时剖切轮廓截面或投影，可以包含尺寸标注、文字等注释类信息。也可以根据需要控制各视图的显示比例、显示范围，设置视图中对象类别和子类别的可见性。

一、修改视图显示属性

使用视图"属性"面板，可以调整视图的显示范围、显示比例等属性。接下来，继续设置建工楼视图属性，学习设置 Revit 2024 视图属性的方法。

操作提示

（1）打开"建工楼"项目文件，切换至 F2 楼层平面视图，该视图中除显示 F2 标高模型投影和截面外，还以淡灰色淡显 F1 楼层平面视图模型图元。在"视图"选项卡的"图形"面板中，单击"视图属性"按钮，打开"视图属性"对话框。

（2）如图 10-2-1 所示，在实例参数图形分组中设置"基线"为"无"，即在当前视图中不显示基线视图。确认"视图比例"为"1∶100"，显示模型"为"标准"，设置"详细程度"为"精细"，设置"模型图形样式"为"隐藏线"。设置"墙连接显示"为"清理所有墙连接"。确认视图"规程"为"建筑"，不修改其他参数。完成后单击"确定"按钮，退出视图"实例属性"对话框，注意此时视图中不再显示基线图形和视图中墙截面显示的变化。

视图详细程度决定在视图中显示模型的详细程度，视图详细程度从粗略、中等到详细，精细度递增，可以显示模型的更多细节。以墙对象为例，图 10-2-2 所示为建工楼项目中类型为"建工楼-砖墙 240-外墙-带饰面"图元在粗略和精细视图详细程度下的显示状态。墙在粗略视图详细程度下仅显示墙表面轮廓截面，而在精细视图详细程度下将显示墙"编辑结构"对话框中定义的所有墙结构截面。同时注意在建工楼项目中与外墙相连的建筑柱详细程度随墙显示的变化而自动变化。对于使用族编辑器自定义的可载入族，可以在定义族时，指定不同的详细程度下显示模型对象。

"基线"视图是在当前平面视图下显示的另一个平面

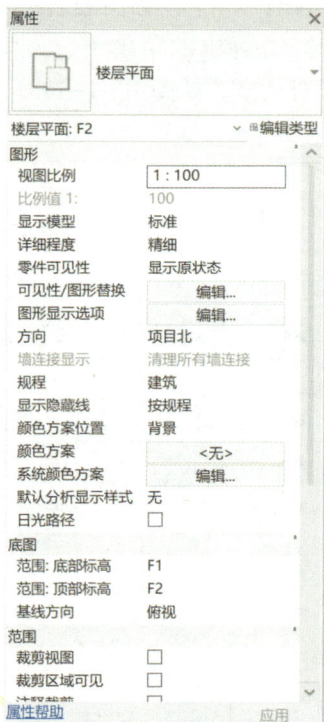

图 10-2-1 视图属性

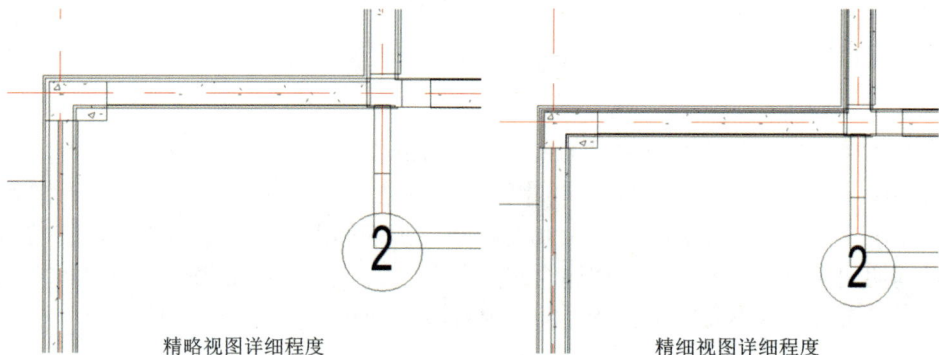

精略视图详细程度　　　　　　精细视图详细程度

图 10-2-2 外墙的显示模式

视图，比如，在二层平面图中看到一层平面图的模型图元，就可以把一层平面图设置为"基线"视图，"基线"视图会在当前视图中以半色调显示，以便和当前视图中的图元区别。"基线"除了可以为楼层平面视图外，还可以是天花板视图，在开启"基线"视图后，可以通过定义视图实例参数中的"基线方向"，指定在当前视图中显示该视图相关标高的楼层平面或是天花板平面。

"规程"即项目的专业分类。项目视图的规程有"建筑""结构""机械""电气""卫浴"和

"协调"，Revit 2024 根据视图规程亮显来判断属于该规程的对象类别，并以半色调的方式显示不属于本规程的图元对象，或者不显示不属于本规程的图元对象。比如，选择"电气"，将淡显建筑和结构类别的图元，选择"结构"，将隐藏视图中的非承重墙。

在"管理"选项卡的"设置"面板中单击"其他设置"下拉列表，在列表中选择"半色调/基线"选项，打开"半色调/基线"对话框。如图 10-2-3 所示，在该对话框中，可以设置替换基线视图的线宽、线型填充图案、是否应用半色调显示，以及半色调的显示亮度等。"半色调"的亮度设置同时将影响不同规程，以及"显示模型"方式为"作为基线"显示时图元对象在视图中的显示方式。

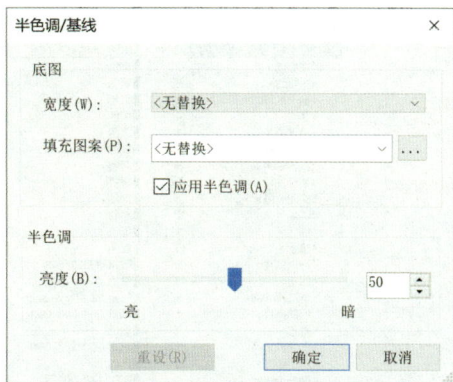

（3）继续以上步骤，切换至 F1 楼层平面视图。视图中仅显示 F1 标高之上的模型投影和截面，未显示室外散水等低于 F1 标高的图元构件。按出图要求，这些内容都显示在 F1 标高（即一层平面图）当中。打开视图"属性"对话框，单击"实例参数范围"参数分组中"视图范围"后的"编辑"按钮，打开"视图范围"对话框。

图 10-2-3　半色调/基线对话框

（4）如图 10-2-4 所示，修改"视图深度"栏中"标高"为"标高之下（室外地坪）"，设置"偏移量"值为 0。其他参数不变，单击"确定"按钮，退出"视图范围"对话框。注意：Revit 2024 在 F1 楼层平面视图中投影显示"室外地坪"标高中散水等模型投影，但以红色虚线显示这些模型投影。

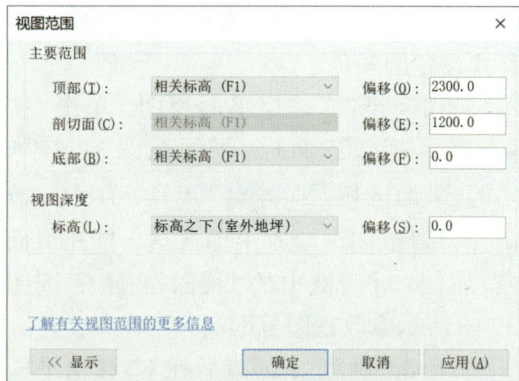

（5）在"管理"选项卡的"设置"面板中单击"其他设置"下拉列表，在列表中选择"线样式 线样式"选项，打开"线样式"对话框，单击"线"前面的"+"，展开"线"子类别，如图 10-2-5 所示，修改线"〈超出〉"子类别线宽代号为"1"，修改"线颜色"为"黑色"，修改"线型图案"为"实线"。设置完成后单击"确定"按钮，退出"线样式"对话框。"室外地坪"标高中模型在当前视图中散水等均显示为黑色细线。

图 10-2-4　半色调/基线对话框

在"线样式"对话框中，可以新建用户自定义的线子类别，带尖括号的子类别为系统内置线子类别，Revit 2024 不允许用户删除或重命名系统内置子类别。在视图中使用"线处理"工具或"详图线"工具在绘制二维详图时可使用线子类别。

（6）打开"视图范围"对话框，设置"主要范围"栏中"底"标高为"标高之下（室外地坪）"，设置"偏移量"为 0，其他参数不变，单击"确定"按钮，退出"视图范围"对话框。

（7）注意视图中散水显示的变化。在上一节中，设置"墙"子类别"散水"在视图中显示的线颜色为"黄色"。设置"视图范围"对话框主视图范围中"底"选项，视图中"散水"显示为对

图 10-2-5　线样式子类别对话框

象样式设置的颜色。

（8）切换至 F2 楼层平面视图，单击"视图"选项卡"创建"面板"平面视图"下拉列表中的"平面区域 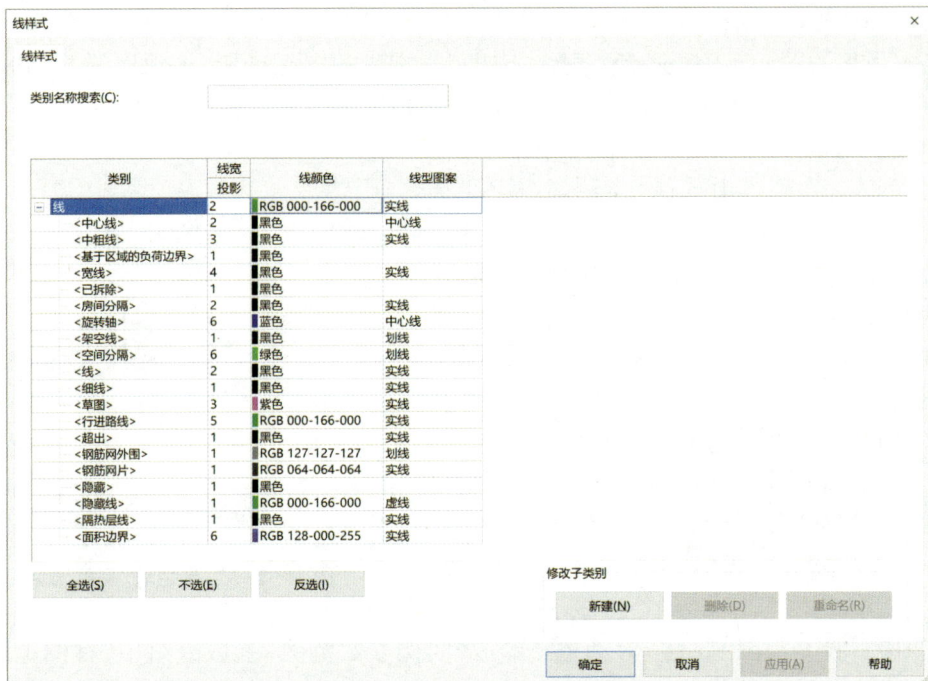 平面区域"工具，在入口玻璃雨篷位置范围内绘制平面区域，打开平面区域"属性"对话框中的"视图范围"，按图 10-2-6 所示修改视图范围。

（9）单击"确定"，完成后在 F2 楼层平面视图中显示位于 F1 标高的室外台阶投影，如图 10-2-7 所示。

在 Revit 2024 中，每个楼层平面视图和天花板平面视图都具有"视图范围"视图属

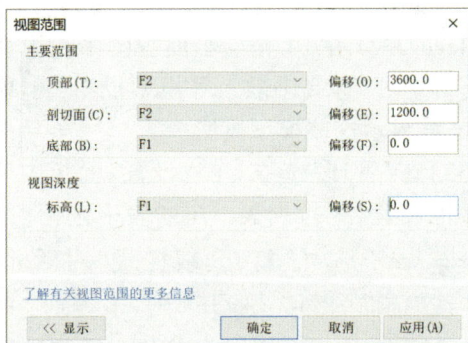

图 10-2-6　平面区域的视图范围设置

性，该属性也称为可见范围。如图 10-2-8 所示，从立面视图角度显示平面视图的视图范围：顶部①、剖切面②、底部③、偏移量④、主要范围⑤和视图深度⑥。"主要范围"由"顶部平面""底部平面"用于指定视图范围的最顶部和最底部的位置，"剖切面"是确定视图中某些图元可视剖切高度的平面，这 3 个平面用于定义视图的主要范围。

"视图深度"是指视图主要范围之外的附加平面可以设置视图深度的标高，以显示位于底裁剪平面之下的图元，默认情况下该标高与底部重合，"主要范围"的"底"不能超过"视图深度"设置的范围。主要范围和视图深度范围外的图元不会显示在平面视图中，除非设置视图实例属性中的"基线"参数。

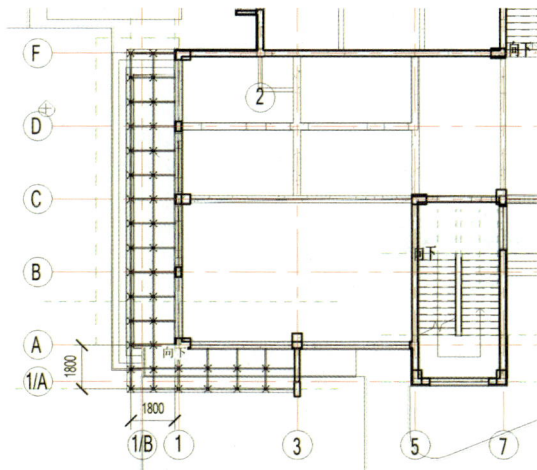

图 10-2-7 室外台阶投影平面视图

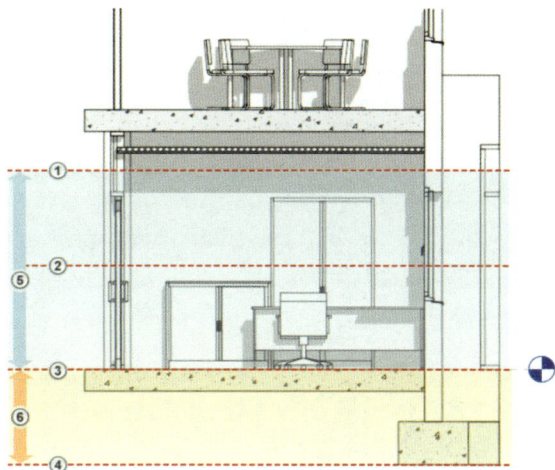

图 10-2-8 平面视图范围示意图

在平面视图中，Revit 2024 将使用"对象样式"中定义的投影线样式绘制属于视图"主要范围"内未被"剖切面"截断的图元，使用截面线样式绘制被"剖切面"截断的图元；对于"视图深度"范围内的图元，使用"线样式"对话框中定义的"〈超出〉"线子类别绘制。注意：并不是"剖切面"平面经过的所有"主要范围"内的图元对象都会显示为截面，只有允许剖切的对象类别才可以绘制为截面线样式。

二、控制视图图元显示

可以控制图元对象在当前视图中的显示或隐藏，用于生成符合施工图设计需要的视图。可以按对象类别控制对象在当前视图中的显示或隐藏，也可以显示或隐藏所选择的图元。在建工楼项目中，F1 楼层平面视图中显示了包括 RPC 构件在内的图元，首层楼梯样式显示不符合中国施工图制图标准。此时须调整视图中各图图元对象的显示，以满足施工图纸的要求。

操作提示

(1) 打开"建工楼"项目文件，切换至 F2 楼层平面视图，在"视图"选项卡的"图形"面板中单击"可见性/图形 🖼"工具，打开"可见性/图形替换"对话框。此对话框与"对象样式"对话框类似，"可见性/图形替换"对话框中有模型类别、注释类别、分析模型类别、导入的类别和过滤器 5 个选项卡。

(2) 确认当前选项卡为"模型类别"，在"可见性"列表中显示了当前规程中所有模型对象类别，如图 10-2-9 所示，取消勾选"专用设备""家具""常规模型"和"植物"等不需要在视图中显示的类别。Revit 2024 将在当前视图中隐藏未被选中的对象类别和子类别中所有图元，为后面的施工图作好准备。

(3) 切换至"注释类别"选项卡，取消勾选"参照平面""平面区域"和"立面"类别中的"可见性"选项。设置完成后单击"确定"按钮，退出"可见性/图形替换"对话框。视图中显示内容符合施工图要求，如图 10-2-10 所示。

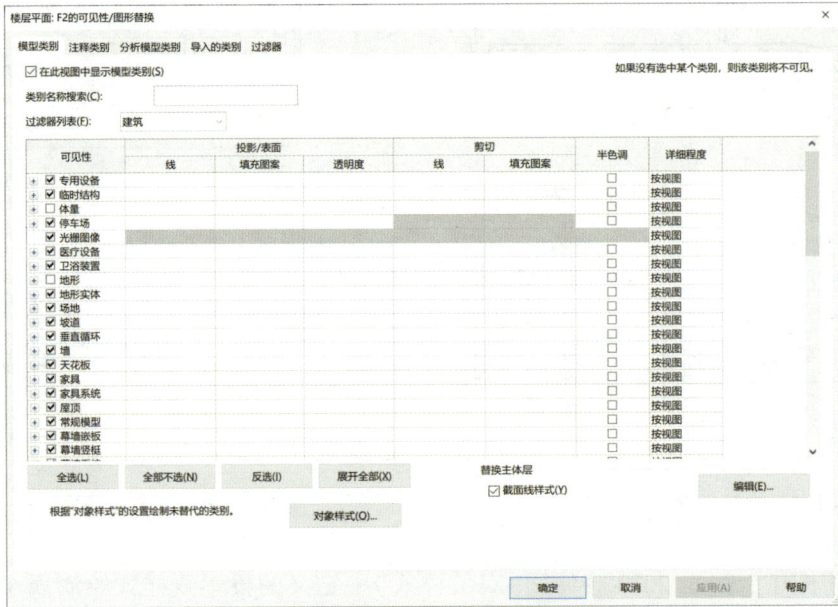

图 10-2-9　平面视图的可见性/图形替换对话框

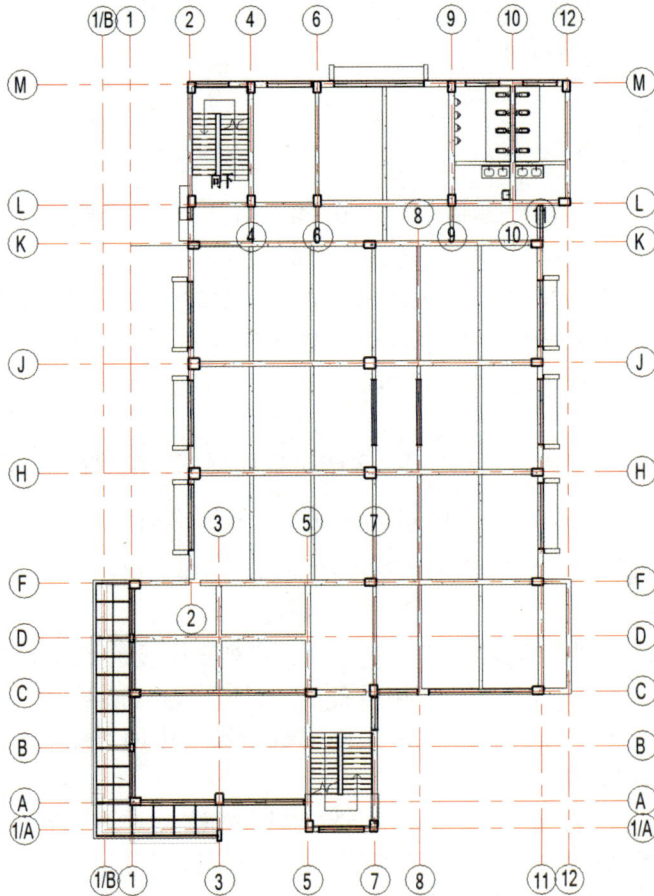

图 10-2-10　控制视图图元显示

（4）切换至西立面视图，选择任意 RPC 植物，单击鼠标右键，在弹出的菜单中选择"在视图中隐藏–类别"选项，如图 10-2-11 所示，隐藏视图中的植物对象类别。使用相同的方式隐藏施工图中不需要显示的对象类别。注意：在视图中隐藏类别，是把整个视图中的该类别图元全部隐藏。

（5）西立面视图中，除了左右两端的轴线需显示在施工图中外，其他轴线都须隐藏。选择需要隐藏的轴线，单击鼠标右键，在弹出的菜单中选择"在视图中隐藏–图元"选项，如图 10-2-12 所示，隐藏所选择轴线。切换至其他立面视图，使用相同的方式根据立面施工图出图要求隐藏视图中的图元。

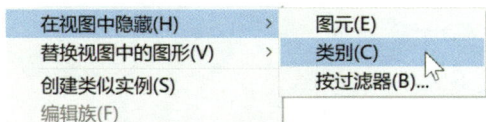

在视图中隐藏(H)	▸	图元(E)
替换视图中的图形(V)	▸	类别(C)
创建类似实例(S)		按过滤器(B)...
编辑族(F)		

图 10-2-11　在视图中隐藏类别

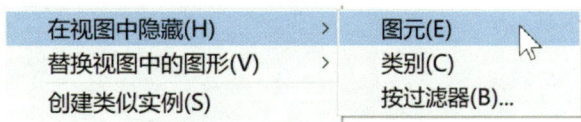

在视图中隐藏(H)	▸	图元(E)
替换视图中的图形(V)	▸	类别(C)
创建类似实例(S)		按过滤器(B)...

图 10-2-12　在视图中隐藏图元

隐藏图元后，可单击视图控制栏中的"显示隐藏的图元 💡"按钮，Revit 2024 将淡显其他图元并以红色显示已隐藏的图元。选择隐藏图元，单击鼠标右键，从弹出的菜单中选择"取消在视图中隐藏–类别或图元"选项，即可恢复图元的显示。再次单击视图控制栏中的"显示隐藏的图元"按钮，返回正常视图模式。

在前面介绍建模过程中，多次使用视图显示控制栏中的"临时隐藏/隔离"工具隐藏或隔离视图中的对象。与"可见性/图形"工具不同的是，"临时隐藏/隔离"工具临时隐藏的图元在重新打开项目或打印出图时仍将被打印出来，而"可见性/图形"工具则是在视图中永久隐藏图元。要将"临时隐藏/隔离"的图元变为永久隐藏，可以在"临时隐藏/隔离"选项列表中选择"将隐藏/隔离应用于视图"选项。

三、视图过滤器

除使用上一小节中介绍的图元控制方法外，还可以根据图元对象的参数条件，使用视图过滤器按指定条件控制视图中图元的显示。注意：必须先创建视图过滤器，才能在视图中使用过滤条件。

操作提示

（1）打开"建工楼"项目文件，切换至 F1 楼层平面视图，在"视图"选项卡的"创建"面板中单击"复制视图"下拉选项列表，在列表中选择"复制视图 🗐 复制视图"选项，以 F1 视图为基础复制新建名称为"F1 副本 1"的楼层平面视图，自动切换至该视图。不选择任何图元，修改属性面板"标识数据"参数分组中"视图名称"为"F1 外墙"。

（2）在"视图"选项卡的"图形"面板中单击"过滤器 🗐 过滤器"工具，弹出"过滤器"对话框。如图 10-2-13 所示，单击"过滤器"对话框中的"新建"按钮，在弹出的"过滤器名称"对话框中输入"外墙"作为过滤器名称，单击"确定"按钮，返回"过滤器"对话框。在"类别"栏对象类别列表中选择"墙"对象类别，设置过滤规则列表中"过滤条件"为"功能"，判断条件为"等于"，值为"外部"，过滤条件取决于所选择对象类别中可用的所有实例和类型参数。

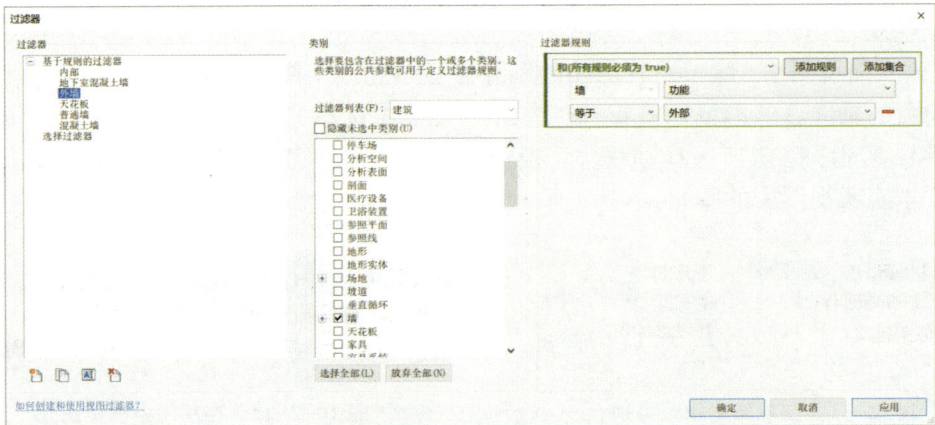

图 10-2-13　过滤器对话框

（3）使用类似的方式，新建名称为"内墙"的过滤器，选择对象类别为"墙"，设置过滤条件为"功能"，判断条件为"等于"，值为"内部"。设置完成后单击"确定"按钮，完成过滤器设置。

（4）打开"可见性/图形替换"对话框，切换至"过滤器"选项卡，单击"添加"按钮，弹出"添加过滤器"对话框，在对话框中列出了项目中已定义的所有可用过滤器。按住键盘"Ctrl"键选择"外墙""内墙"过滤器，单击"确定"按钮，退出"添加过滤器"对话框。

（5）如图 10-2-14 所示，在"可见性/图形替换"对话框中列出已添加的过滤器。设置"外墙"过滤器中"截面填充图案"颜色为"红色"，填充图案为"实体填充"；勾选名称为"内墙"过滤器中"半色调"选项。完成后单击"确定"按钮，退出"可见性/图形替换"对话框。

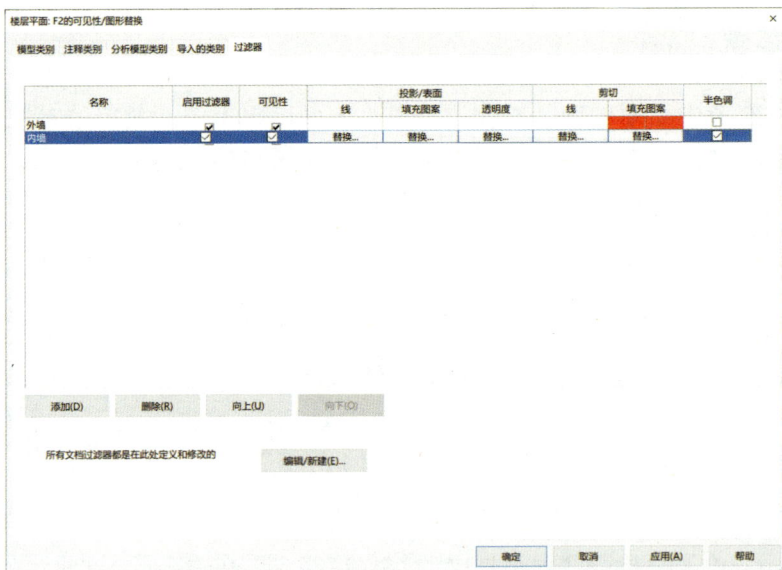

图 10-2-14　可见性/图形对话框

（6）切换至默认三维视图，复制该视图并重命名为"3D 外墙过滤"，打开"可见性/图形替换"对话框，按类似的方式添加"外墙"过滤器。勾选"半色调""投影/表面透明度"设为"50%"，单击"确定"完成设置，三维视图如图 10-2-15 所示。

图 10-2-15　半色调显示效果

（7）使用视图过滤器，可以根据任意参数条件过滤视图中符合条件的图元对象，并可按过滤器来控制对象的显示、隐藏及线型等。利用视图过滤器可根据需要表达设计意图，使图纸更生动、灵活。

（8）在任何视图上单击鼠标右键，即可调出复制视图菜单。如图 10-2-16 所示，使用"复制视图"功能，可以复制任何视图，生成新的视图副本，各视图副本可以单独设置可见性、过滤器、视图范围等属性。复制后新视图中将仅显示项目模型图元，使用"复制视图"列表中的"带详图复制"还可以复制当前视图中所有的二维注释图元，但生成的视图副本将作为独立视图，在原视图中添加尺寸标注等注释信息时不会影响副本视图，反之亦然。如果希望生成的视图副本与原视图实时关联，可以使用"复制为从属视图"的方式复制新建视图副本。"复制为从属视图"的视图副本中将实时显示主视图中的任何修改，包括添加二维注释信息，这对有较大尺度的建筑，如工业厂房进行视图拆分时效率将非常高效。

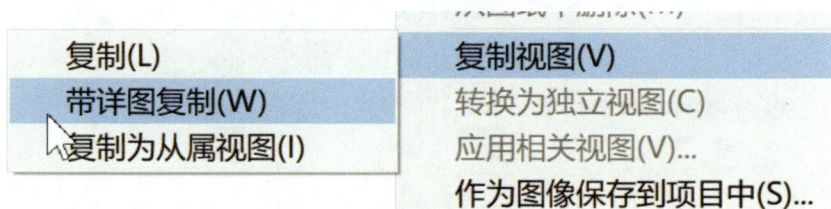

图 10-2-16　复制视图菜单

学习任务三　管理视图与创建视图

除复制现有视图外，还可以根据需要在项目中创建任意类型的视图，并利用 Revit 2024 的视图样板功能，快速应用视图显示特性。

一、使用视图样板

使用"可见性/图形替换"对话框中设置的对象类别可见性及视图替换显示仅限于当前视图。如果有多个同类型的视图需要按相同的可见性或图形替换设置，则可以使用 Revit 2024 提供的视图样板功能，将设置快速应用到其他视图中。

> **操作提示**

（1）打开"建工楼"项目文件，切换至 F2 楼层平面视图，在"视图"选项卡的"图形"面板中单击"视图样板"下拉选项列表，在列表中选择"从当前视图创建样板 ![从当前视图创建样板] "选项，在弹出的"新视图样板"对话框中输入"建工楼–标准层"作为视图样板名称，完成后单击"确定"按钮，退出"新视图样板"对话框。

（2）在弹出"视图样板"对话框中，如图 10-3-1 所示，Revit 2024 自动切换视图样板中"视图类型过滤器"类型为"楼层、结构、面积平面"，并在名称列表中列出当前项目中该显示类型所有可用的视图样板。在对话框"视图属性"板块中列出了多个与视图属性相关的参数，比如"视图比例""详细程度"等，且这些参数继承了 F2 楼层平面中的设置。当创建视图样板后，可以在其他平面视图中使用该视图样板，达到快速设置视图显示样式的目的。单击"视图样板"对话框中的"确定"按钮，完成视图样板设置。

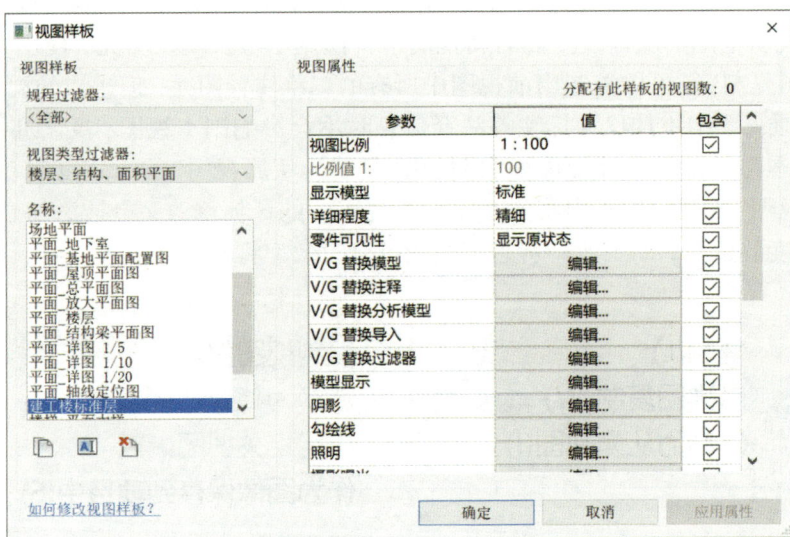

图 10-3-1　新建视图样板

（3）切换至 F3 楼层平面视图，该视图仍然显示"基线"视图以及参照平面、立面视图符号、剖面视图符号等对象类别，在"视图"选项卡的"图形"面板中单击"视图样板"下拉工具列表，在列表中选择"将新样板应用至视图 将样板属性应用于当前视图"选项，弹出的"应用视图样板"对话框如图 10-3-2 所示，确认"视图类型过滤器"为"楼层、结构、面积平面"，在名称列表中选择上一步中新建的"建工楼－标准层"视图样板。完成后单击"确定"按钮，将视图样板应用于当前视图。F3 楼层平面视图将

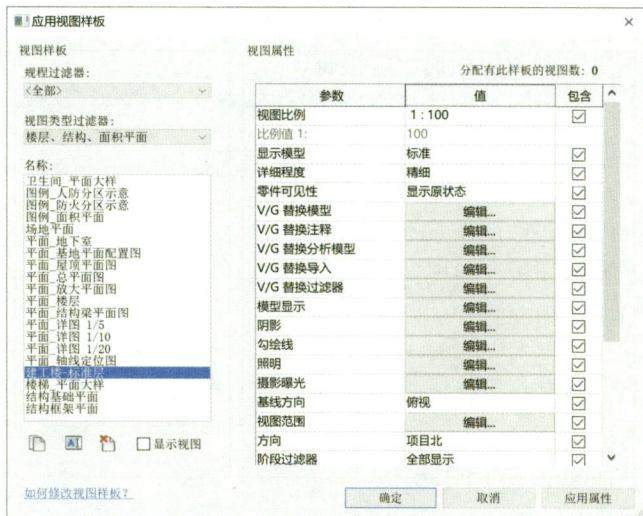

图 10-3-2　应用视图样板

按视图样板中设置的视图比例、视图详细程度、"可见性/图形替换"设置等显示当前视图图形。

（4）提示：应用视图样板后，Revit 2024 不会自动修改"属性"面板中"基线"的设置，因此，必须手动调整"基线"，以确保视图中显示正确的图元。

（5）在项目浏览器中，用鼠标右键单击楼层平面视图中"F4"视图名称，在弹出的菜单中选择"应用样板属性"选项，打开"应用视图样板"对话框，勾选对话框底部的"显示视图"选项，在名称列表中，除列出已有视图样板外，还将列出项目中已有平面视图名称，如图 10-3-3 所示。选择"F3"楼层平面视图，单击"确定"按钮，将 F3 视图作为视图样板应用于 F4 楼层平面视图，则 F4 视图按 F3 视图的设置重新显示视图图形。

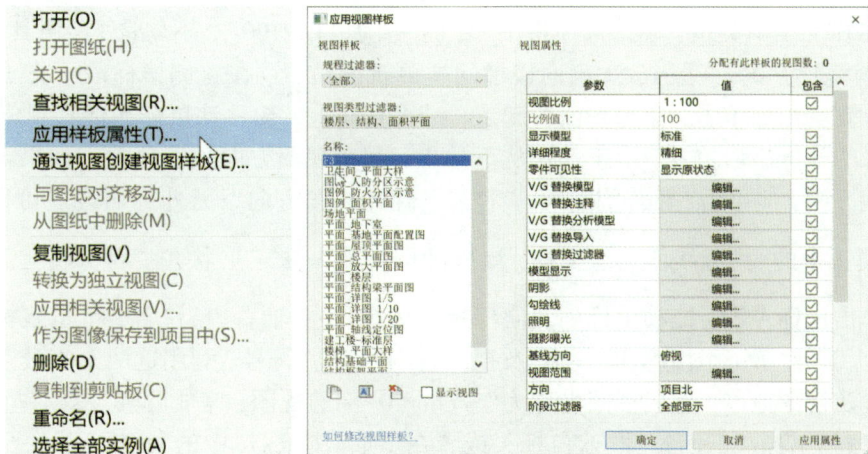

图 10-3-3　将视图作为视图样板

使用视图样板可以快速根据视图样板设置来修改视图显示属性。在处理大量施工图纸时，将大大提高工作效率。Revit 2024 提供了"三维视图、漫游""天花板平面""楼层、结构、

面积平面""渲染、绘图视图"和"立面、剖面、详图视图"等多类显示不同类型的视图样板，在使用视图样板时，应根据不同的视图类型选择合适类别的视图样板。

在 Revit 2024 中，如果视图中的"视图属性"定义了视图样板，则视图样板与当前视图属性单向关联，即如果修改了"视图样板"里的设置，则此样板的视图会根据样板设置发生变化，但是如果在视图中定义了视图样板，则无法单独修改视图的样式，对话框中的参数将显示为灰色，如图 10-3-4 所示。

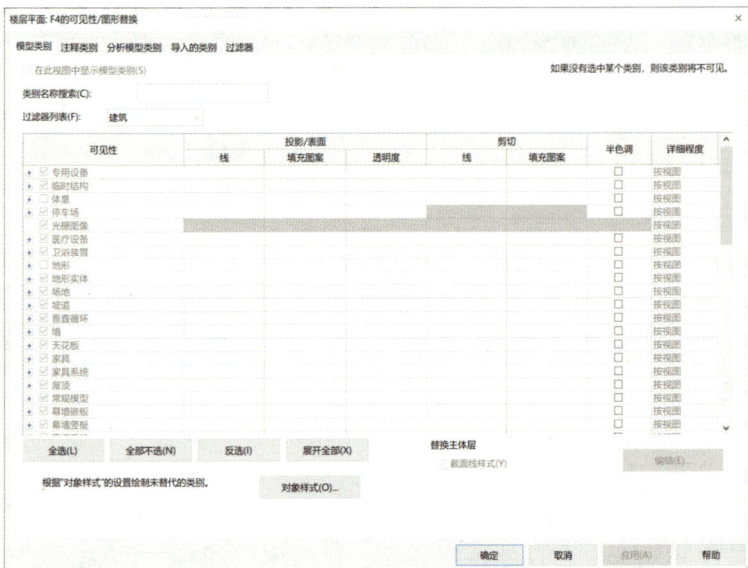

图 10-3-4　无法修改视图样式

二、创建视图

Revit 2024 可以根据设计需要创建剖面、立面及其他任何需要的视图。

操作提示

（1）打开"建工楼"项目文件，切换至 F1 楼层平面视图，在"视图"选项卡的"创建"面板中单击"剖面"工具，进入"剖面"上下文关联选项卡。在类型列表中选择"剖面：建筑剖面-国内符号"作为当前类型，确认选项栏中"比例"值为"1：100"，不勾选"参照其他视图"选项，设置偏移量为"0"。适当放大南向楼梯间左侧视图位置，在左侧楼梯段下方 1/A 轴线外墙散水的外侧空白处单击，作为剖面线起点，沿垂直向上方向移动鼠标光标直到建工楼 M 轴线外墙散水的外侧空白位置，由于剖切从下往上，剖切视图方向从右向左。如果希望从左往右显示视图方向，应单击"翻转剖面 ⇆"符号，翻转视图方向。另外剖切线还可以转折，点击"剖面"面板中的"拆分线段"工具，鼠标随即变成" ✐ "形状，在剖切线上需要转折剖切的位置单击鼠标左键，拖动鼠标到北向楼梯左边梯段（2 轴右边）位置，单击鼠标完成剖面绘制，同时，显示"剖面图造型操纵柄"及视图范围"拖曳"符号，利用这两个工具可以精确修改剖切位置及视图范围，生成视图名称为"Section 0"剖面视图，完成后按"Esc"键两次，退出剖面绘制模式。双击"剖面符号"蓝色标头或者在"项目浏览器"中的"视图"下的"剖面"中双击相应视图名称，Revit 2024 将为该剖面生成剖面视图，如图 10-3-5 所示。

（2）生成剖面视图后，隐藏视图中的参照平面类别、轴线、裁剪区域、RPC 构件等不需要显示的图元，如图 10-3-6 所示。注意：剖面"属性"面板中，调整该"视图比例"为"1：100"；修改默认视图"详细程度"为"粗略"；修改"当比例粗略度超过下列值时隐藏"参数中

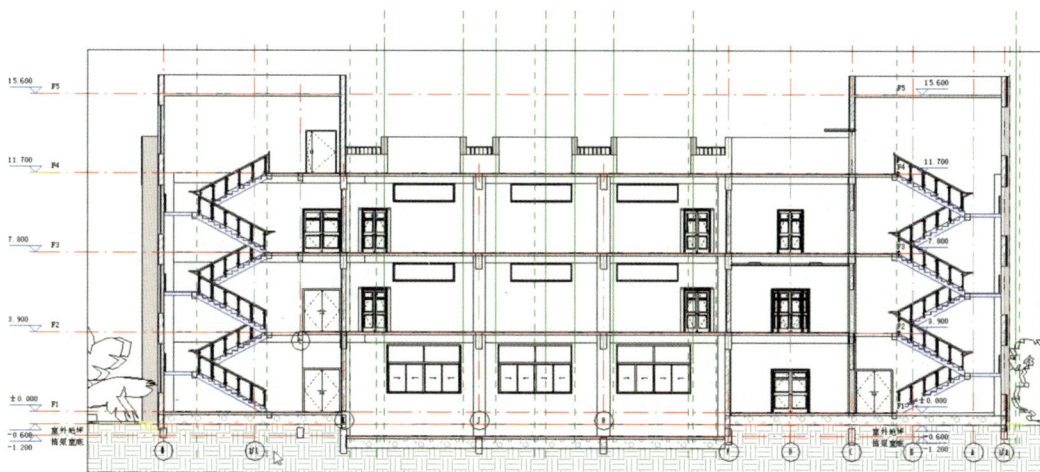

图 10-3-5 生成剖面视图

比例值为"1∶500",即当在可以显示剖面符号的视图中(如楼层平面视图),比例小于 1∶500 时,将隐藏剖面视图符号;修改该视图的名称为"剖面 1";取消勾选"裁剪区域可见"选项;"远剪裁偏移"值显示了当前剖面视图中视图的深度,即在该值范围内的模型都将显示在剖面视图中,不修改其他参数,单击"确定"按钮,应用设置。须进一步修改剖面视图,为后续的绘制剖面图做好准备。

图 10-3-6 隐藏剖面中不需要的图元

学习任务四 绘制平面图

在 Revit 2024 中完成项目视图设置后,可以在视图中添加尺寸标注、高程点、文字、符号等注释信息,进一步完成施工图设计中需要的注释内容。

在施工图设计中,按视图表达的内容和性质分为平面图、立面图、剖面图和大样详图等几种类型。前面内容中，已经完成楼层平面视图、立面视图和剖面视图的视图显示及视图属性的设置，下面结合建工楼项目，介绍如何再添加这些视图的施工图所需要的注释信息。

一、绘制平面施工图

在平面视图中，需要详细表述总尺寸、轴网尺寸、门窗平面定位尺寸，即通常所说的"三道尺寸线"，以及视图中各构件图元的定位尺寸，还必须标注平面中各楼板、室内、室外标高，以及排水方向、坡度等信息。一般来讲，对于首层平面图纸还必须添加指北针等符号，以指示建筑的方位，在 Revit 2024 中可以在布置图纸时添加指北针信息。

Revit 2024 提供了对齐、线性、角度、半径、直径、弧长共 6 种不同形式的尺寸标注，如图 10-4-1 所示，其中对齐尺寸标注用于沿相互平行的图元参照（如平行的轴线之间）之间标注的尺寸，而线性尺寸标注用于标注选定的任意两点之间的尺寸线。

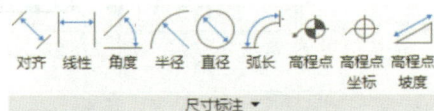

图 10-4-1　标注工具栏

与 Revit 2024 其他对象类似，要使用尺寸标注，必须设置尺寸标注类型属性，以满足不同规范下施工图的绘制要求。下面以建工楼项目为例，介绍在视图中如何添加尺寸标注。

操作提示

（1）打开"建工楼"项目文件，切换至 F1 楼层平面视图，注意设置"视图控制栏"中该视图比例为"1∶100"。拖动各方向的轴线控制点，调整此视图中的轴线长度并对齐，以方便进行尺寸标注，在"注释"选项卡的"尺寸标注"面板中单击"对齐"标注工具，自动切换至"放置尺寸标注"上下文关联选项卡，此时"尺寸标注"面板中的"对齐"标注模式被激活。

（2）确认当前尺寸标注类型为"线性尺寸标注样式：对角线－3 mm RomanD"，打开尺寸标注"类型属性"对话框，如图 10-4-2 所示。确认图形参数分组中尺寸"标注字符串类型"为"连续"；"记号"为"对角线 3 mm"；设置"线宽"参数线宽代号为"1"，即细线；设置"记号线宽"为"3"，即尺寸标注记号显示为粗线；确认"尺寸界线控制点"为"固定尺寸标注线"；设置"尺寸界线长度"为"8 mm"；"尺寸界线延伸"长度为"2 mm"；"尺寸界线长度"

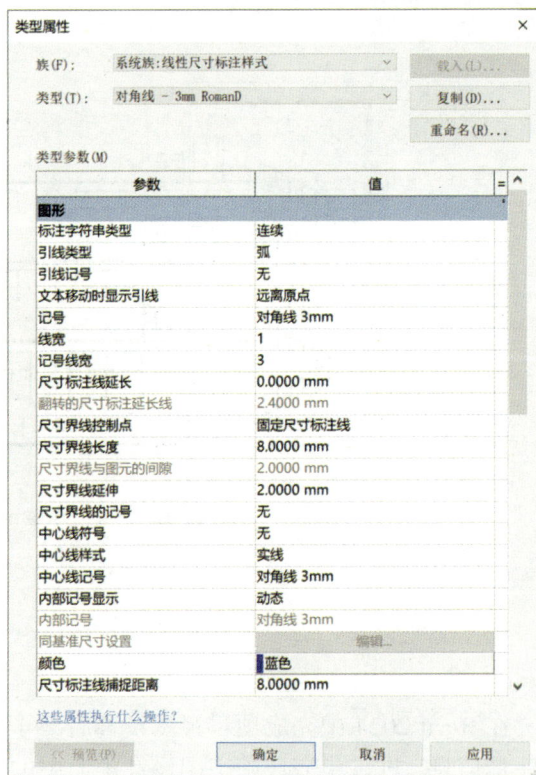

图 10-4-2　尺寸标注类型属性

为固定的"8 mm"，设置"颜色"为"蓝色"；确认"尺寸标注线捕捉距离"为"8 mm"，其他参数见图中所示。注意：尺寸标注中"线宽"代号取自于"线宽"设置对话框"注释线宽"选项卡中设置的线宽值。

（3）在文字参数分组中，设置"文字大小"为"3.5 mm"，该值为打印后图纸上标注尺寸文字高度；设置"文字偏移"为"0.5 mm"，即文字距离尺寸标注线为0.5 mm；设置"文字字体"为"仿宋""文字背景"为"透明"；确认"单位格式"参数为"1235［mm］（默认）"，即使用与项目单位相同的标注单位显示尺寸长度值；取消勾选"显示洞口高度"选项；确认"宽度因子"值为"1"，即不修改文字的宽高比，如图10-4-3所示。完成后单击"确定"按钮，完成尺寸标注类型参数设置。注意：当标注门、窗等带有洞口的图元对象时，"显示洞口高度"选项将在尺寸标注线旁显示该图元的洞口高度。

（4）确认选项栏中的尺寸标注，默认捕捉墙位置为"参照核心层表面"，尺寸标注"拾取"方式为"单个参照点"。如图10-4-4所示，依次单

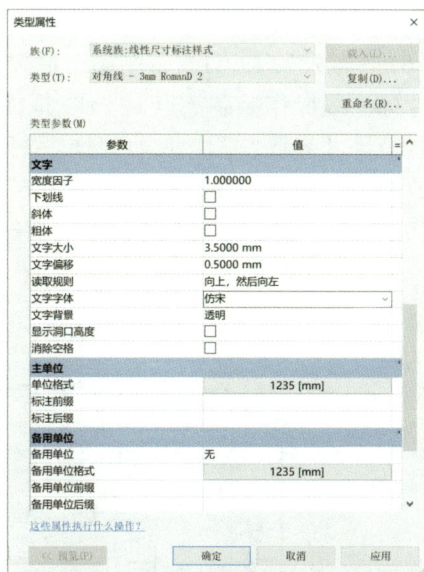

图 10-4-3　尺寸标注文字属性

击建工楼入口处轴线、门、窗洞口边缘及幕墙外侧装饰墙洞口边缘，Revit 2024 在所拾取点之间生成尺寸标注预览，拾取完成后，向下方移动鼠标指针，当尺寸标注预览完全位于办公楼南侧时，单击视图任意空白处完成第一道尺寸标注线。

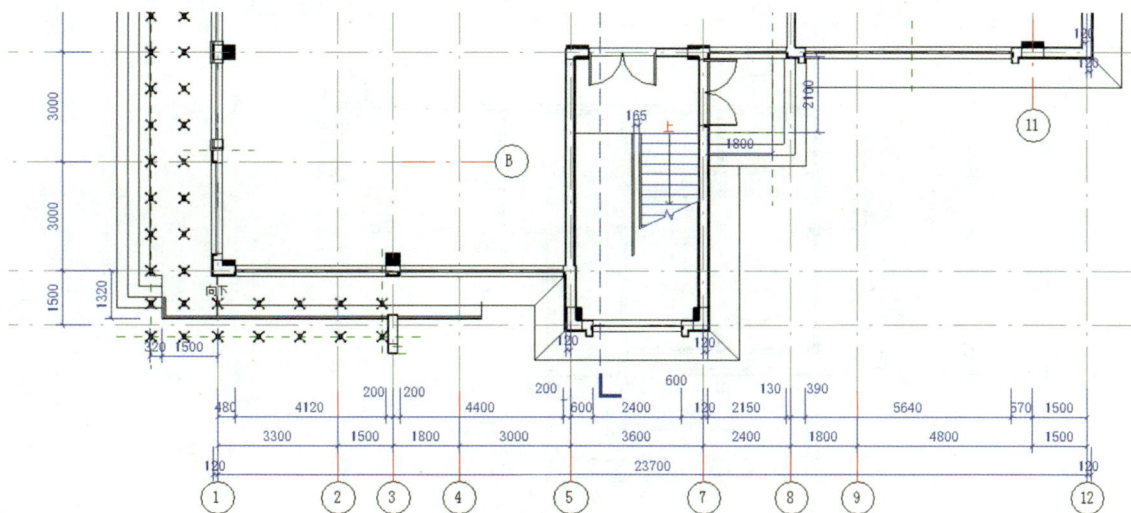

图 10-4-4　添加尺寸标注

（5）继续使用"对齐尺寸"标注工具，依次拾取 1～12 轴线，拾取完成后移动尺寸标注预览至上一步创建的尺寸标注线下方；上下稍移动鼠标指针，当距已有尺寸标注距离为尺寸标

注类型参数中设置的"尺寸标注线捕捉距离"时，Revit 2024 会磁吸尺寸标注预览至该位置，单击放置第二道尺寸标注。继续依次单击 1 轴线、1 轴线左侧垂直方向墙核心层外表面、12 轴线及 12 轴线右侧外墙核心层外表面，创建第三道尺寸标注。完成后按"Esc"键两次，退出放置尺寸标注状态。

（6）适当放大 12 轴线右侧第三道尺寸标注线，选择第三道尺寸标注线，Revit 2024 会给出尺寸标注线操作控制夹点，按住"拖拽文字"操作夹点向右移动鼠标指针，移动尺寸标注文字位置至尺寸界线右侧，取消勾选"引线"选项，去除尺寸标注文字与尺寸标注原位置间引线，尽量使文字不重叠，完成后按"Esc"键，退出修改尺寸标注状态。

（7）参照上一步骤，完成其他位置的尺寸标注，如图 10-4-5 所示。

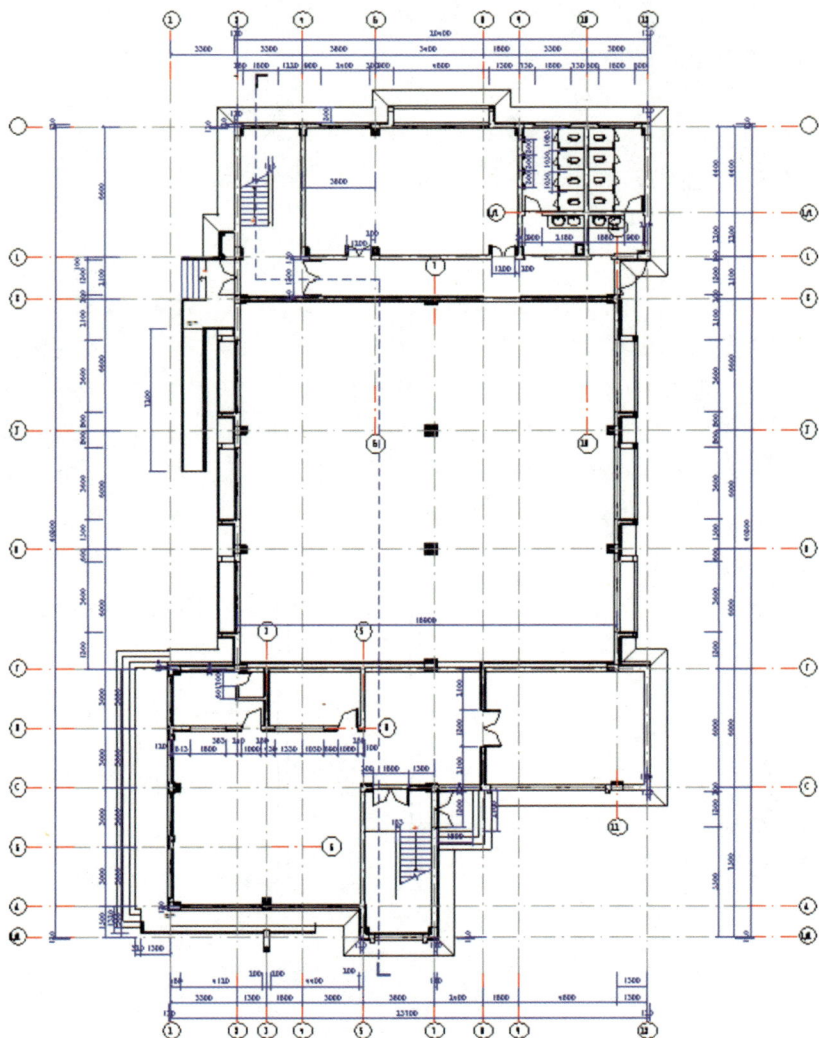

图 10-4-5　完成尺寸标注

添加尺寸标注后，将在标注图元间自动添加尺寸约束。可以修改尺寸标注值和图元对象之间的位置。选择要修改位置的图元对象，与该图元对象相关联的尺寸标注将变为蓝色，修改尺寸标注值，将会移动所选图元至新的位置。

使用尺寸标注的"EQ(等分)"约束保持窗图元间自动等分。选择尺寸标注，在尺寸标注下方出现"锁定"标记，单击该标记，可将该段尺寸标注变为锁定状态"S"，可约束该尺寸标注相关联图元对象。当修改具有锁定状态的任意图元对象位置时，Revit 2024 会移动所有与之关联的图元对象以保持尺寸标注值不变。将松散标记的尺寸标注解锁后，所有参照的几何图形也随之解锁，并取消约束。

二、绘制立面施工图

处理立面施工图时，需要加粗立面轮廓线，并标注标高、门窗安装位置的详细尺寸线。下面以建工楼项目南立面为例，说明在 Revit 2024 中完成立面施工图的一般步骤。

操作提示

(1)打开"建工楼"项目文件，切换至西立面视图，打开视图"实例属性"中的"裁剪视图"和"裁剪区域"可见选项。调节裁剪区域，显示建工楼部分模型并裁剪室外地坪下方部分，如图 10-4-6 所示。

图 10-4-6　裁剪立面视图

(2)在"修改"选项卡的"编辑线处理"面板中单击"线处理 ⇛"工具，系统自动切换至"线处理"上下文关联选项卡，设置"线样式"类型为"宽线"；在南立面视图中沿立面投影外轮廓依次单击，修改视图中投影对象边缘线类型为"宽线"，如图 10-4-7 所示，完成后按"Esc"键，退出线处理模式。

(3)适当延长底部轴线长度。使用对齐尺寸标注工具，确定当前尺寸标注类型为固定尺寸界

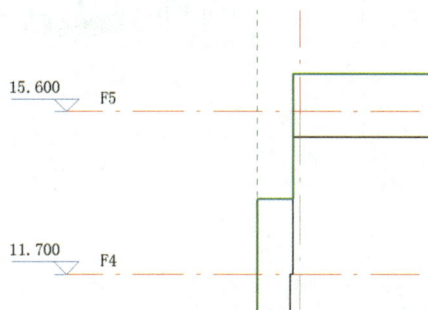

图 10-4-7　立面轮廓宽线

线，标注 M 轴线及 M 轴线左侧墙核心层外表面、1/A 轴线及 1/A 轴线右侧墙核心层外表面。使用对齐尺寸标注工具，按图 10-4-8 所示沿右侧标高，标注立面标高、窗的安装位置，作为立面第一道尺寸标注线；标注各层标高间距离，作为立面第二道尺寸标注线；标注室外地坪标高、F1 标高和 F5 标高作为第三道尺寸标注线。继续细化其他需要在立面中标注的尺寸标注。

图 10-4-8　标注标高线及门窗洞口尺寸

（4）使用"高程点"工具，设置当前类型为"立面空心"；拾取生成立面各层窗底部、顶部标高，并标注入口处雨篷底面标高，如图 10-4-9 所示。

图 10-4-9　创建门窗洞口标高

（5）由于立面图中一般不应标出标高线中间线段，因此，应对中间线段进行隐藏。打开"管理"菜单，选择"其他设置\线形图案 [图标] 线型图案"工具，调出"线形图案"对话框，单击"新建"按钮，设置名称为"bg"的线型图案属性，如图 10-4-10 所示。

注意：线型图案属性中的"空间"数值需要试验，使其显示情形符合要求。点击任意标高

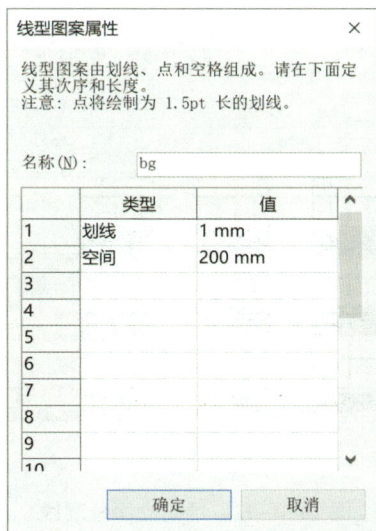

图 10-4-10　设置 bg 线型图案

线，在"属性"面板中，单击"编辑类型"，调出"类型属性"对话框，修改"线型图案"为刚才创建的"bg"线型，单击"确定"，隐藏标高线中间线段，如图 10-4-11 所示。

图 10-4-11　隐藏标高线中间线段

（6）继续在立面上绘制分层线。由于分层线只绘制在立面图上，不属于模型的实体图元部分，因此，可以采用"注释"菜单"详图"面板中的"详图线　"工具来绘制，注意"属性"面板中，"线样式"应改成"细线"。在立面上一层标高以上 3600 处绘制分层线，再向上 200 处复制另一条细线，构成立面"分层线"，同样，复制第二、第三层相应位置的分层线，如图10-4-12 所示。

（7）在"注释"选项卡的"文字"面板中单击"文字"工具，系统自动切换至"放置文字"上下文关联选项卡，设置当前文字类型为"3.5 mm 仿宋"；打开文字"类型属性"对话框，修改图形参数分组中的"引线箭头"为"实心点 3 mm"，设置"线宽"代号为"1"，其他参照图

图 10-4-12　绘制立面分层线

10-4-13 所示，完成后单击"确定"按钮，退出"类型属性"对话框。

（8）如图 10-4-14 所示，在"放置文字"上下文关联选项卡中，设置"对齐"面板中文字水平对齐方式为"左对齐"，设置"引线"面板中文字引线方式为"二段引线"。

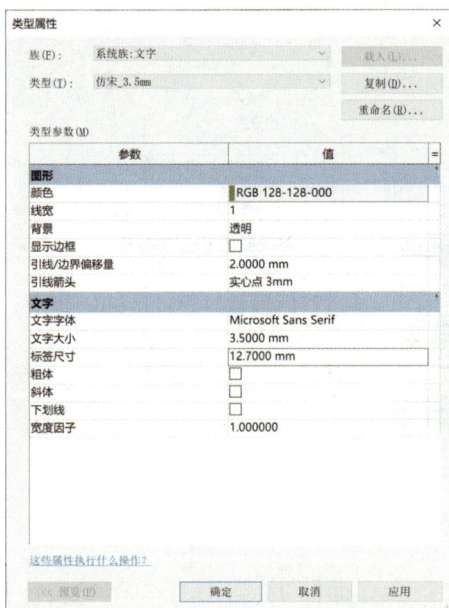

图 10-4-13　设置文字类型属性

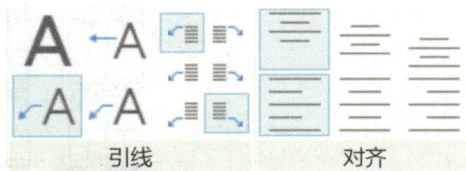

图 10-4-14　设置文字对齐方式

（9）在西立面视图中，在百叶窗位置单击鼠标作为引线起点，垂直向上移动鼠标指针，绘制垂直方向引线，在女儿墙上方单击生成第一段引线，再沿水平方向向右移动鼠标并单击绘制第二段引线，进入文字输入状态；输入"银灰色铝合金空调百叶"，完成后单击空白处任意位置，完成文字输入，同样，在分层线处标注"200 高灰白色三色砖分层线"，完成后结果如图 10-4-15 所示。

图 10-4-15　注释立面做法文字

三、剖面施工图

剖面施工图与立面施工图类似，可以直接在剖面视图中添加尺寸标注等注释信息，完成剖面施工图表达。下面以建工楼项目剖面 1 为例，说明在 Revit 2024 中完成剖面施工图的方法。

操作提示

（1）打开"建工楼"项目文件，切换至剖面 1 视图，调节视图中轴线、轴网。使用对齐尺寸标注工具，确认当前标注类型为"固定尺寸界线"，按图 10-4-16 所示添加尺寸标注。

图 10-4-16　标注剖面尺寸

（2）使用"高程点"工具，确认当前高程点类型为"立面空心"。依次拾取楼梯休息平台顶面位置，添加楼梯休息平台高程点标高，使用相同的设置添加剖面天花板底面标高。

（3）使用对齐尺寸标注工具，标注楼梯各梯段高度。

（4）选择上一步中创建的尺寸标注，单击 F1 第一梯段标注文字，弹出"尺寸标注文字"对话框，如图 10-4-17 所示，设置前缀为"150×13＝"，完成后单击"确定"按钮，退出"尺寸标注文字"对话框，修改后尺寸显示为"150×13＝1950"，如图 10-4-17 所示。

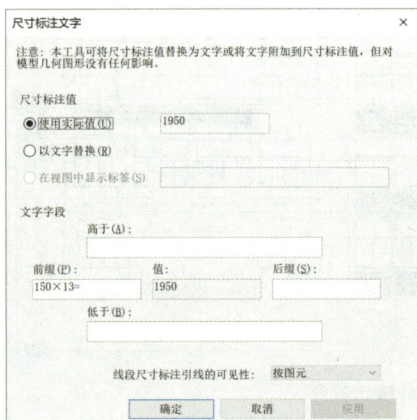

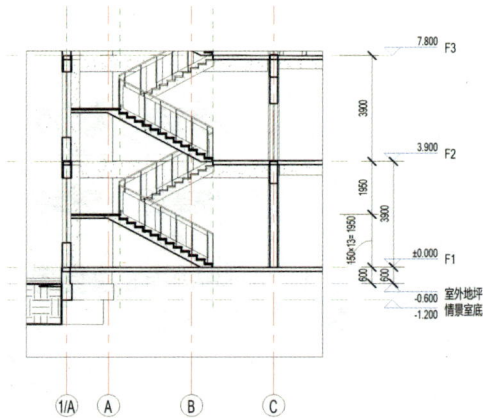

图 10-4-17　修改尺寸标注文字

（5）另外也可以用文字替换的方式进行标注值替换，按同样的方法打开"尺寸标注文字"对话框，设置尺寸标注值方式为"以文字替换"，并在其后文字框中输入"150×13＝1950"，完成后单击"确定"按钮，退出"尺寸标注文字"对话框，Revit 2024 将以文字替代尺寸标注值，如图 10-4-18 所示。

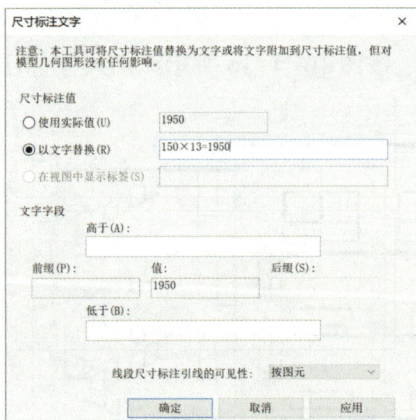

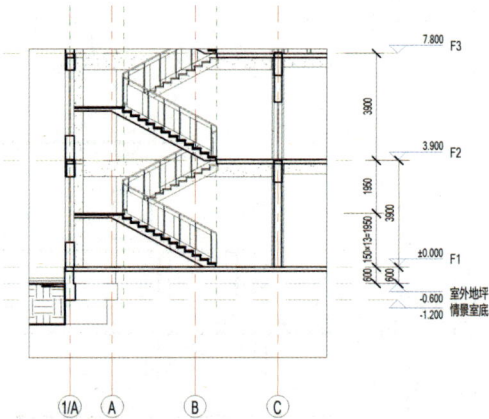

图 10-4-18　文字替换梯段剖面尺寸标注

学习任务五　创建详图索引及详图视图

详图绘制有 3 种方式，即"三维""二维"及"三维＋二维"。对于楼梯详图、卫生间详图等，由于模型建立时信息基本完善，可以通过详图索引直接生成，此时索引视图和详图视图模型图元是完全关联的。对于一些节点大样，如屋顶挑檐，大部分主体模型已经建立，只需在详图视图中补充一些二维图元即可，此时索引视图和详图视图的三维部分是关联的。而有些节点大样由于无法用三维表达或者可以利用已有的 DWG 图纸，那么可以在 Revit 2024 生成的详图视图中采用二维图元的方式绘制或者直接导入 DWG 图形，以满足出图的要求。在实际工作中，大部分情况下都是采用"三维+二维"的方式来完成我们的设计，下面将对这种详图的创建方法进行详细说明，并介绍如何利用原有 DWG 图纸来创建详图。

一、生成详图

Revit 2024 提供了详图索引工具，可以将现有视图进行局部放大，用于生成索引视图，并在索引视图中显示模型图元对象。下面继续使用详图索引工具为建工楼项目生成索引详图，并完成详图设计。

操作提示

（1）打开"建工楼"项目文件，切换至 F1 楼层平面视图。在"视图"选项卡的"创建"面板中单击"详图索引 "工具，系统自动切换至"详图索引"上下文关联选项卡。

（2）设置当前详图索引类型为"楼层平面：楼层平面"，打开"类型属性"对话框，修改"族"为"系统族：详图视图"，单击"复制"按钮，复制出名称为"建工楼-详图视图索引"的新详图索引名。如图 10-5-1 所示，修改"详图索引标记"为"详图索引标头"，详图索引标头可以单击参数值格后的"…"按钮，调出"详图索引标头"对话框，根据要求进行修改，设置"剖面标记"为"剖面详图绘制标头，剖面详图绘制末端"，剖面标记也可以单击参数值格后的"…"按钮，调出"剖面标记"对话框，根据要求进行修改，修改"参照标签"为"Sim"。完成后单击"确定"按钮，退出"类型属性"对话框。

（3）确认当前索引类型为上一步中新建的"建工楼-详图视图索引"；不勾选"参数其他视图"选项。适当放大建工楼部分卫生间，按图 10-5-2 所示位置作为对角线绘制索引范围。

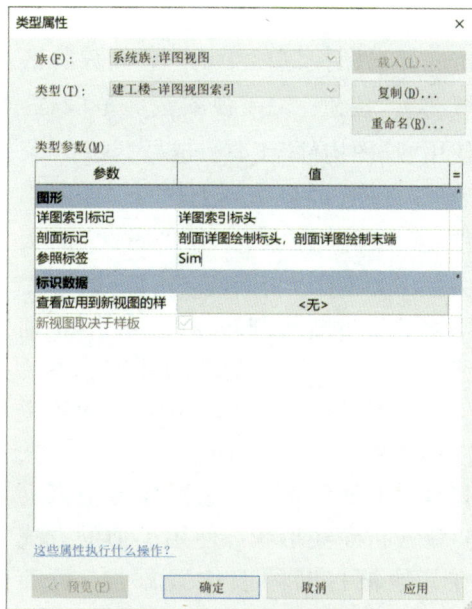

图 10-5-1　设置详图视图索引

Revit 2024 在项目浏览器中自动创建"详图视图"视图类别，并创建名称为"详图 0"的详图视图。生成视图后，可以通过"属性"面板或视图控制栏及视图样板的方式调节详图索引视图的比例。

提示：在项目浏览器中，Revit 2024 将根据视图的类型名称组织视图类别，例如，在本例中，由于使用的详图索引的类型名称为"建工楼-详图视图索引"，因此在项目浏览器中，将生成"详图视图（建工楼-详图视图索引）"视图类别。

（4）切换至"详图 0"视图。精确调节视图裁剪范围框，在视图中仅保留卫生间部分。单

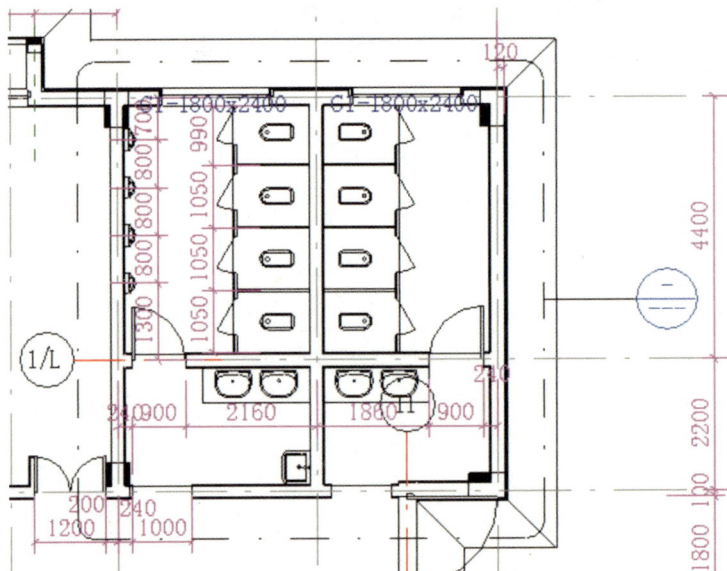

图 10-5-2　绘制详图索引范围

击底部视图控制栏中的"隐藏裁剪区域 " 按钮，关闭视图裁剪范围框。使用"详图构件"工具，选择"注释"菜单下"详图"面板中"构件"下"详图构件 详图构件"工具，并在"属性"面板中选择类型为"折断线：折断线"，按空格键将折断线翻转90°，单击 M 轴线左侧被详图索引截断的外墙位置放置折断线详图，按"Esc"键退出放置详图构件模式。如图 10-5-3 所示，选择放置的详图构件，通过拖曳范围夹点修改折断线形状。使用类似的方式在其他被打断的墙位置添加"折断线"。

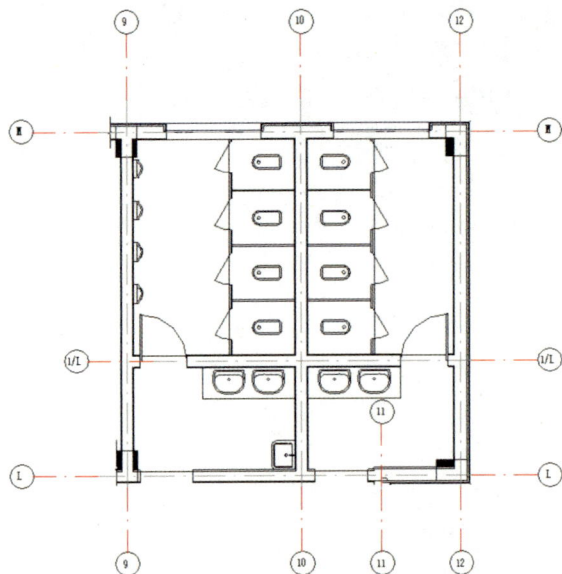

图 10-5-3　绘制详图折断线

（5）载入族库文件夹中"\Chinese\建筑\卫生器具\2D\常规卫浴\地漏2D.rfa"族文件，并放置到合适位置，注意放置时的标高应为 F1，否则在视图中看不到此构件。

（6）使用按类别标记、尺寸标注来标注该详图视图，配合使用详图线、自由标高符号等二维工具，完成卫生间大样的标注，结果如图 10-5-4 所示。注意：注释对象必须位于"注释裁剪"范围框内才会显示。

（7）不选择任何图元，"属性"面板中将显示当前视图属性。如图 10-5-5 所示，确定实例参数图形参数分组中的"显示在"选项为"仅父视图"，修改标识数据参数分组中的"视图名称"为"卫生间大样"，修改"默认视图样板"为"建筑平面-详图视图"，单击"应用"按钮，应用上述设置。

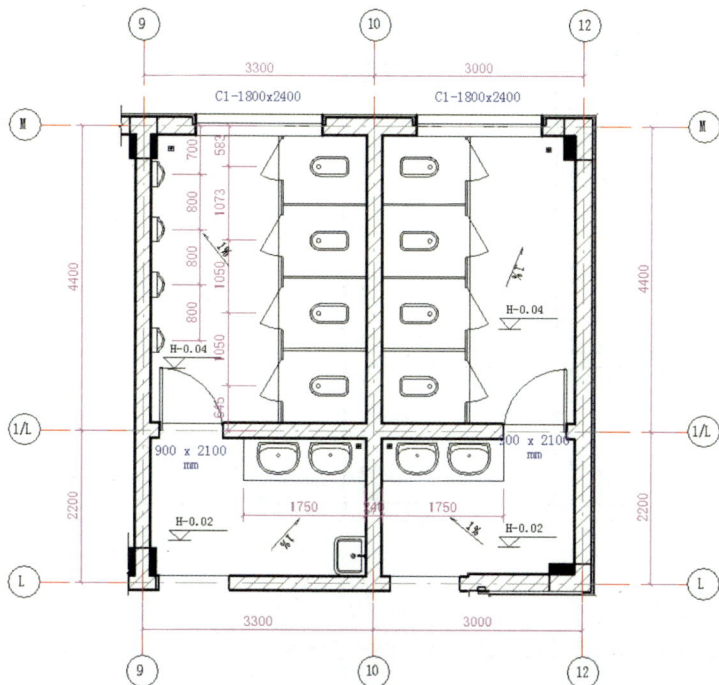

图 10-5-4　绘制卫生间详图

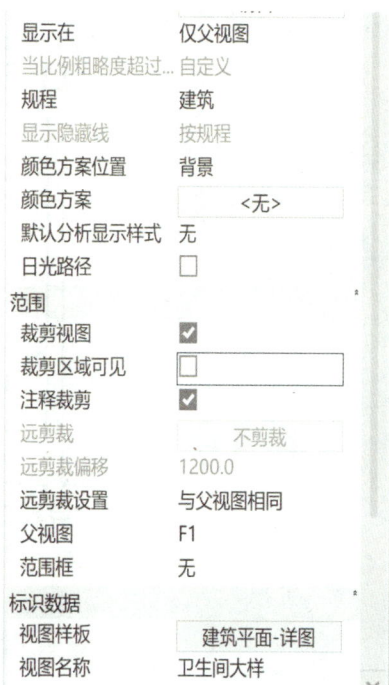

图 10-5-5　编辑详图视图属性

（8）在"视图"选项卡的"图形"面板中单击"视图样板"下拉列表中的"管理视图样板 🔧管理视图样板"工具，打开"视图样板"对话框，选择"建筑平面-详图视图"样板，单击"V/G 替换模型"后的"编辑"按钮，打开此视图样板的"可见性/图形替换"对话框，勾选"替换主体层"栏中的"截面线样式"选项，使其后的"编辑"按钮变得可用。单击"编辑"按钮，打开"主体层线样式"对话框，

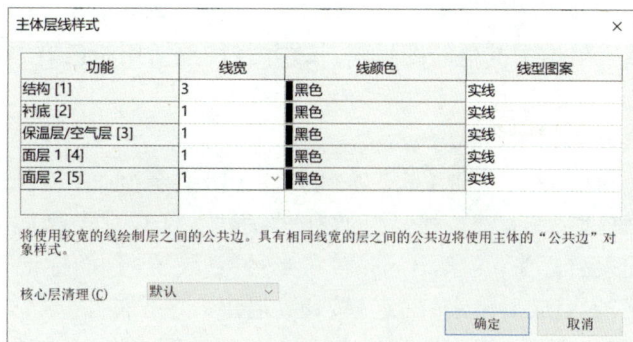

图 10-5-6　编辑主体层线样式

修改"结构[1]"功能层"线宽"代号为"3"，即显示为粗线，修改其他功能层的"线宽"代号为"1"，即显示为细线；确认"线颜色"均为"黑色"，"线型图案"均为"实线"。设置完成后单击两次"确定"按钮，返回"视图样板"对话框。采用同样的方法和参数设置对"建筑剖面-详图模式"样板进行修改，为后面的剖面详图绘制作准备，如图 10-5-6 所示。

（9）切换至刚创建的"卫生间大样"详图视图，如图 10-5-7 所示，在项目浏览器中的"卫生间大样"视图名称上单击鼠标右键，从弹出的菜单中选择"应用默认视图样板"。应用后，"卫生间大样"详图视图将按视图样板内的设置重新生成图面表达，墙、结构柱等将被正确填充。

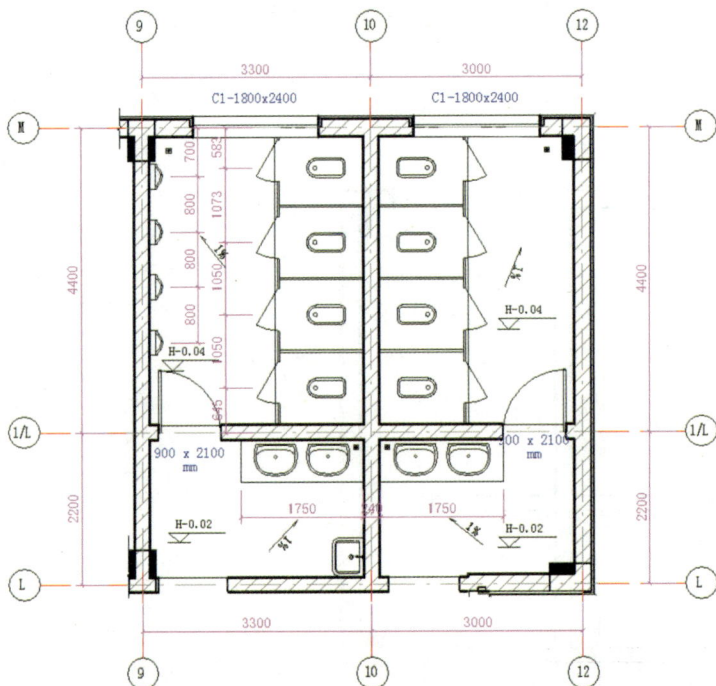

图 10-5-7　卫生间详图大样

二、绘制视图及 DWG 详图

在创建详图索引时，除了可以直接索引显示视图中的模型图元外，还可以使新建的详图索引指向其他绘图视图。该方式特别适用于已有 DWG 格式的标准图样的引用。

> **操作提示**

（1）打开"建工楼"项目文件，切换至剖面 1 视图。使用详图索引工具设置当前类型为"详图视图：建工楼-详图视图索引"，打开其类型属性对话框，修改"详图索引标记"为"详图索引标头，包括 3 mm 转角半径"，设置"剖面标记"为"无剖切号"，修改"参照标签"为"参照"，完成后单击"确定"按钮，退出"类型属性"对话框。在"参照"面板中，勾选"参照其他视图"选项，在视图列表中选择"<新绘图视图>"选项。

（2）按图 10-5-8 所示位置在 1/A 轴线散水位置绘制详图索引范围，Revit 2024 会自动建立"绘图视图（详图）"视图类别，并将生成的索引视图组织放在该视图类别中，修改该视图名称为"外墙防水做法大样"。

（3）切换至"外墙防水做法大样"视图，目前新绘图视图中的内容为空白。在"插入"选项卡的"导入"面板中单击"导入 CAD CAD 导入 CAD"按钮，打开"导入 CAD 格式"对话框。确认对话框底部"文件类型"为"DWG 文件"，打开"外墙防水做法大样.dwg"

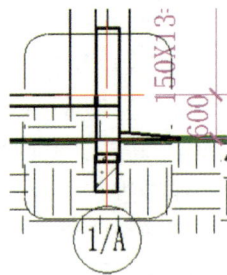

图 10-5-8　外墙防水索引

文件，设置"颜色"为"黑白"，即将原 DWG 图形各图元颜色转换为黑色，设置导入"单位"为"毫米"，其他选项采用默认值，如图 10-5-9 所示。单击"打开"按钮，导入 DWG 文件。注意：Revit 2024 会按原 DWG 文件中图形内容大小显示导入的 DWG 文件。视图比例仅会影响导入图形的线宽显示，而不会影响 DWG 图形中尺寸标注、文字等注释信息的大小。

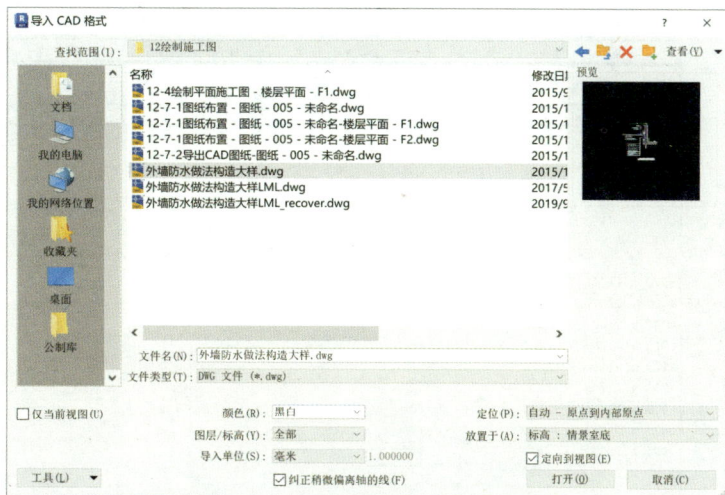

图 10-5-9 导入 DWG 文件设置

使用导入 DWG 方式可以确保在施工图设计阶段能最大限度发挥和利用已有的 DWG 详图和大样图资源，加快施工图阶段设计进程，并可以利用 Revit 2024 的强大视图管理功能管理和整合项目资源。

"图例"工具可以创建项目中任意族类型的图例样例。在图例视图中，可以根据需要设置各族类型在图例视图中的显示方向。图例视图中显示的族类型图例与项目所使用的族类型自动保持关联，当修改项目中使用的族类型参数时，图例会自动更新，从而保证设计数据的统一性、完整性和准确性。

学习任务六 统计门窗明细表及材料

使用"明细表/数量"工具可以按对象类别统计并列表显示项目中各类模型图元信息，例如，可以统计项目中所有门、窗图元的宽度、高度、数量等。下面继续完成建工楼项目中门、窗构件的明细表统计，学习明细表统计的方法。

一、创建门明细表

操作提示

(1)打开"建工楼"项目文件，在建工楼项目所使用的项目样板中，已经设置了门明细表和窗明细表两个明细表视图，并统计在项目浏览器"明细表/数量"类别中。分别切换至门明细表视图，默认明细表视图如图 10-6-1 所示，显示当前项目中所有门信息。

(2)根据需要定义任意形式的明细表。在"视图"选项卡的"创建"面板中单击"明细表"工具下拉列表，在列表中选择"明细表/数量 明细表/数量"工具，弹出"新建明细表"对话框，如图 10-6-2 所示，在"类别"列表中选择"门"对象类型，即本明细表将统计项目中门对象类别的图元信息；修改明细表名称为"建工楼-门明细表"，确认明细表类型为"建筑构件明细

〈门明细表〉

A	B	C	D	E	F	G	H
	洞口尺寸			框数			
设计编号	高度	宽度	参照图集	总数	标高	备注	类型
700 x 2100 m	2100	700		1	F1		单扇平开木门20
900 x 2100 m	2100	900		2	F1		单扇平开镶玻璃
900 x 2100 m	2100	900		2	F2		单扇平开镶玻璃
900 x 2100 m	2100	900		2	F3		单扇平开镶玻璃
1000 x 2100	2100	1000		2	F1		单扇平开木门20
1000 x 2100	2100	1000		3	F2		单扇平开木门20
1000 x 2100	2100	1000		5	F3		单扇平开木门20
1000 x 2400	2400	1000		2	F1		门洞
1000 x 2400	2400	1000		2	F2		门洞
1000 x 2400	2400	1000		2	F3		门洞
1200 x 2100m	2100	1800		1	F1		子母门
1200 x 2100m	2100	1200		2	F1		双扇平开木门7
1200 x 2100m	2100	1200		5	F2		双扇平开木门7
1200 x 2100m	2100	1200		5	F3		双扇平开木门7
1800 x 2100	2100	1800		4	F1		双扇平开木门 1
1800 x 2100	2100	1800		1	F1		双扇平开木门 1
1800 x 2100	2100	1800		1	F4		双扇平开木门 1
1800 x 2100	2100	1800		1	F2		双扇平开木门7
1800 x 2100	2100	1800		2	F2		双扇平开木门7
1800 x 2100	2100	1800		3	F3		双扇平开木门7
FM3-1500x210	2100	1500		1	F4		子母门
M1000x2100-C	2400	2400		1	F3	木制门联窗等类	门联窗_002

图 10-6-1　门明细表

表"，其他参数默认，单击"确定"按钮，打开"明细表属性"对话框。

（3）如图 10-6-3 所示，在"明细表属性"对话框的"字段"选项卡中，"可用字段"列表中显示门对象类别中所有可以在明细表中显示的实例参数和类型参数，依次在列表中选择"类型""宽度""高度""注释""合计"和"框架类型"参数，单击"添加"按钮，添加到右侧的"明细表字段"列表中。在"明细表字段"列表中选择各参数，单击"上移"或"下移"按钮，按图中所示顺序调节字段顺序，该列表中从上至下的顺序反映了明细表从左至右各列的显示顺序。注意：并非所有图元实例参数和类型参数都能作为明细表字段，族中自定义的参数中，仅使用共享参数才能显示在明细表中。

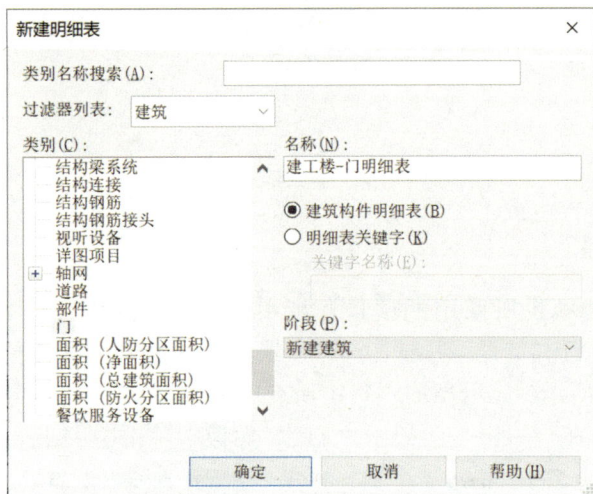

图 10-6-2　创建门明细表

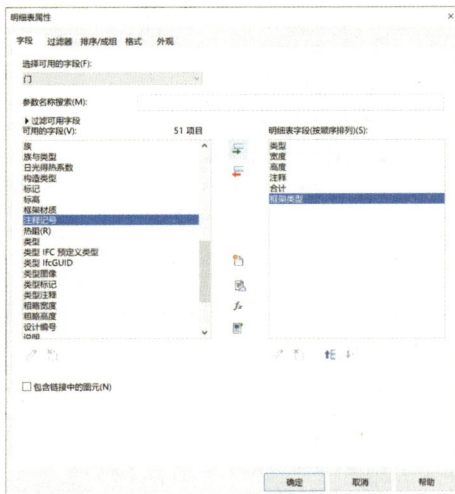

图 10-6-3　门明细表属性—字段

（4）切换至"排序/成组"选项卡，设置"排序方式"为"类型""排序顺序"为"升序"；不勾选"逐项列举每个实例"选项，即 Revit 2024 将按门类型参数值在明细表中汇总显示各已选字段，如图 10-6-4 所示。

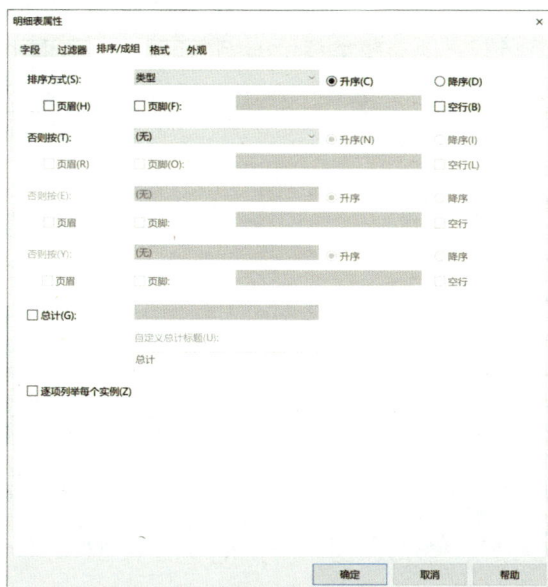

图 10-6-4 门明细表属性—排序/成组

（5）切换至"外观"选项卡，如图 10-6-5 所示，确认勾选"网格线"选项，设置网格线样式为"细线"；勾选"轮廓"选项，设置轮廓线样式为"中粗线"，取消勾选"数据前的空行"选项；确认勾选"显示标题"和"显示页眉"选项，分别设置"标题文本""标题"和"正文"样式为"3.5 mm 仿宋"，单击"确定"按钮，完成明细表属性设置。

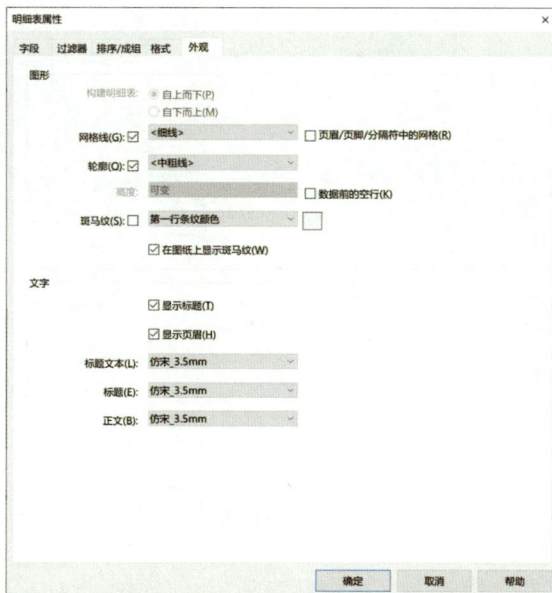

图 10-6-5 门明细表属性—外观

（6）Revit 2024 自动按指定字段建立名称为"建工楼-门明细表"新明细表视图，并自动切换至"修改明细表/数量"上下文关联选项卡，如图 10-6-6 所示视图。仅当将明细表放置在图纸上后，"明细表属性"对话框"外观"选项卡中定义的外观样式才会发挥作用。

<建工楼-门明细表>					
A	B	C	D	E	F
类型	宽度	高度	注释	合计	框架类型
幕墙双开门	1200	1800		2	
建筑-门]-单开门700	700	2100		1	
建筑-门]-单开门900	900	2100		6	
建筑-门]-单开门100	1000	2100		13	
建筑-门]-双开门120	1200	2100		14	
建筑-门]-双开门180	1800	2100		6	
建筑-门]-子母门150	1500	2100		1	
建筑-门]-子母门180	1800	2100		3	
建筑-门]-门洞1000x	1000	2100		6	

图 10-6-6　建工楼—门明细表

（7）在明细表视图中可以进一步编辑明细表外观样式，如图 10-6-7 所示，按住并拖动鼠标左键选择"宽度"和"高度"列页眉，右击鼠标，调出光标菜单，选择"使页眉成组"合并生成新表头单元格。

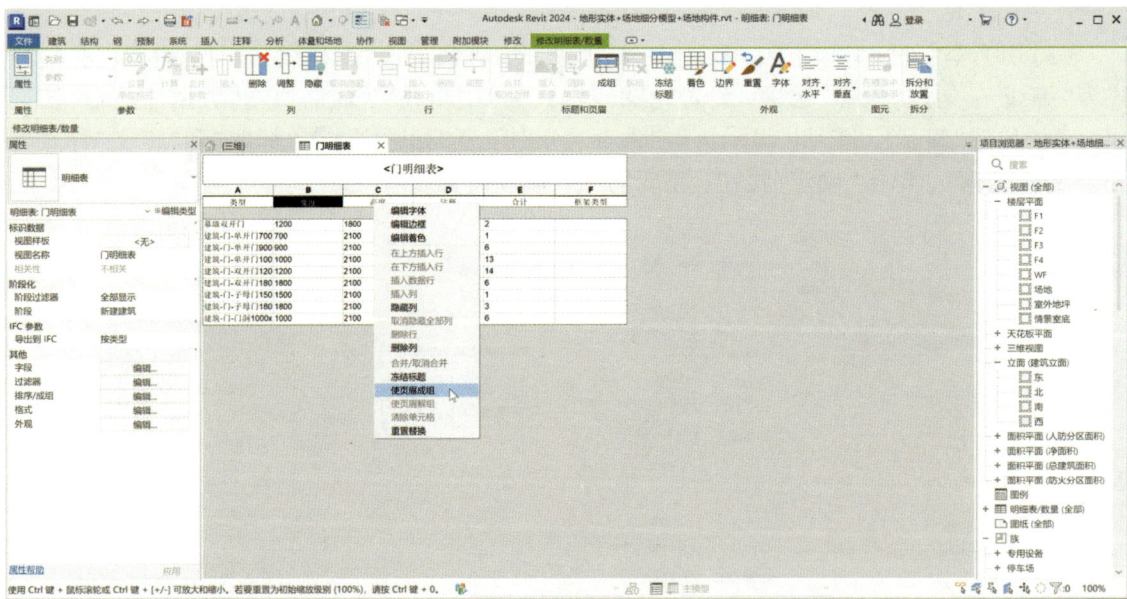

图 10-6-7　页眉成组

（8）单击合并生成的新表头行单元格，进入文字输入状态，输入"尺寸"作为新页眉行名称，结果如图 10-6-8 所示。

单击表头各单元格名称，进入文字输入状态后，可以根据设计需要修改各表头名称。

<建工楼-门明细表>					
A	**B**	**C**	**D**	**E**	**F**
	尺寸				
类型	宽度	高度	注释	合计	框架类型
幕墙双开门	1200	1800		2	
建筑-门-单开门700	700	2100		1	
建筑-门-单开门900	900	2100		6	
建筑-门-单开门100	1000	2100		13	
建筑-门-双开门120	1200	2100		14	
建筑-门-双开门180	1800	2100		6	
建筑-门-子母门150	1500	2100		1	
建筑-门-子母门180	1800	2100		3	
建筑-门-门洞1000x	1000	2100		6	

图 10-6-8　输入成组页眉表头文字

选择行后，可以单击"明细表"面板中"删除"按钮来删除明细表中的门类型，但要注意 Revit 2024 将同时从项目模型中删除图元，请谨慎操作，其他操作不再赘述。

可以在明细表中添加计算公式，从而利用公式计算窗洞口面积。在"建工楼-门"明细表的"属性"对话框中，单击"字段"选项卡后的"编辑"按钮，可以调出"明细表属性"对话框。单击"计算值"按钮，弹出"计算值"对话框，如图 10-6-9 所示，输入字段名称为"洞口面积"，设置"类型"为"面积"，单击"公式"后的"…"按钮，打开"字段"对话框，选择"宽度"及"高度"字段，形成"宽度 * 高度"公式，然后单击"确定"按钮，返回"明细表属性"对话框，修改"洞口面积"字段，位于列表最下方，单击"确定"按钮，返回明细表视图。

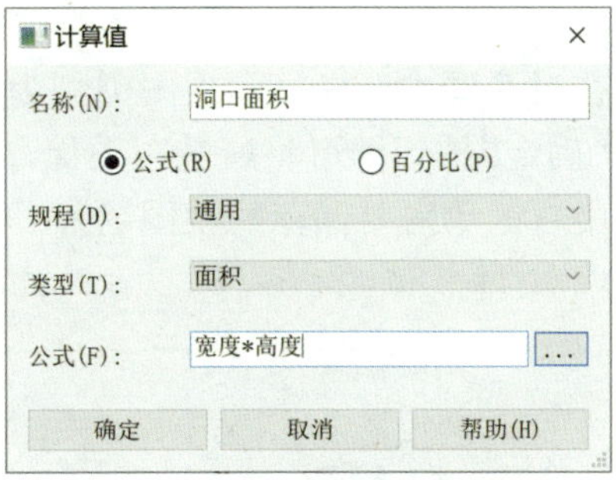

图 10-6-9　设置洞口面积字段

（10）如图 10-6-10 所示，Revit 2024 将根据当前明细表中各窗宽度和高度值计算洞口面积，并按项目设置的面积单位显示洞口面积。

<建工楼-门明细表>						
A	**B**	**C**	**D**	**E**	**F**	**G**
	尺寸					
类型	宽度	高度	注释	合计	框架类型	洞口面积
幕墙双开门	1200	1800		2		2.16
建筑-门-单开门700	700	2100		1		1.47
建筑-门-单开门900	900	2100		6		1.89
建筑-门-单开门100	1000	2100		13		2.10
建筑-门-双开门120	1200	2100		14		2.52
建筑-门-双开门180	1800	2100		6		3.78
建筑-门-子母门150	1500	2100		1		3.15
建筑-门-子母门180	1800	2100		3		3.78
建筑-门-门洞1000x	1000	2100		6		2.10

图 10-6-10　添加并计算洞口面积

Revit 2024 允许将任何视图（包括明细表视图）保存为单独 RVT 文件，用于与其他项目共享视图设置。单击"应用程序菜单"按钮，在列表中选择"另存为−库−视图"选项，弹出"保存视图"对话框，如图 10-6-11 所示。

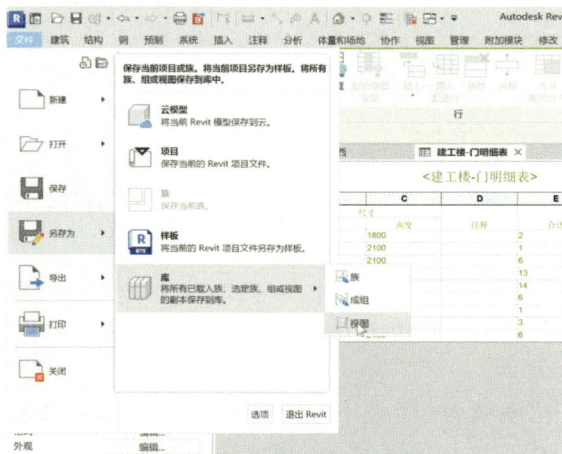

图 10-6-11　保存视图选项

在对话框中选择显示视图类型为"显示所有视图和图纸"，在列表中勾选要保存的视图，单击"确定"按钮即可将所选视图保存为独立的 RVT 文件，如图 10-6-12 所示，或在项目浏览器中右键单击要保存的视图名称，在弹出的菜单中选择"保存到新文件"，也可将视图保存为 RVT 文件。

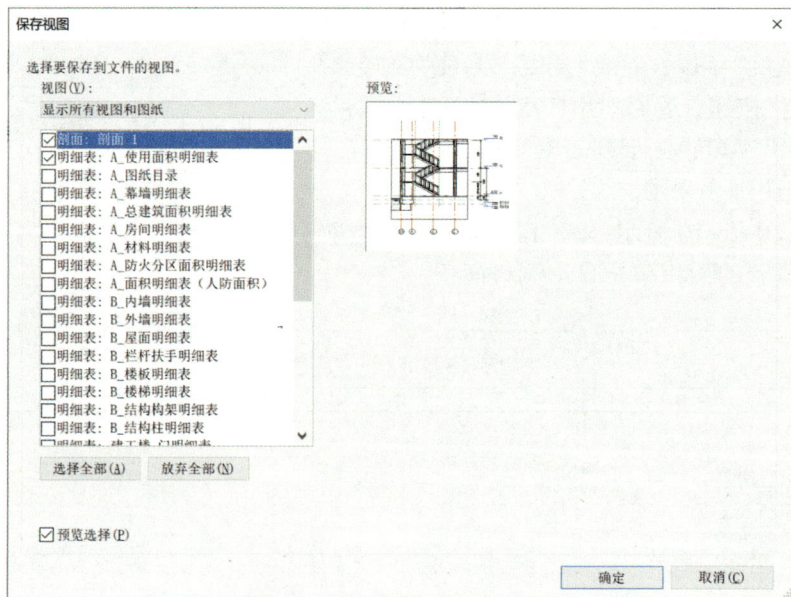

图 10-6-12　保存视图对话框

Revit 2024 也可以仅保存视图属性设置而不保存视图中的模型对象图形内容。对于包含重复详图、详图线、区域填充等详图构件的视图，在保存视图时将随视图同时保存这些详图构件，用于与其他项目共享详图。使用"从文件插入""插入文件中的二维图元"选项即可插入这些保存的图元。

在 Revit 2024 中"明细表/数量"工具生成的明细表与项目模型相互关联，明细表视图中显示的信息，源自 BIM 模型数据库。可以利用明细表视图修改项目中模型图元的参数信息，以提高修改大量具有相同参数值的图元属性时的效率。

二、材料统计

材料的数量是项目施工采购和项目概预算基础，Revit 2024 提供了"材质提取"明细表工具，用统计项目中各对象材质生成材质统计明细表。"材质提取"明细表的使用方式与上一节中介绍的"明细表/数量"类似。下面使用"材质提取"统计建工楼项目中墙材质。

操作提示

（1）打开"建工楼"项目文件，单击"视图"选项卡"创建"面板中的"明细表"工具下拉列表，在列表中选择"材质提取 材质提取"工具，弹出"新建材质提取"对话框，如图 10-6-13 所示，在"类别"列表中选择"墙"类别，输入明细表名称为"建工楼-墙材质明细"，单击"确定"按钮，打开"材质提取属性"对话框，该对话框与上一节中介绍的"明细表属性"对话框非常相似。

（2）依次添加"材质：名称"和"材质：体积"至明细表字段列表中，然后切换至"排序/成组"标签，设置排序方式为"材质：名称"；不勾选"逐项列举每个实例"选项，单击"确定"按钮，完成明细表属性设置，生成"建工楼-墙材质明细"明细表，如图 10-6-14 所示。注意明细表已按材质名称排列，但"材质：体积"单元格内容为空白。

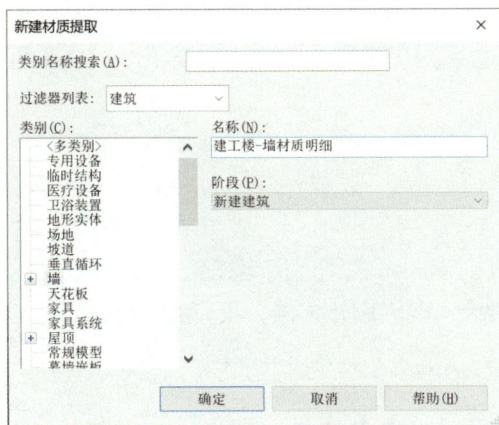

图 10-6-13　新建墙材质提取

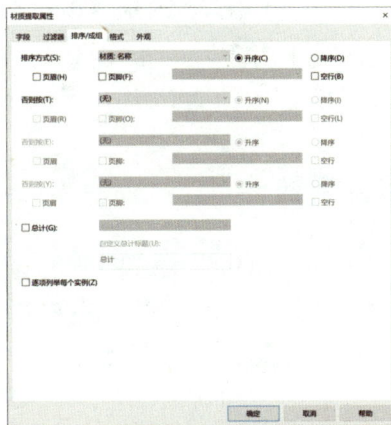

图 10-6-14　墙材质提取属性—排序/成组

（3）打开明细表视图"实例属性"对话框，单击"格式"参数后的"编辑"按钮，打开"材质提取属性"对话框并自动切换至"格式"选项卡，如图 10-6-15 所示，在"字段"列表中选择"材质：体积"字段，勾选"计算总数"选项，单击"确定"按钮两次，返回明细表视图。注意：单击"字段格式"按钮可以设置材质体积的显示单位、精度等。Revit 2024 默认采用项目单位设置。

（4）Revit 2024 会自动在明细表视图中显示各类材质的汇总体积，如图 10-6-16 所示。

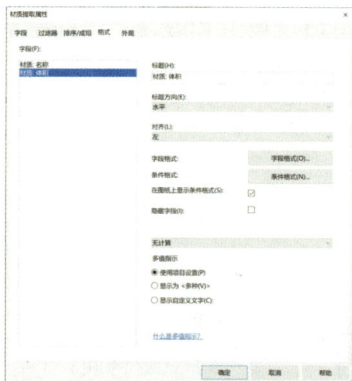

图 10-6-15　墙材质提取属性—格式

<建工楼-墙材质明细>	
A	**B**
材质：名称	材质：体积
保温隔热外墙材料	49.86
外墙砌块	29.30
外墙砖石	779.28
建工楼-内墙白色抹	97.28
建工楼-外墙面砖	34.44
建工楼-路缘石	12.76

图 10-6-16　墙材质明细表

使用"应用程序菜单-导出-报告-明细表"选项，可以将所有类型的明细表导出为文本文件，大多数电子表格应用程序如 Microsoft Excel 可以很好地支持这类文件，将其作为数据源导入电子表格程序中。

其他明细表工具的使用方式都基本类似，读者可以根据需要自行创建各种明细表，限于篇幅，在此不再赘述。

学习任务七　布置与导出图纸

在 Revit 2024 中可以将项目中多个视图或明细表布置在同一个图纸视图中，形成便于打印和发布的施工图纸。Revit 2024 还可以将项目中的视图、图纸打印出来或导出为 CAD 的文件格式与其他非 Revit 2024 用户进行数据交换。

一、布置图纸

使用 Revit 2024 的"新建图纸"工具可以为项目创建图纸视图，指定图纸使用的标题栏族（图框）并将指定的标题栏族布置在图纸视图中形成最终施工图文档。下面继续完成建工楼项目图纸布置。

操作提示

（1）打开建工楼项目文件，在"视图"选项卡的"图纸组合"面板中单击"图纸 📄"工具，弹出"新建图纸"对话框，如图 10-7-1 所示，单击"载入"按钮，载入"Chinese\标题栏\A0 公制.rfa"族文件。确认"选择标题栏"列表中"A0 公制"，单击"确定"按钮，以"A0 公制"标题栏创建新图纸视图，并自动切换至该视图，该视图在"图纸（全部）"视图类别中。在项目样板中默认已经创建两个默认图纸视图，因此该图纸视图自动命名为"003-未命名"。

（2）在"视图"选项卡的"图纸组合"面板中单击"视图"工具，弹出"选择视图"对话框，在视图列表中列出了当前项目中所有可用视图，如图 10-7-2 所示，选择"楼层平面：F1"，单击"在图纸中添加视图"按钮，Revit 2024 给出 F1 楼层平面视图范围预览，确认选项栏"在图纸上旋转"选项为"无"，当显示视图范围完全位于标题栏范围内时，单击放置该视图。注意：在图纸中添加视图时，也可以通过直接拖曳选择视图方式进行添加。

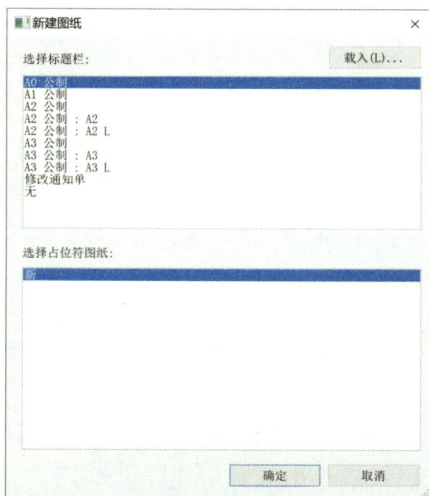

图 10-7-1　新建图纸对话框

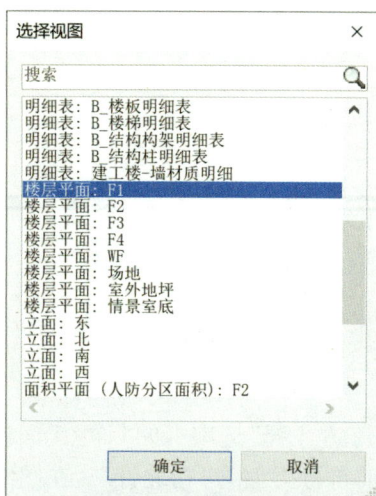

图 10-7-2　选择视图

（3）在图纸中放置的视图称为"视口"，Revit 2024 自动在视图底部添加视口标题，默认将以该视图的视图名称命名该视口，如图 10-7-3 所示。

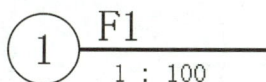

图 10-7-3　视口

（4）打开本视图的"剪裁视图"功能，用剪裁框去除多余的图元信息，图面会更加规整。注意：本视图中的"剪裁视图"已在"F1"楼层平面视图中设置。

（5）载入"Chinese\标题栏\视图标题.rfa"族文件。选择图纸视图中的视口标题，打开"类型属性"对话框，复制新建名称为"建工楼-视图标题"的新类型；修改类型参数"标题"使用的族为"视图标题"族，确认"显示标题"选项为"是"，取消勾选"显示延伸线"选项，其他参数如图 10-7-4 所示，完成后单击"确定"按钮，退出"类型属性"对话框。

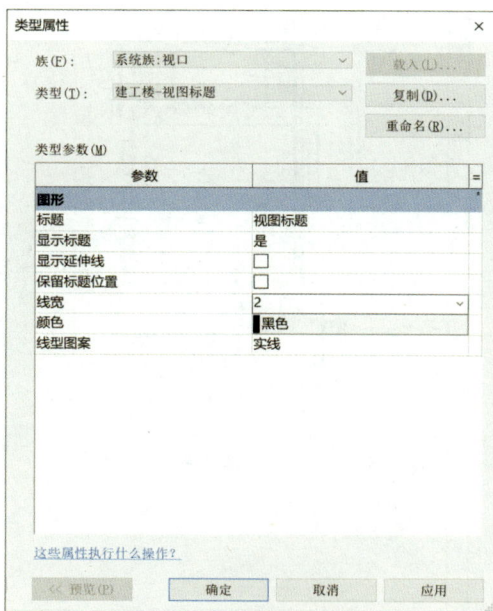

图 10-7-4　视图标题属性

（6）此时视口标题类型修改为如图 10-7-5 所示的样式。选择视口标题，按住并拖动视口标题至图纸中间位置。

（7）在新建的图纸中选择刚放入的视口，打开视口"属性"对话框，修改"图纸上的标题"为"一层平面图"，注意"图纸编号"和"图纸名称"参数已自动修改为当前视图所在图纸信息，如图 10-7-6 所示，单击"应用"按钮完成设置，注意图纸视图中视口标题名称同时修改为"一层平面图"。

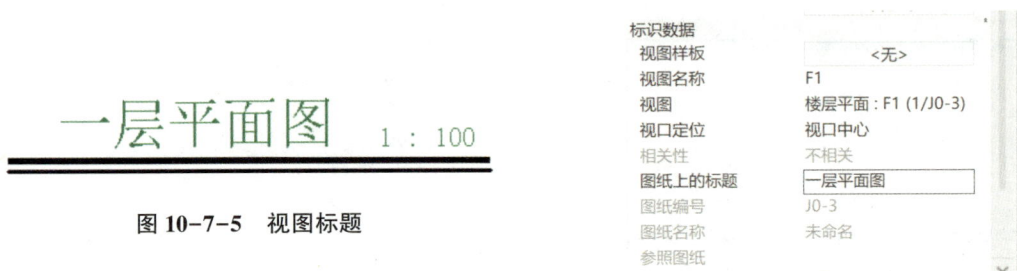

一层平面图 1：100

图 10-7-5 视图标题

标识数据	
视图样板	<无>
视图名称	F1
视图	楼层平面：F1 (1/J0-3)
视口定位	视口中心
相关性	不相关
图纸上的标题	一层平面图
图纸编号	J0-3
图纸名称	未命名
参照图纸	

图 10-7-6 修改标题名称

（8）在"注释"选项卡的"详图"面板中单击"符号"工具，进入"放置符号"上下文选项卡。设置当前符号类型为"指北针"，在图纸视图左下角空白位置单击放置指北针符号。

（9）拖曳已编辑好的 F2 楼层平面视图，并修改相应标题名称，输入其他相关信息，完成本图纸，如图 10-7-7 所示。

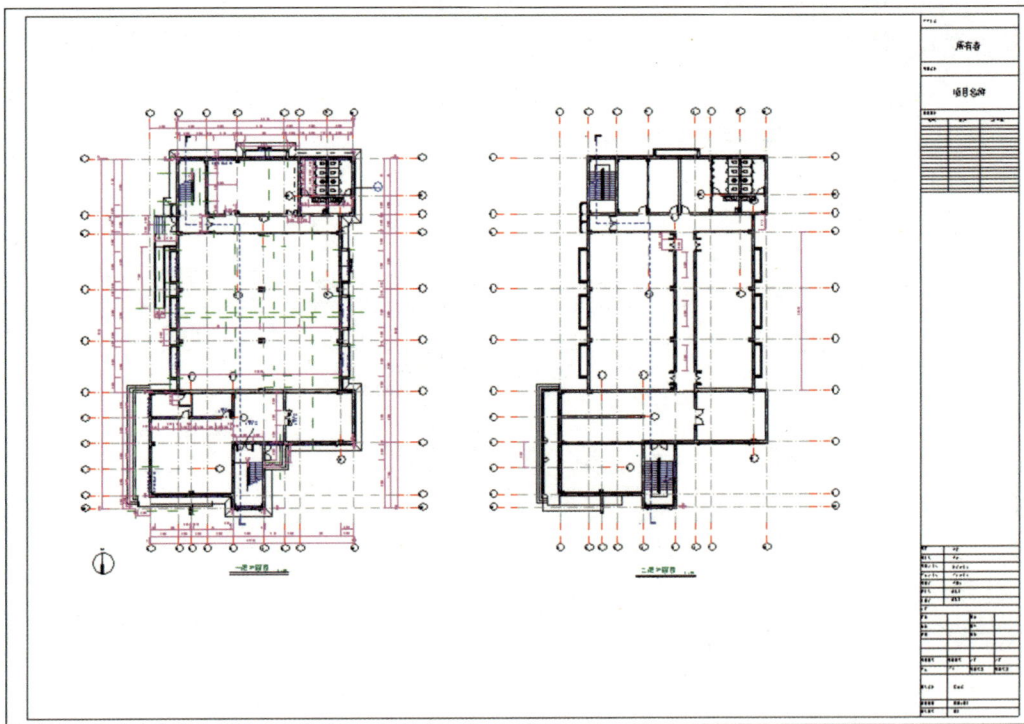

图 10-7-7 施工图纸

二、导出 CAD 图纸

一个完整的建筑项目必须要求与其他专业设计人员（如结构、给排水）共同合作完成。因此使用 Revit 2024 的用户必须能够为这些设计人员提供 CAD 格式的数据。Revit 2024 可以将项目图纸或视图导出为 DWG、DXF、DGN 及 SAT 等格式的 CAD 数据文件，方便为设计人员提供数据。下面以最常用的 DWG 数据为例来介绍如何将 Revit 2024 数据转换为 DWG 数据。虽然 Revit 2024 不支持图层的概念，但可以设置各构件对象导出 DWG 时对应的图层，以方便在 CAD 中的运用。

操作提示

（1）打开"建工楼"项目文件，单击"文件"菜单，在菜单中选择"导出-CAD 格式-DWG"选项，打开"DWG 导出"对话框，如图 10-7-8 所示，单击"选择导出设置(L)"栏"<任务中的导出设置>"后的" … "按钮，调出"修改 DWG/DXF 导出设置"对话框，进行导出设置，如图 10-7-9 所示，DWG/DXF 导出设置，该对话框中可以分别对 Revit 2024 模型导出为 CAD 时的图层、线形、填充图案、字体、CAD 版本等进行设置。在"层"选项卡列表中指定各类对象类别及其子类别的投影和截面图形，在导出 DWG/DXF 文件时也导出对应的图层名称及线型颜色 ID。进行图层配置有两种方法，一是根据要求逐个修改图层的名称、线颜色等，二是通过加载图层映射标准进行批量修改。

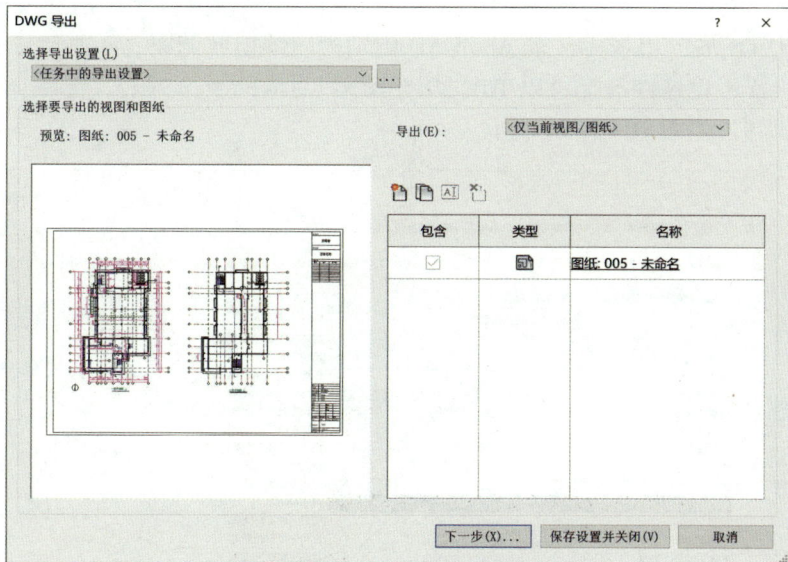

图 10-7-8　DWG 导出对话框

（2）单击"根据标准加载图层"下拉列表按钮，在 Revit 2024 中提供了 4 种国际图层映射标准，以及从外部加载图层映射标准文件的方式。选择"从以下文件加载设置"，在弹出的对话框中选择"exportlayers-dwg-AIA.txt"配置文件，然后退出选择文件对话框。

图 10-7-9　DWG/DXF 导出设置—层

提示：可以单击"另存为"按钮将图层映射关系保存为独立的配置文本文件。

（3）继续在"修改 DWG/DXF 导出设置"对话框中选择"填充图案"选项卡，打开填充图案映射列表。默认情况下在 Revit 2024 中的填充图案在导出为 DWG 时选择的是"自动生成填充图案"，即保持在 Revit 2024 中的填充样式方法不变，但是如混凝土、钢筋混凝土这些填充图案在导出为 DWG 后会出现无法被 AutoCAD 识别为内部填充图案，从而造成无法对图案进行编辑的情况，要避免这种情况可以单击"填充图案"对应的下拉列表，选择合适的 AutoCAD 内部填充样式即可，如图 10-7-10 所示。

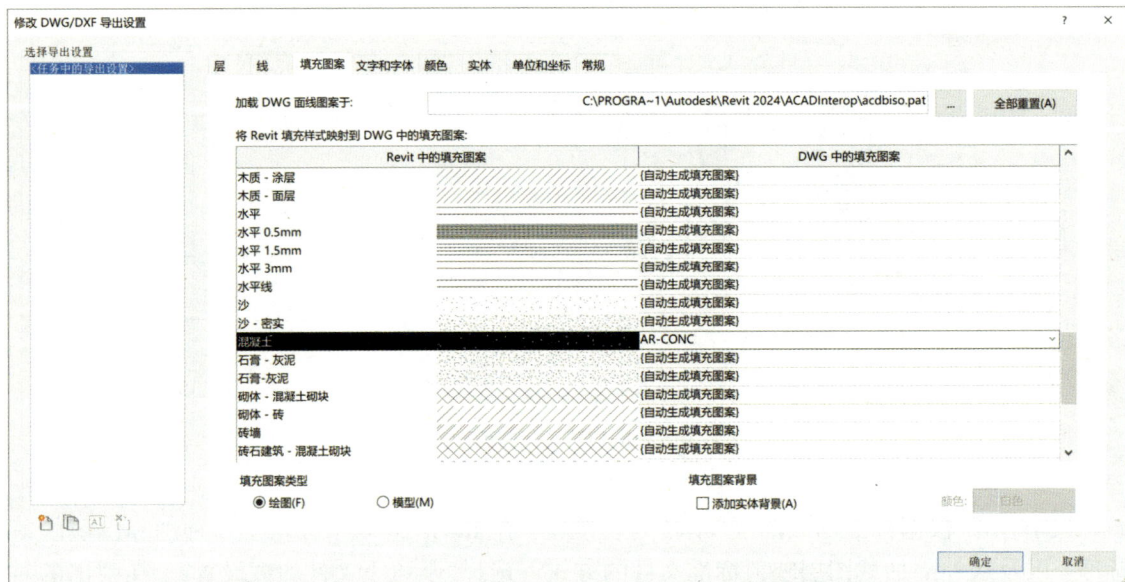

图 10-7-10　DWG/DXF 导出设置—填充图案

（4）可以继续在"修改 DWG/DXF 导出设置"对话框中对需要导出的线形、颜色、字体等进行映射配置，设置方法和填充图案类似，请自行尝试。

（5）单击"文件"菜单，在菜单中选择"导出–CAD 格式–DWG"，打开"DWG 导出"对话框，如图 10-7-11 所示，对话框左侧顶部的"选择导出设置"确认为"〈任务中的导出设置〉"，即前几个步骤进行的设置；在对话框右侧"导出"中选择"<任务中的视图/图纸集>"；在"按列表显示"中选择"集中的所有视图和图纸"，即显示当前项目中的所有图纸；在列表中勾选要导出的图纸即可。双击图纸标题，可以在左侧预览视图中预览图纸内容。Revit 2024 还可以使用打印设置时保存的"设置 1"快速选择图纸或视图。

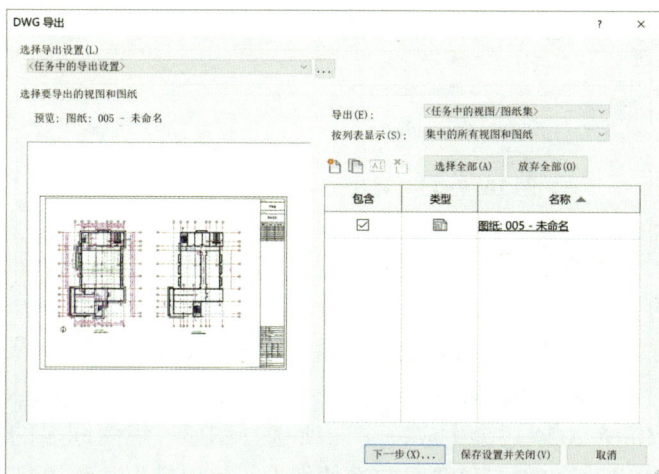

图 10-7-11　导出 DWG 文件

（6）单击" 下一步(X)... "按钮，调出"导出 CAD 格式–保存到目标文件夹"对话框，如图 10-7-12 所示，指定文件保存的位置、DWG 版本格式和文件名称，单击"确定"按钮，即可将所选择图纸导出为 DWG 数据格式。如果希望导出的文件采用 AutoCAD 外部参照模式，请勾选对话框中的"将图纸上的视图和链接作为外部参照导出"，此处设置为不勾选。

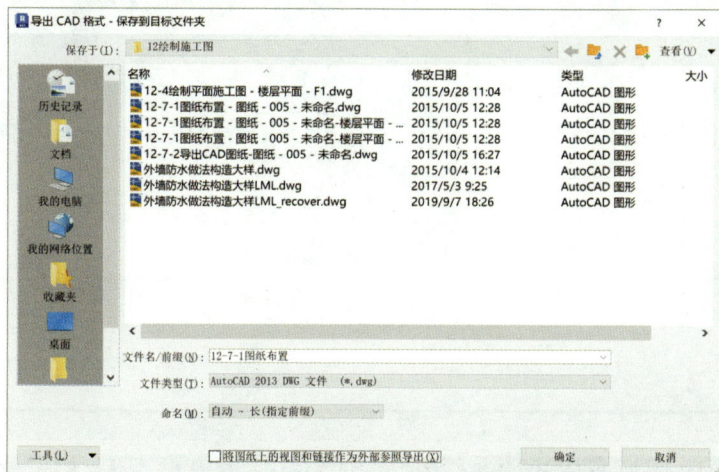

图 10-7-12　导出 CAD 格式对话框

（7）如图 10-7-13 所示为导出后的 DWG 图纸列表，导出后会自动命名。

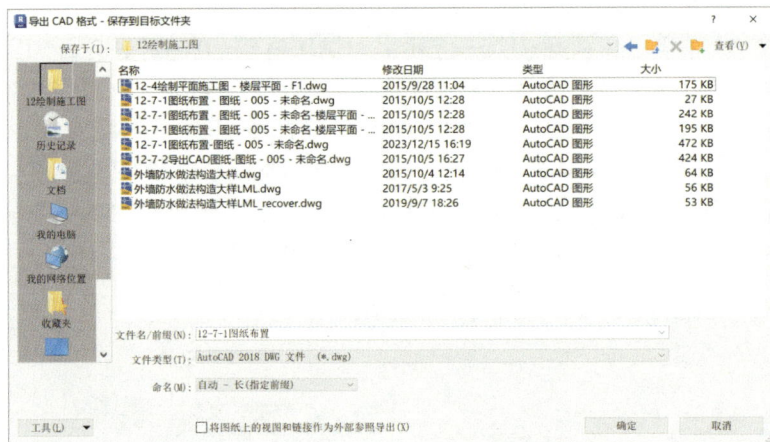

图 10-7-13　导出 CAD 图纸文件列表

（8）如果使用"外部参照方式"方式导出后，Revit 2024 除了将每个图纸视图导出为独立的与图纸视图同名的 DWG 文件外，还将单独导出与图纸视图相关的视口为独立的 DWG 文件，并以外部参照的方式链接至与图纸视图同名的 DWG 文件中。要查看 DWG 文件，仅需打开与图纸视图同名的 DWG 文件即可。

注意：导出时，Revit 2024 还会生成一个与所选择图纸、视图同名的". pep"文件。该文件用于记录导出 DWG 图纸的状态和图层转换的情况，使用记事本可以打开该文件。

（9）如图 10-7-14 所示为在 AutoCAD 中打开导出后的 DWG 文件情况，将在 AutoCAD 的布局中显示导出的图纸视图。此时，如果需要对导出的 CAD 图形文件进行修改，可以切换至 CAD 模型空间进行相应操作。

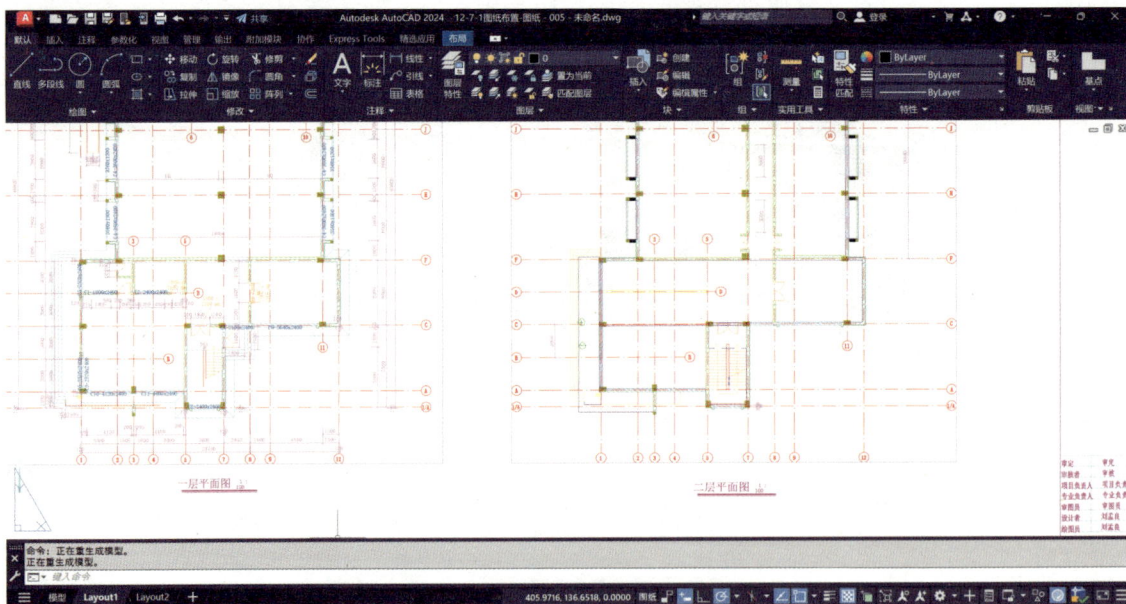

图 10-7-14　导出的 CAD 图形文件—图纸空间

（10）除导出为 DWG 格式的文件外，还可以将视图和模型分别导出为 2D 和 3D 的 DWF 文件格式。DWF 文件全称为 Drawing Web Format（Web 图形格式），是由 Autodesk 开发的一种开放、安全的文件格式，它可以将丰富的设计数据高效地分发给需要查看、评审或打印这些数据的使用者。DWF 文件高度压缩，因此比设计文件更小，传递起来更加快速，它不需要用户安装 AutoCAD 或 Revit 2024 软件，只需要安装免费的 Design Review 即可查看 2D 或 3D DWF 文件。

导出 DWF 文件的方法非常简单，只需单击"文件"菜单，选择"导出-DWF/DWFx"，弹出"DWF 导出设置"窗口，如图 10-7-15 所示，在该对话框中选择要导出的视图，设置 DWF 属性和项目信息即可。

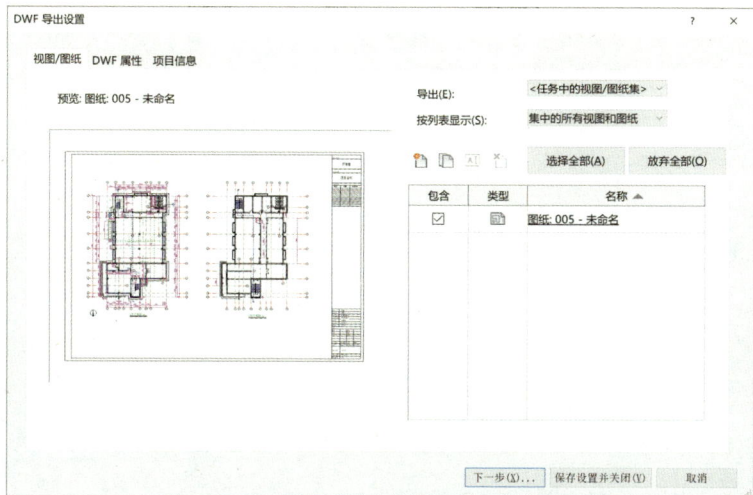

图 10-7-15　导出 DWF 文件设置

目前 DWF 数据支持 DWF 和 DWFx 这两种数据格式。其中 DWF 格式的数据在 Vista 或以上版本的系统中可以不需要安装任何插件，直接在 Windows 系统中如查看图片一样查看该格式的图形文件内容即可。目前 Autodesk 公司的所有产品包括 AutoCAD 在内均支持 DWF 格式数据文件的导出操作。

（11）完成项目设计后，可以使用"清除未使用项"工具，清除项目中所有未使用的族和族类型，以减小项目文件的体积。在"管理"选项卡的"设置"面板中单击"清除未使用项 [icon] 清除 未使用项"工具，打开"清除未使用项"对话框，如图 10-7-16 所示，在对象列表中，勾选要从项目中清除的对象类型，单击"确定"按钮，即可从项目中消除所有已选择的项目内容。

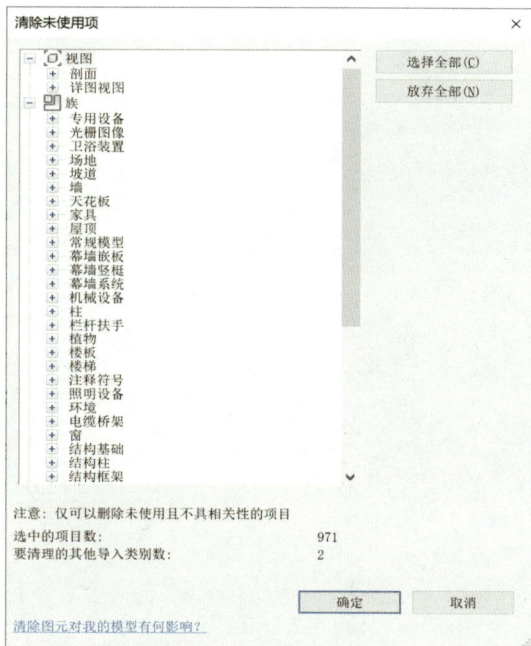

图 10-7-16　清除未使用项

（12）打开项目文件夹，比较同一项目在"清除未使用项"前后两文件的大小差别，可以发现，操作"清除未使用项"清除无效信息后，文件减小了许多，这是因为进行此项操作的目的，是从项目中移除未使用的视图、族和其他对象，以提高性能，并减小文件。因此，一般完成项目后，都应该进行"清除未使用项"操作。

模块三

"1+X" 拓展
－族与体量

本模块的内容，是结合专业特点讲解"1+X"BIM 证书考试真题，涵盖族与体量创建，内容紧贴"1+X"BIM 证书等级标准，满足"1+X"BIM 证书培训要求。

　　在 Revit 2024 中，族(Family)是一个集成构件通用属性(参数)及图形表示的图元组，在 Revit 2024 中所有图元都是基于族来建立，族就相当于搭积木的"元件"，给这些"元件"赋予尺寸和物理信息以便编辑和提取相关信息。族的强大之处在于可根据设计者的不同需求，定义不同的尺寸、物理等参数，并且可以通过这些参数来驱动尺寸信息，对于同类的构件可以修改参数来达到需要的尺寸，这对于建模工作具有极大的实用性。

　　Revit 2024 族库就是把大量 Revit 2024 族按照特性、参数等属性分类归档而成的数据库。相关行业、企业或组织随着项目的开展和深入，都会积累一套自己独有的族库。在以后的工作中，可直接调用族库数据，并根据实际情况修改参数，便可提高工作效率。Revit 2024 族库可以说是一种无形的知识生产力。族库的质量，是相关行业、企业或组织的核心竞争力的一种体现。

项目十一　自定义建筑族

在 Revit 2024 中，族(Family)是构成项目最基本的元素。项目模型由不同的图元构件组成，而图元的建立就是通过对族的编辑实现的。同一个族能够定义多种不同的族类型，每种族类型可以具有不同的尺寸、材质或者其他参数变量。通过族编辑器，基于样板族为图元添加各种参数，如距离、材质、可见性等，就可以创建参数化构件族。

以"全国 BIM 技能等级考试"真题为例，完成族的创建练习。

实训一　螺母的创建

实训任务

根据螺母的三视图，如图 11-1-1 所示，创建螺母，熟悉族命令。

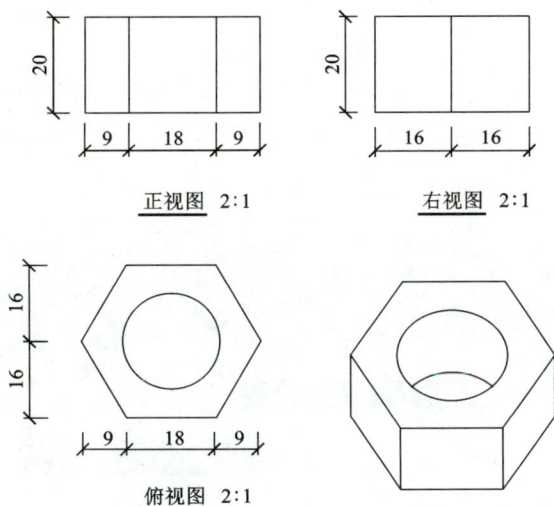

正视图　2∶1　　　　右视图　2∶1

俯视图　2∶1

图 11-1-1　螺母模型三视图

操作提示

1.打开族编辑器

点击 Revit 2024"文件"菜单中的"新建"按钮，选择"族"，弹出族样板文件，选择"公制常规模型"族样板，进入族编辑模式。

2. 绘制参照平面

双击项目浏览器中"楼层平面：参照标高"，打开该视图。单击"创建"选项卡，在"基准"面板中选择"参照平面"命令，绘制如图 11-1-2 所示参照平面。

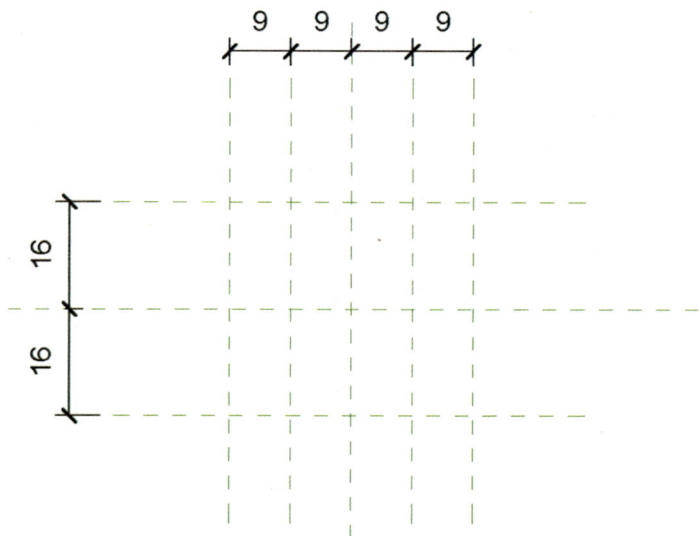

图 11-1-2　参照平面图

3. 绘制螺母实体部分

单击"创建"选项卡，在"形状"面板中选择"拉伸"命令，确认绘制方式为"拾取线"，如图 11-1-3 所示完成拉伸轮廓的创建，在属性面板中设置起点为 0，终点为 20，完成螺母实体部分的创建，操作如图 11-1-3 所示。

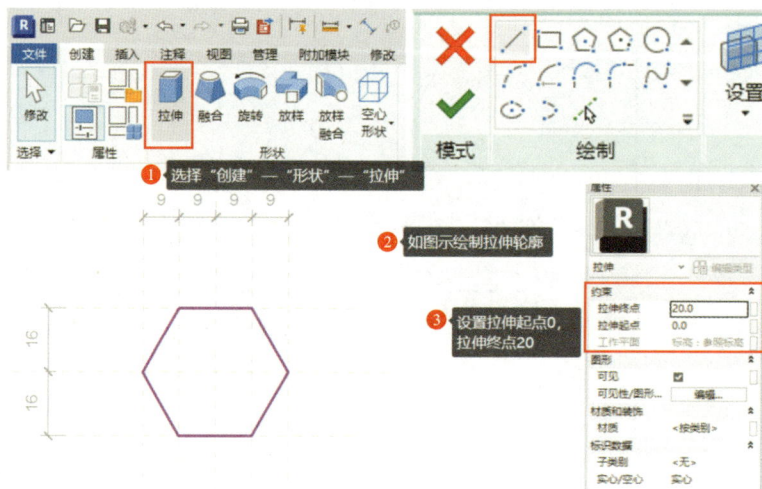

图 11-1-3　螺母实体部分的创建

完成创建的螺母实体部分如图 11-1-4 所示。

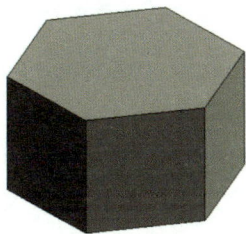

图 11-1-4　螺母实体三维图

4. 绘制螺母空心部分

双击项目浏览器中"楼层平面：参照标高"，打开该视图。单击"创建"选项卡，在"形状"面板中选择"空心形状"命令，在下拉按钮中找到"空心拉伸"，确认绘制方式为"圆形"，如图 11-1-5 所示完成空心拉伸轮廓的创建，在属性面板中设置起点为 0，终点为 20，完成螺母空心部分的创建，操作如图 11-1-5 所示。

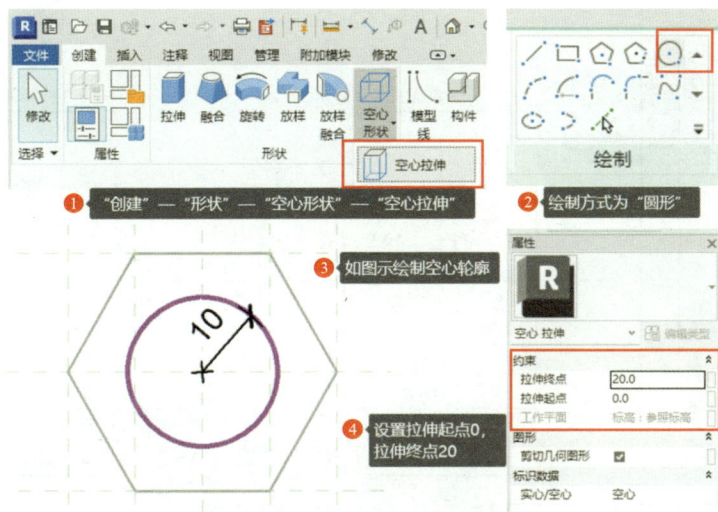

图 11-1-5　螺母空心部分的创建

如图 11-1-6 所示，完成螺母模型的创建。

5. 保存螺母族

点击 Revit 2024"文件"菜单按钮中的下拉列表，选择"另存为"中的"族"，打开"另存为"对话框，保存螺母族。

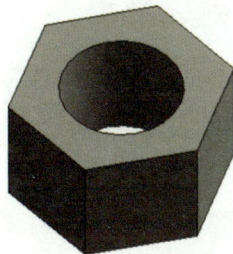

图 11-1-6　螺母模型三维图

实训二　陶立克柱的创建

实训任务

根据图 11-2-1 给定尺寸，用构建集形式建立陶立克柱的实体模型，并以"陶立克柱"为文件名保存到考生文件夹中。

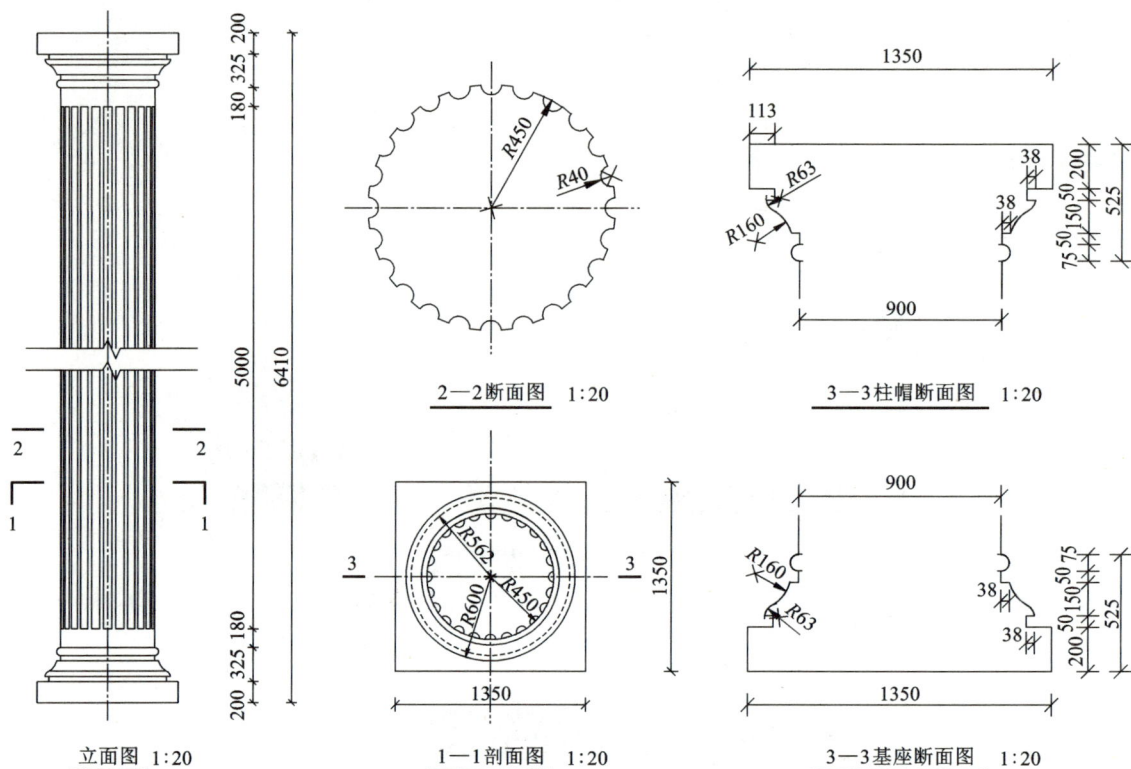

图 11-2-1　陶立克柱模型图纸

操作提示

1. 打开族编辑器

点击 Revit 2024"文件"菜单中的"新建"按钮，选择"族"，弹出族样板文件，选择"公制常规模型"族样板，进入族编辑模式。

2. 创建陶立克柱基座（图 11-2-2）

单击"创建"选项卡，在"形状"面板中选择"拉伸"命令，确认绘制方式为"拾取线"，根据

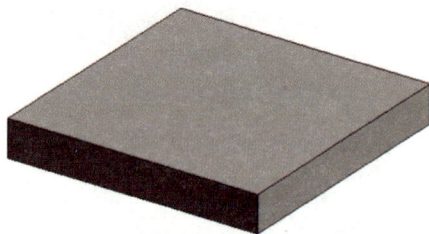

图 11-2-2　陶立克柱基座示意图

图 11-2-3 所示尺寸完成拉伸轮廓的创建，在属性面板中设置起点为 0，终点为 200，完成陶立克柱基座的创建。

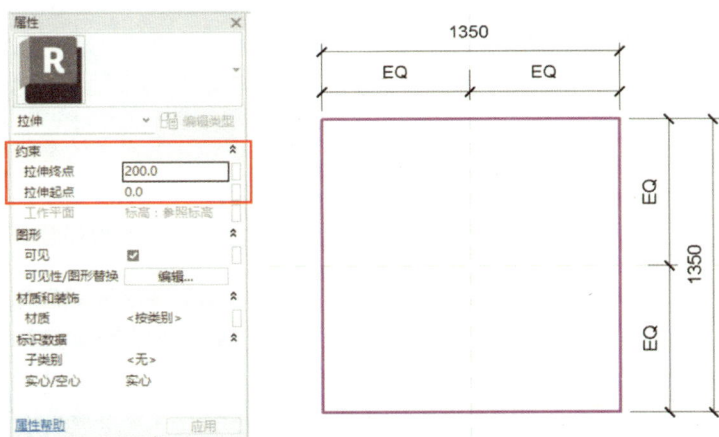

图 11-2-3　陶立克柱基座的创建

3. 创建陶立克柱下部

（1）切换到"立面（立面 1）：前"视图，单击"创建"选项卡，在"形状"面板中选择"旋转"命令，选择"绘制"选项卡中的"边界线"按钮，绘制方式为"线"，具体操作根据图 11-2-4 所示尺寸完成边界线的创建。

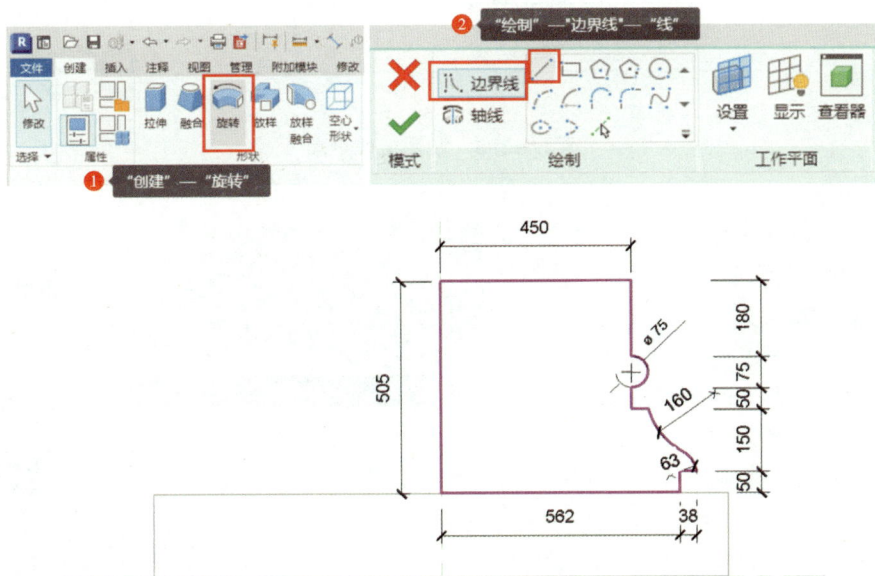

图 11-2-4　陶立克柱下部边界线的创建

（2）点击"绘制"选项卡中的"轴线"命令，选择"拾取线"，拾取图 11-2-5 所示轴线，点击"完成"编辑模式，完成陶立克柱下部的创建。

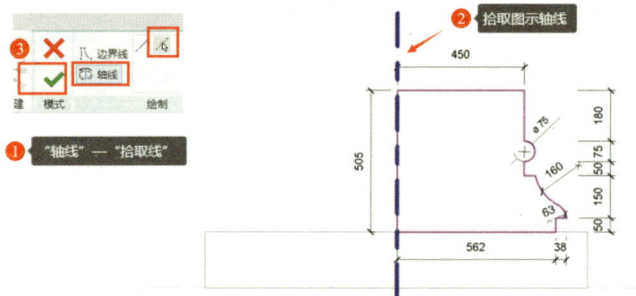

图 11-2-5　拾取旋转轴线

4.创建陶立克柱中部

（1）设置工作平面。切换到"立面（立面 1）：前"视图，点击"创建"选项卡，选择"工作平面→设置"，在下拉按钮中选择"拾取一个平面"，拾取图 11-2-6 所示陶立克柱下部的顶面作为工作平面。

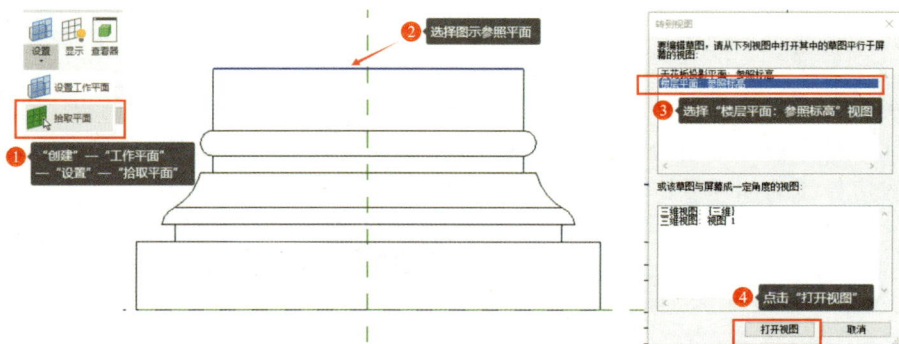

图 11-2-6　设置工作平面

（2）创建实心拉伸体。单击"创建"选项卡，在"形状"面板中选择"拉伸"命令，确认绘制方式为"圆形"，绘制半径为 450 的圆形轮廓，在属性面板中设置起点为 0，终点为 5000，完成陶立克柱中部实心拉伸体的创建。

（3）创建空心拉伸体。单击"创建"选项卡，在"形状"面板中选择"空心形状"命令，在下拉菜单中找到"空心拉伸"，确认绘制方式为"圆形"，绘制半径为 40 的空心拉伸轮廓，在属性面板中设置起点为 0，终点为 5000，操作如图 11-2-7 所示。

（4）阵列空心拉伸体。选择上一步

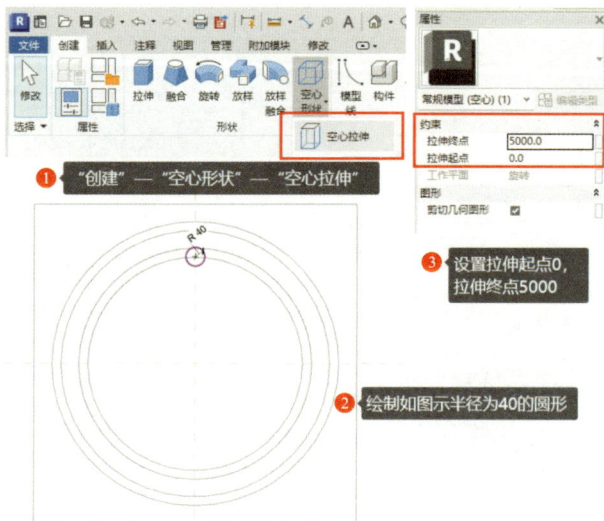

图 11-2-7　空心拉伸

创建的空心拉伸体，点击"修改"选项卡中的"阵列"命令，选择阵列方式为"半径 "，取消"成组并关联"，设置项目数为"24"，选择移动到"最后一个"，点击旋转中心的"地点"，选择图11-2-8所示中心作为空心拉伸体阵列的中心，输入角度为"360"，按回车，完成空心拉伸体的阵列。

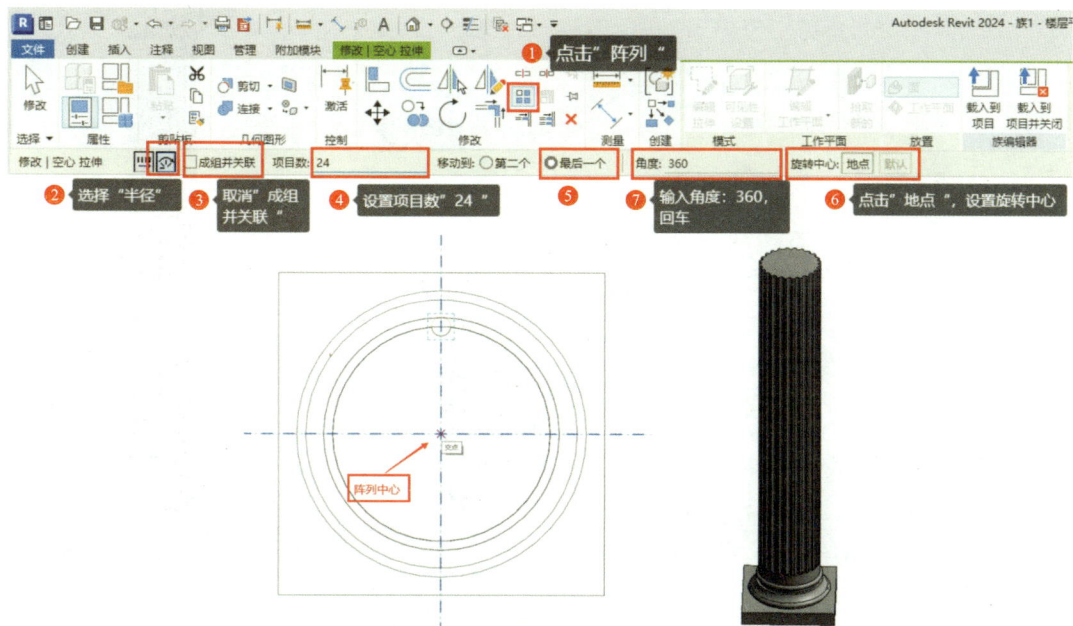

图 11-2-8　阵列空心拉伸体

5. 创建陶立克柱柱帽部分

（1）切换到"立面（立面1）：前"视图，单击"创建"选项卡，在"基准"面板中选择"参照平面"命令，绘制如图11-2-9所示参照平面，调整参照平面到参照标高的距离为3205。配合"Ctrl"键选中之前创建的陶立克柱基座和下部，在弹出的"修改"面板中选择"镜像-拾取轴"，拾取刚刚创建的参照平面，完成镜像。

（2）镜像完成后，需要调整柱帽的位置。选中柱帽，在属性面板中将"约束"的"拉伸终点"修改为"-200"，即可调整柱帽的位置，操作如图11-2-10所示。

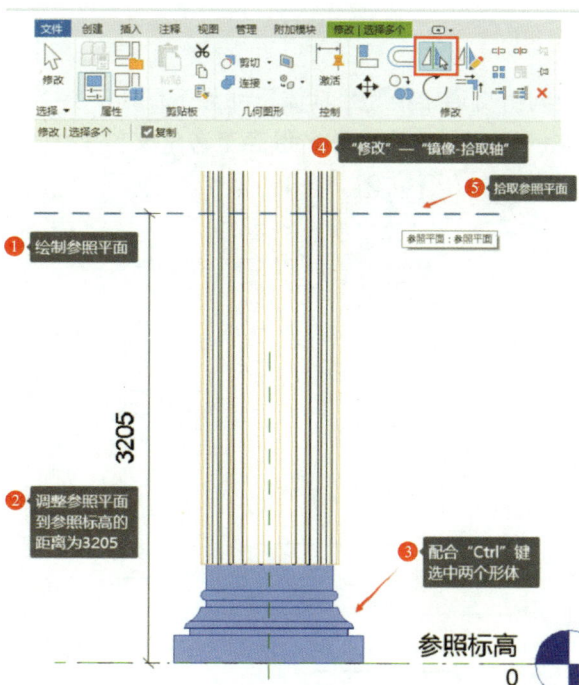

图 11-2-9　"镜像"命令创建柱帽部分

6. 保存陶立克柱族

点击 Revit 2024"文件"菜单按钮下拉列表，选择"另存为"中的"族"，打开"另存为"对话框，保存"陶立克柱.rfa"文件，绘制完成的陶立克柱如图 11-2-11 所示。

图 11-2-10 调整柱帽位置

图 11-2-11 陶立克柱示意图

实训三 仿交通锥的创建

实训任务

绘制仿交通锥模型，具体尺寸如下图 11-3-1 给定的投影图尺寸所示，创建完成后以"仿交通锥+考生姓名"为文件名保存至考生文件夹中。

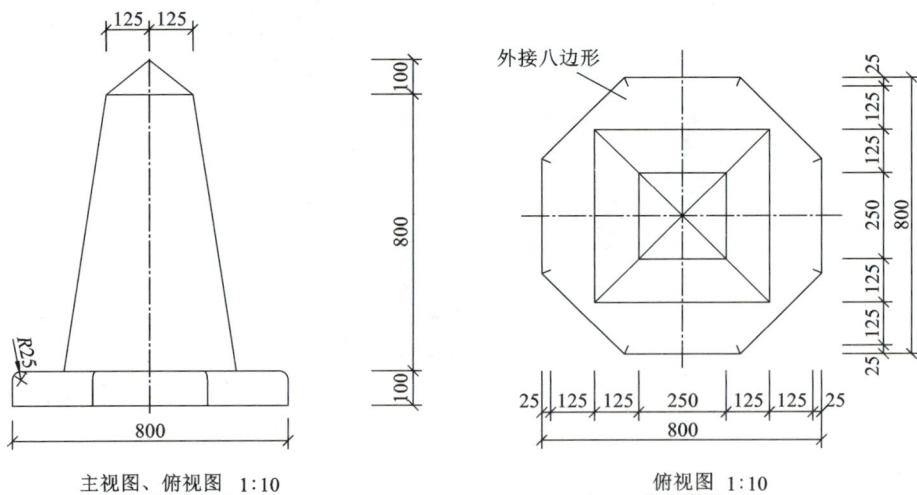

主视图、俯视图 1:10

俯视图 1:10

图 11-3-1 仿交通锥模型示意图

操作提示

1. 打开族编辑器

点击Revit 2024"文件"菜单中的"新建"按钮,选择"族",弹出族样板文件,选择"公制常规模型"族样板,进入族编辑模式。

2. 创建仿交通锥底座

(1)绘制放样路径。单击"创建"选项卡,在"形状"面板中选择"放样"命令,在弹出的"修改|放样"选项卡中选择"绘制路径",确定绘制样式为"外接多边形",修改多边形边数为"8",勾选"半径",输入"400"。选择两个参照平面的交点作为外接多边形的起点,再次拾取竖向的参照平面放置外接多边形,点击"完成编辑模式",完成放样路径的绘制,具体操作如图11-3-2所示。

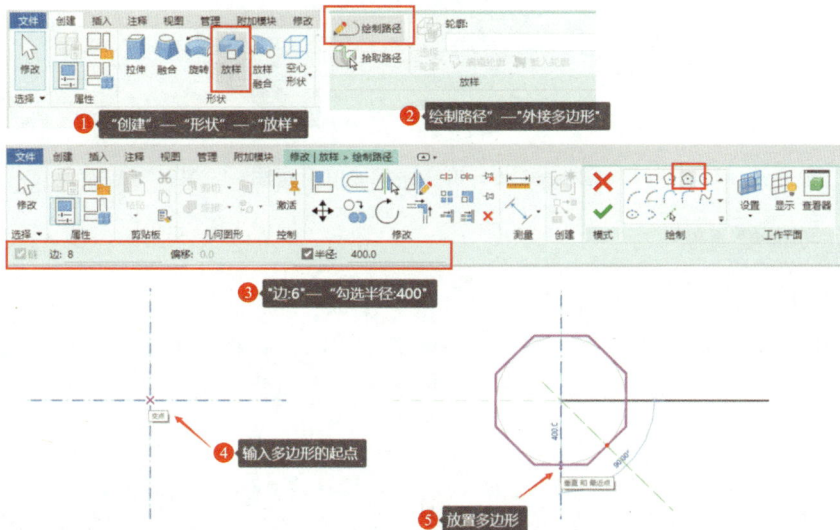

图11-3-2 绘制底座放样路径

(2)编辑放样轮廓。单击"放样"选项卡中的"编辑轮廓"命令,在弹出的"转到视图"窗口中选择"三维视图:视图1",打开该视图,操作如图11-3-3所示。

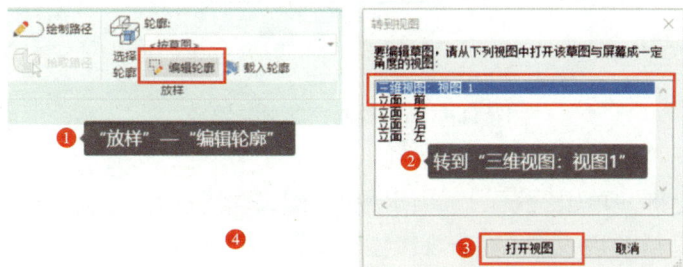

图11-3-3 编辑底座放样路径

在三维视图中，按照图 11-3-4 所示尺寸绘制放样轮廓。两次点击"完成编辑模式 ✔"，完成仿交通锥底座的绘制，如图 11-3-5 所示。

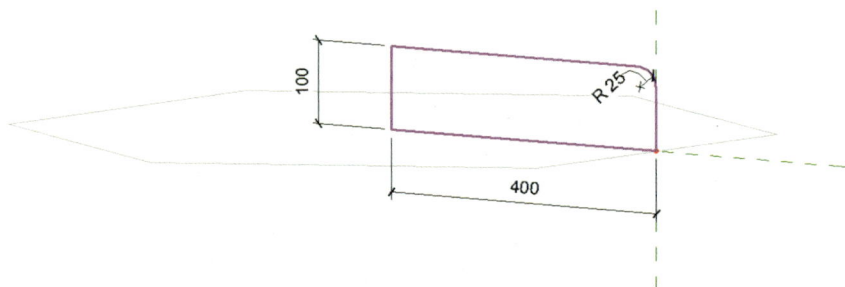

图 11-3-4　绘制底座放样轮廓

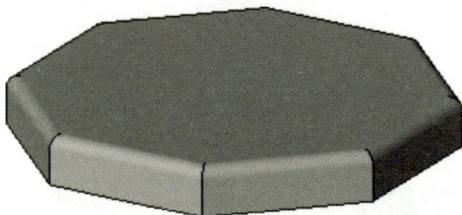

图 11-3-5　仿交通锥底座示意图

3. 创建仿交通锥顶部

（1）绘制放样路径。双击项目浏览器中"楼层平面：参照标高"，打开该视图。单击"创建"选项卡，在"形状"面板中选择"放样"命令，在弹出的"修改 | 放样"选项卡中选择"绘制路径"，确定绘制样式为"线"，绘制如图 11-3-6 所示边长为 500 的正方形路径，中心对齐，点击"完成编辑模式"。

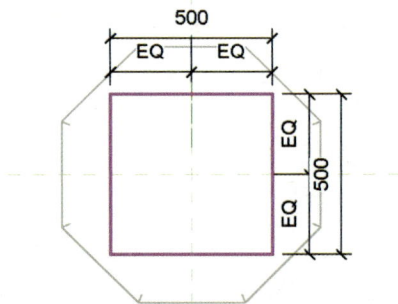

图 11-3-6　绘制顶部放样路径

（2）编辑放样轮廓。单击"放样"选项卡中的"编辑轮廓"命令，在弹出的"转到视图"窗口中选择"立面：右"，打开该视图，在右视图中，按照图 11-3-7 所示尺寸绘制放样轮廓。两次点击"完成编辑模式 ✔"，完成仿交通锥顶部的绘制。

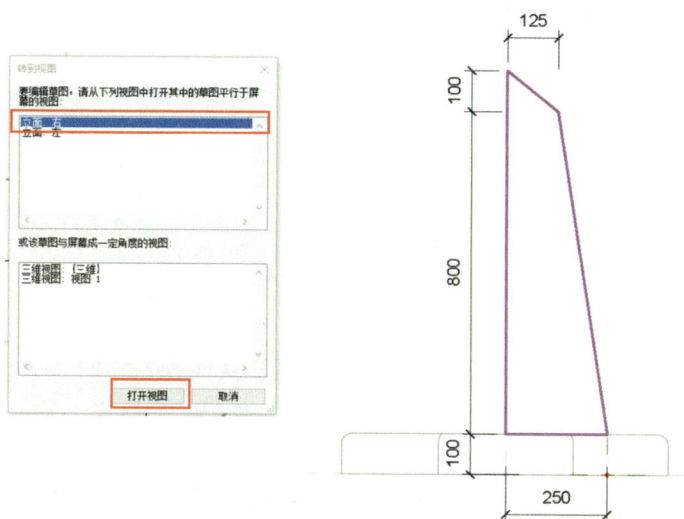

图 11-3-7　绘制顶部放样轮廓

4. 保存仿交通锥族

点击 Revit 2024"文件"菜单按钮下拉列表，选择"另存为"中的"族"，打开"另存为"对话框，保存"仿交通锥.rfa"文件，绘制完成的仿交通锥如图 11-3-8 所示。

图 11-3-8　仿交通锥模型三维图

项目十二　体量

在 Revit 2024 中设计项目，可以从标高和轴网开始，根据标高和轴网信息建立墙、门、窗等模型构件；也可以先建立概念体量模型，体量是指建筑模型的初始设计中使用的三维形状，通过体量研究，可以使用造型形成建筑模型概念，从而探究设计的理念。概念设计完成后，再根据概念体量生成标高、墙、门、窗等三维构件模型，最后再加轴网、尺寸标注等注释信息，完成整个项目。

在 Revit 2024 中，为了创建概念体量而开发了一个操作界面，这个界面专门用来创建概念体量，概念设计环境其实是一种族编辑器，在该环境中，可以使用内建和可载入的体量族图元来创建概念设计模型。

Revit 2024 提供了两种创建体量的方式：外部可载入体量族（简称为体量）和内建概念体量族（简称为内建体量）。内建体量，用于表示项目独特的体量形式。可载入体量族，当一个项目中放置体量的多个实例或者多个项目中需要使用同一体量族时，通常使用可载入体量族。

实训一　柱脚的创建

实训任务

根据图 12-1-1 给定尺寸，用体量方式创建模型，整体材质为混凝土，请将模型以"柱脚"为文件名保存到考生文件夹中。

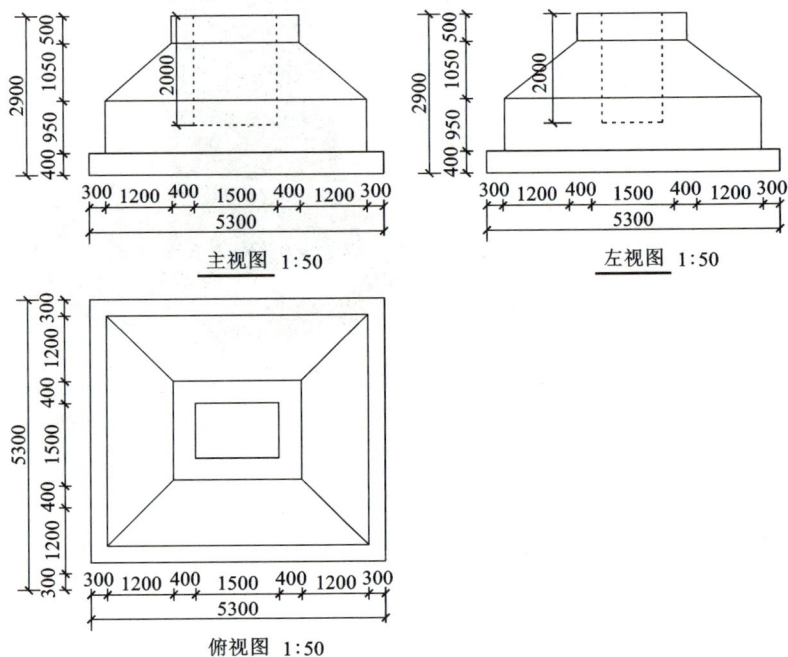

图 12-1-1　柱脚模型图纸

操作提示

1. 打开族编辑器

启动 Revit 2024，在左侧列表中选择"族→新建"命令，弹出"新建族"对话框，选择"公制体量"文件作为族模板，新建"体量"族项目。

2. 创建标高

切换到"立面(立面1)：南"视图中，按照图 12-1-2 所示尺寸，绘制标高。

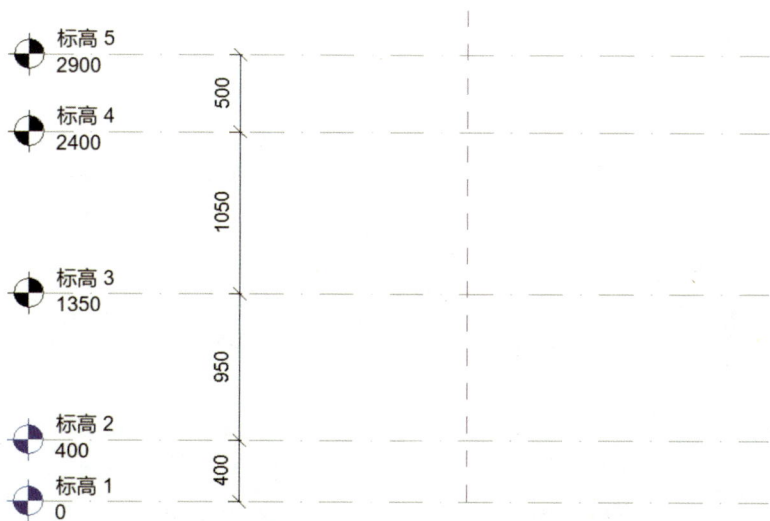

图 12-1-2 绘制标高

3. 创建柱脚基础垫层

（1）切换到"楼层平面：标高1"视图，绘制轮廓1；切换到"楼层平面：标高2"视图，绘制轮廓2。轮廓尺寸和形状如图 12-1-3 所示。

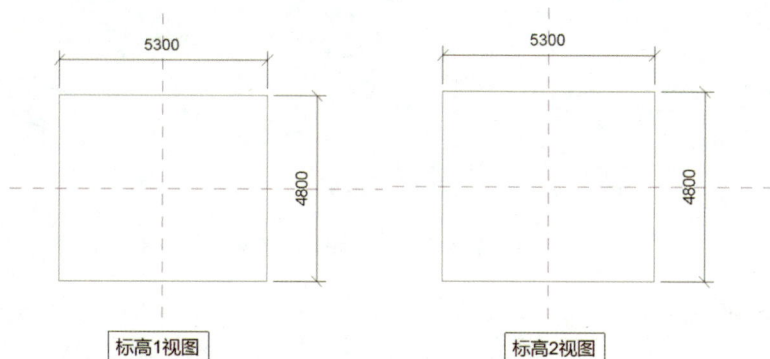

图 12-1-3 绘制轮廓 1 和轮廓 2

（2）切换至"三维视图"，配合"Ctrl"键同时选择"轮廓 1"和"轮廓 2"，如图 12-1-4 所示，单击"形状"面板中的"创建形状"命令，在下拉菜单中选择"实心形状"选项，创建柱脚基础垫层部分。

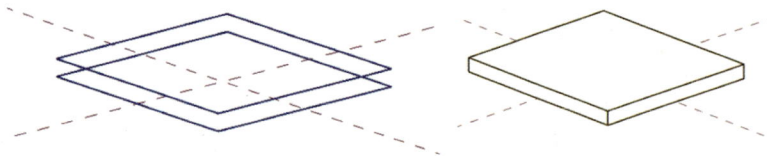

图 12-1-4　创建柱脚基础垫层部分

4. 创建柱脚基础底部

（1）切换到"楼层平面：标高 2"视图，绘制轮廓 3；切换到"楼层平面：标高 3"视图，绘制轮廓 4。轮廓尺寸和形状如图 12-1-5 所示。

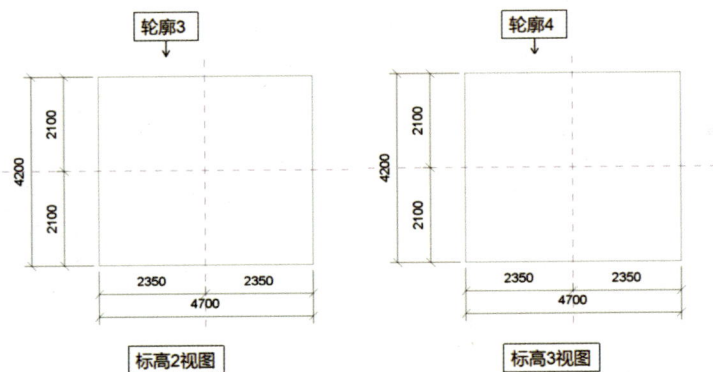

图 12-1-5　绘制轮廓 3 和轮廓 4

（2）切换至"三维视图"，配合"Ctrl"键同时选择"轮廓 3"和"轮廓 4"，如图 12-1-6 所示，单击"形状"面板中的"创建形状"命令，在下拉菜单中选择"实心形状"选项，创建柱脚基础底部。

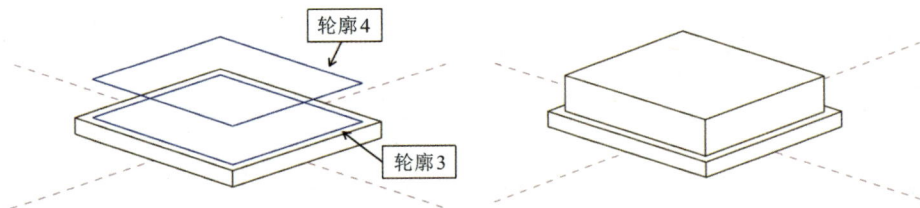

图 12-1-6　创建柱脚基础底部

5. 创建柱脚基础中部

（1）切换到"楼层平面：标高 4"视图，绘制轮廓 5，轮廓尺寸和形状如图 12-1-7 所示。

（2）切换至"三维视图"，配合"Ctrl"键同时选择"轮廓 4"和"轮廓 5"，如图 12-1-8 所

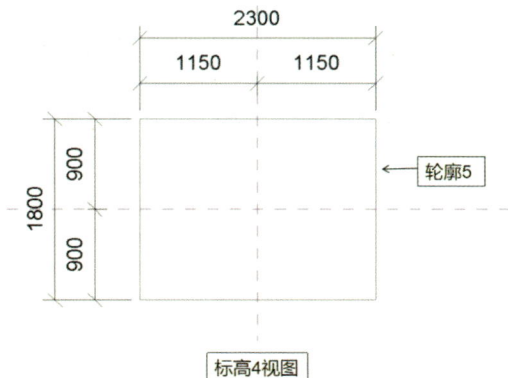

图 12-1-7　绘制轮廓 5

示，单击"形状"面板中的"创建形状"命令，在下拉菜单中选择"实心形状"选项，创建柱脚基础中部。

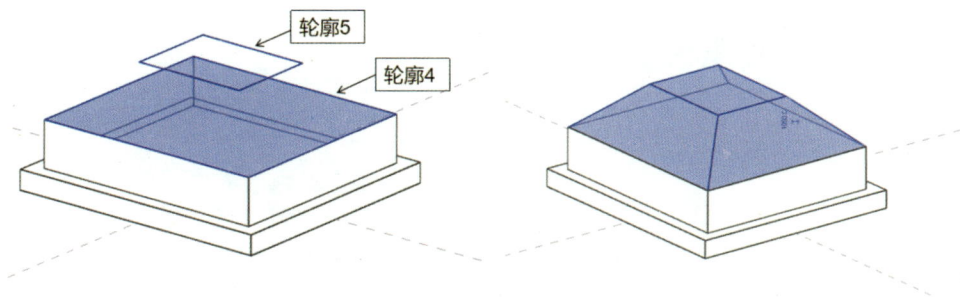

图 12-1-8　柱脚基础中部

6. 创建柱脚基础顶部

（1）切换到"楼层平面：标高 5"视图，绘制轮廓 6，轮廓尺寸和形状如图 12-1-9 所示。

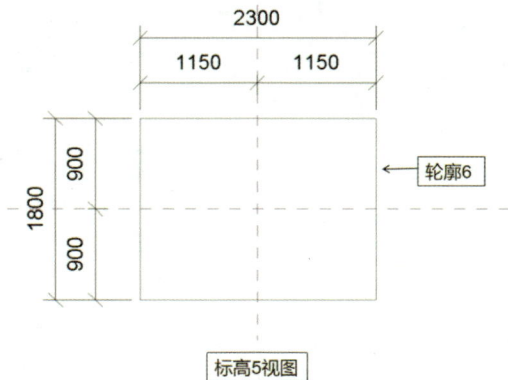

图 12-1-9　绘制轮廓 6

（2）切换至"三维视图"，配合"Ctrl"键同时选择"轮廓 5"和"轮廓 6"，如图 12-1-10 所示，单击"形状"面板中的"创建形状"命令，在下拉菜单中选择"实心形状"选项，创建柱脚基础顶部。

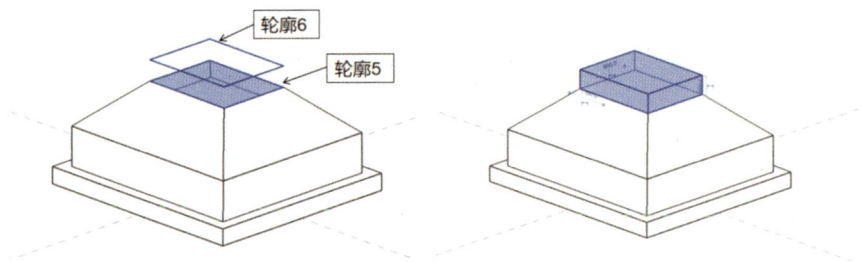

图 12-1-10　创建柱脚基础顶部

7. 连接基础各组成部分

连接基础各组成部分，操作如图 12-1-11 所示。

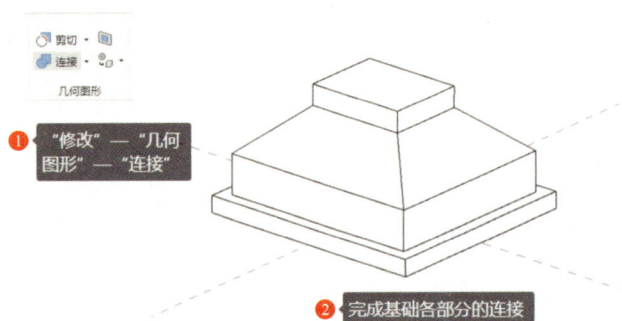

图 12-1-11　连接基础各组成部分

8. 创建柱脚基础空心部分

（1）切换到"立面（立面 1）：南"视图中，用线命令绘制路径，在"楼层平面：标高 5"视图中绘制截面形状，柱脚基础空心部分路径与截面形状如图 12-1-12 所示。

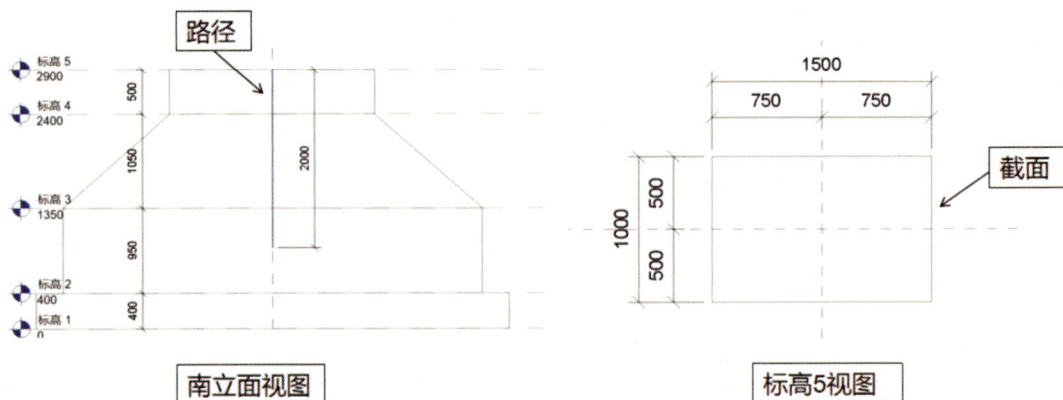

图 12-1-12　空心部分的路径与截面

（2）切换到"三维视图"，选择路径线与截面，单击"形状"面板中的"创建形状"命令，在下拉菜单中选择"空心形状"选项，完成柱脚基础空心部分的创建，如图 12-1-13 所示。

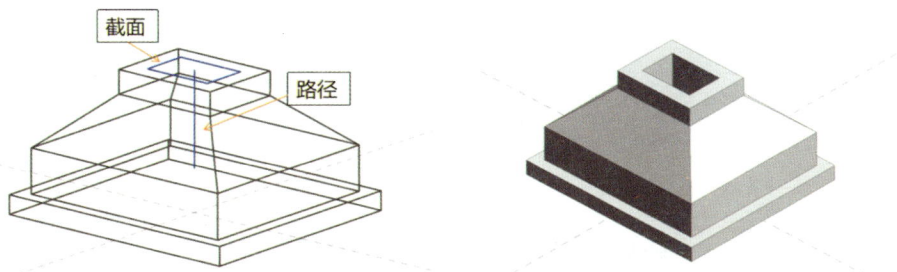

图 12-1-13 创建空心部分

9. 设置柱脚基础材质

（1）选择柱脚基础整体，点击"属性"面板中的"材质→按类别"，弹出 "材质浏览器"对话框。

（2）单击下方的"创建并复制材质"按钮，选择"新建材质"选项，点击"默认为新材质"材质球。单击"默认为新材质"右键，选择"重命名"，在"名称"文本框中输入"混凝土"为材质重命名。

（3）单击"打开/关闭资源浏览器"按钮，在"资源浏览器"对话框中选择一种材质，单击材质右侧"使用此资源替换编辑器中的当前资源 ⇄ "按钮，将选中的材质设置当前新建的材质，如图 12-1-14 所示。

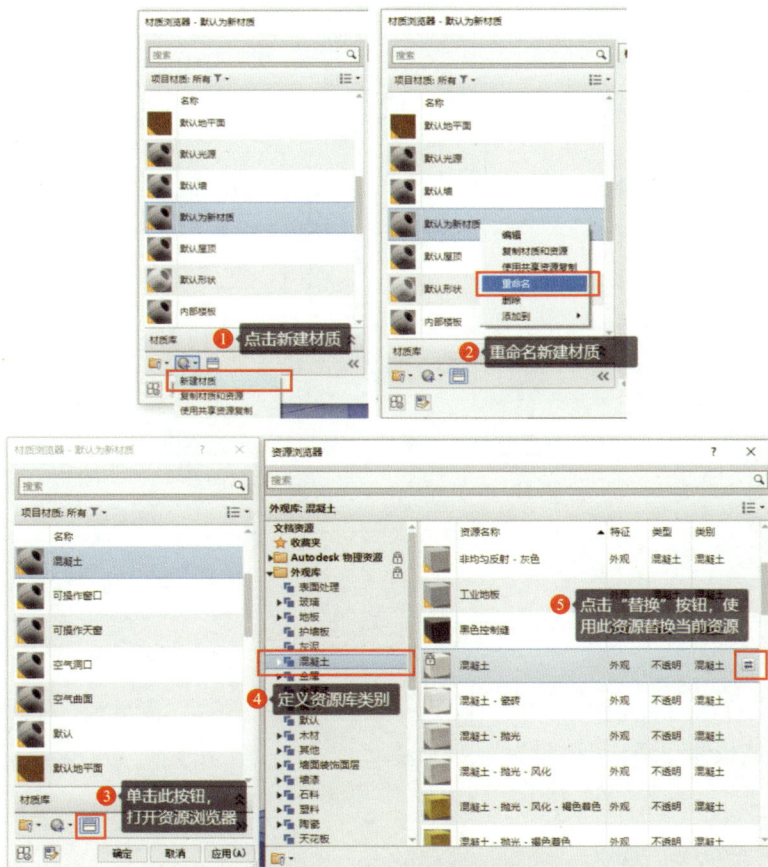

图 12-1-14 设置柱脚材质

10. 保存柱脚族

点击 Revit 2024 文件菜单按钮下拉列表中的"另存为"，选择"族"，打开"另存为"对话框，保存"柱脚.rfa"文件。

实训二　仿央视大厦的创建

实训任务

用体量创建下图 12-2-1 中的"仿央视大厦"模型，请将模型以"仿央视大厦"为文件名保存到考生文件夹中。

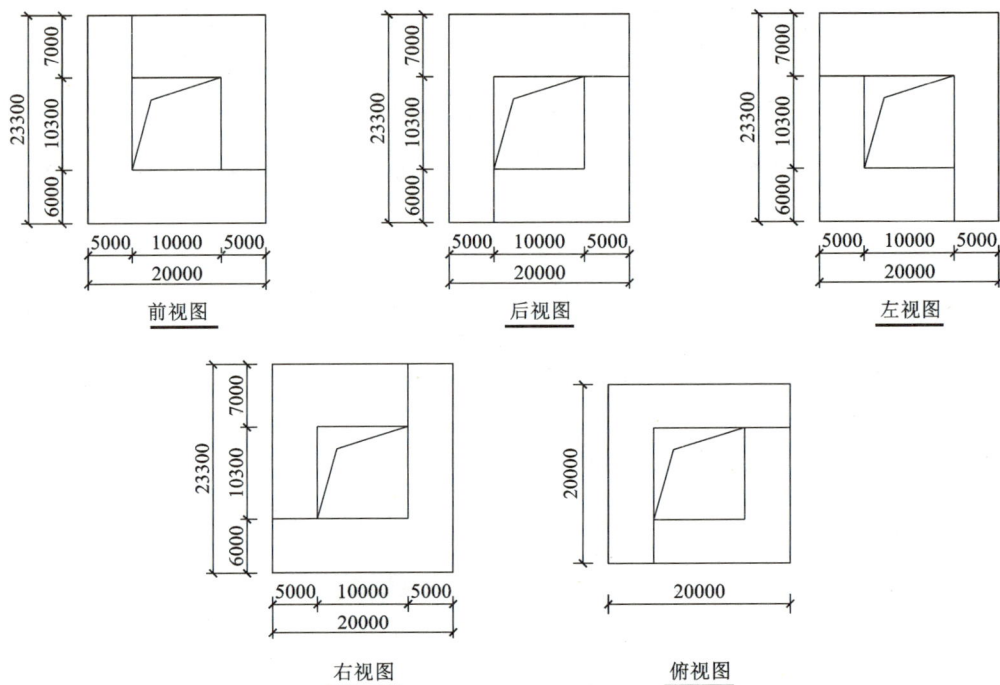

图 12-2-1　仿央视大厦模型图纸

操作提示

1. 打开族编辑器

启动 Revit 2024，在左侧列表中选择"族→新建"命令，弹出"新建族"对话框，选择"公制体量"文件作为族模板，新建"体量"族项目。

2. 创建标高

切换到"立面（立面1）：南"视图中，按照图示尺寸，绘制标高，如图 12-2-2 所示。

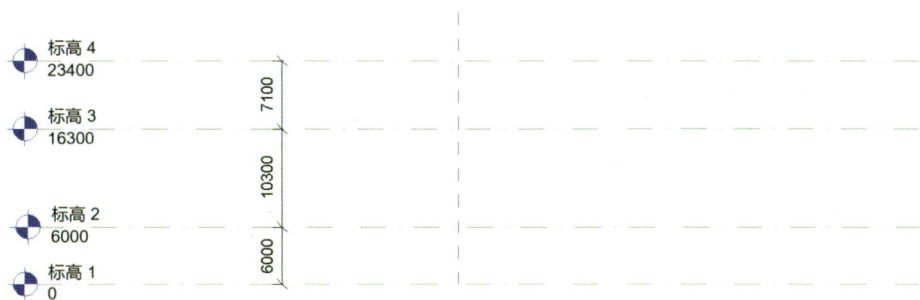

图 12-2-2 绘制标高

3.创建仿央视大厦实心形状

（1）切换至"楼层平面：标高 1"视图，绘制轮廓 1；切换到"楼层平面：标高 4"视图，绘制轮廓 2，轮廓尺寸和形状如图 12-2-3 所示。

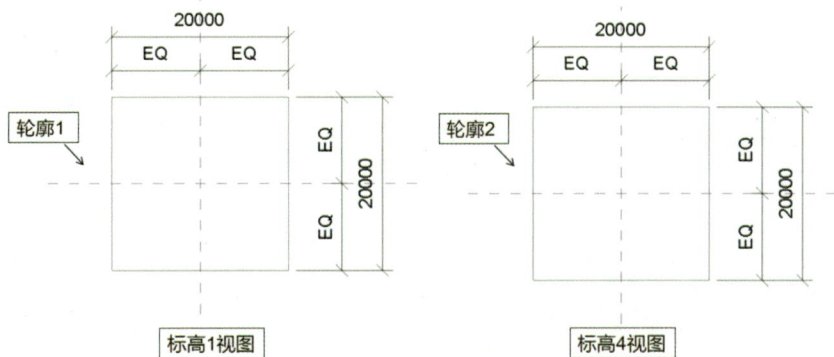

图 12-2-3 绘制轮廓 1 和轮廓 2

（2）切换至"三维视图"，配合"Ctrl"键同时选择"轮廓 1"和"轮廓 2"，单击"形状"面板中的"创建形状"命令，在下拉菜单中选择"实心形状"选项，完成仿央视大厦实心形状的创建。操作如图 12-2-4 所示。

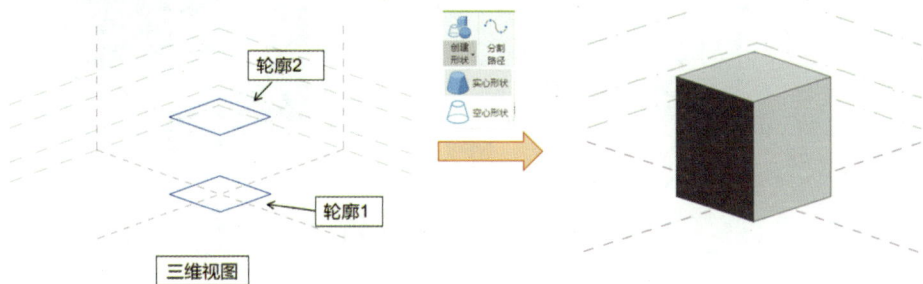

图 12-2-4 创建仿央视大厦实心形状

4.创建仿央视大厦空心形状

（1）双击项目浏览器中的"楼层平面：标高 2"，打开该视图，再次单击"楼层平面：标高 2"，在属性面板中找到"底图"，将"范围：底部标高"修改为"标高 1"，在"标高 1"的底图之上绘制轮廓 3；切换至"楼层平面：标高 4"视图，绘制轮廓 4，轮廓尺寸和形状如图 12-2-5 所示。

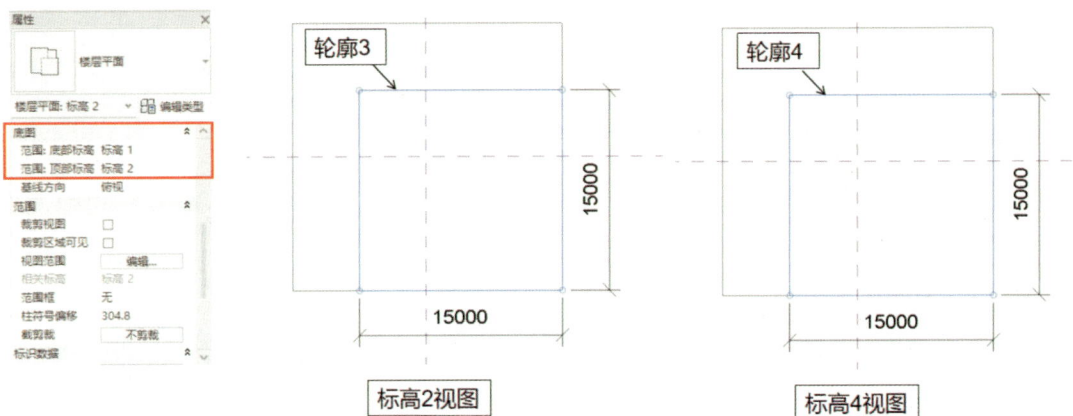

图 12-2-5 绘制轮廓 3 和轮廓 4

（2）切换至"三维视图"，配合"Ctrl"键同时选择"轮廓 3"和"轮廓 4"，单击"形状"面板中的"创建形状"命令，在下拉菜单中选择"空心形状"选项，完成仿央视大厦第一个空心形状的创建。操作如图 12-2-6 所示。

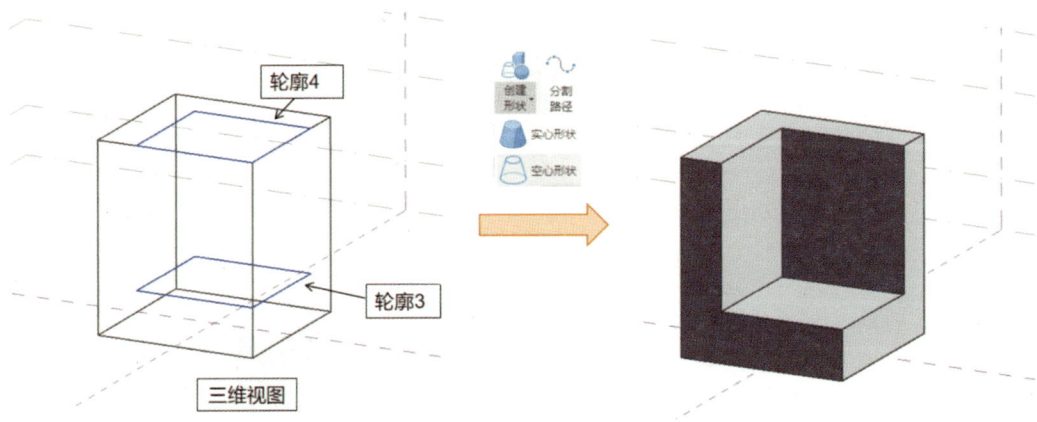

图 12-2-6 创建仿央视大厦空心形状一

（3）切换至"楼层平面：标高 1"视图，在视图控制栏中将"视图样式"修改为"线框"，绘制轮廓 5；切换至"楼层平面：标高 3"视图，绘制轮廓 6。轮廓尺寸和形状如图 12-2-7 所示。

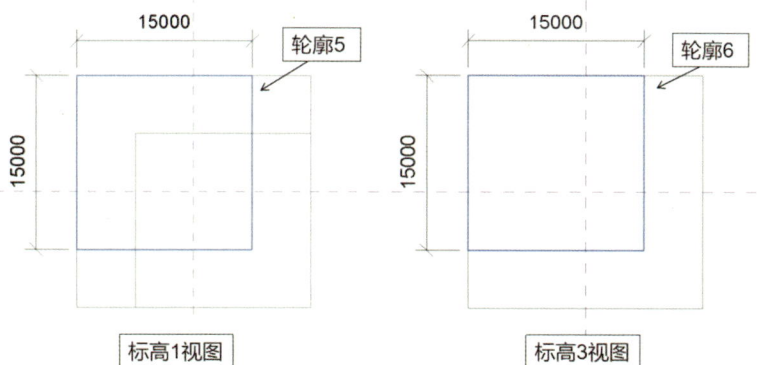

图 12-2-7　绘制轮廓 5 和轮廓 6

（4）切换至"三维视图"，配合"Ctrl"键同时选择"轮廓 5"和"轮廓 6"，单击"形状"面板中的"创建形状"命令，在下拉菜单中选择"空心形状"选项，完成仿央视大厦族的创建。操作如图 12-2-8 所示。

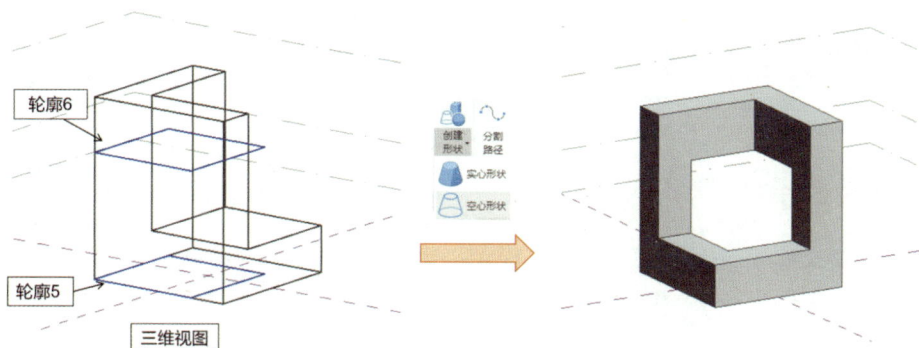

图 12-2-8　创建仿央视大厦空心形状二

5. 保存仿央视大厦族

点击 Revit 2024"文件"菜单按钮下拉列表中的"另存为"，选择"族"，打开"另存为"对话框，保存"仿央视大厦.rfa"文件。

实训三　建筑形体的创建

实训任务

根据下图 12-3-1 给定数值创建体量模型，包括幕墙、楼板和屋顶，其中幕墙网格尺寸为 1500×3000 mm，屋顶厚度为 125 mm，楼板厚度为 150 mm，请将模型"建筑形体"改为文件名保存到考生文件夹中。

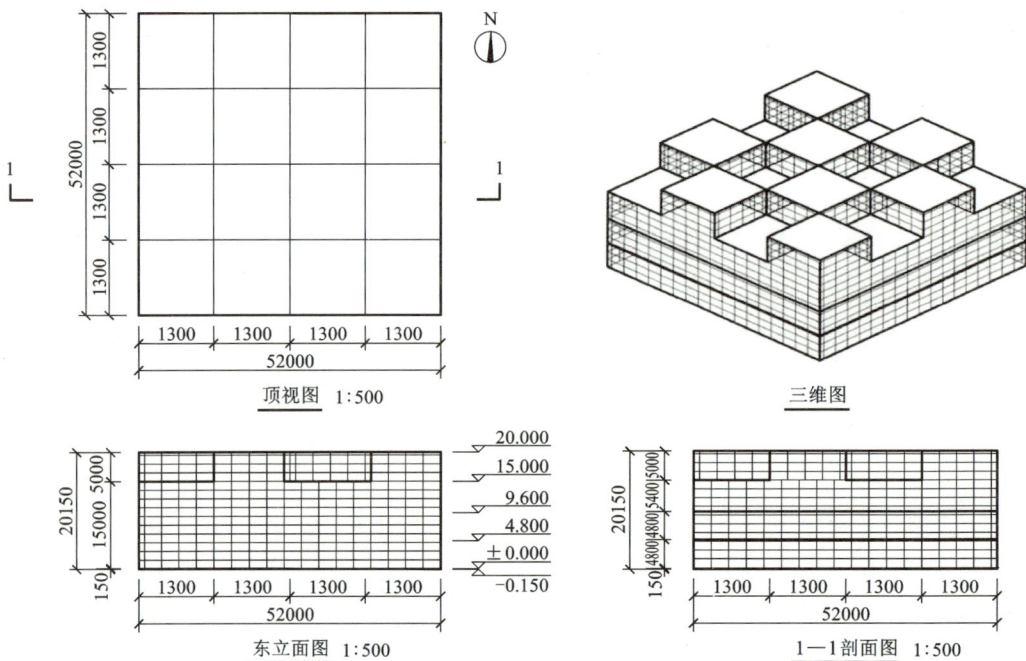

图 12-3-1　建筑形体图纸

操作提示

1. 新建建筑项目

启动 Revit 2024，在左侧列表中选择"模型→新建"命令，弹出"新建项目"对话框，选择"建筑项目"样板文件为模板，新建建筑项目。

2. 创建标高

切换到"立面（立面 1）：南"视图中，按照图 12-3-2 所示尺寸，绘制标高。

图 12-3-2　绘制标高

3. 创建"建筑形体"内建体量

（1）单击"体量和场地"选项卡，在概念体量面板中选择"内建体量"，在弹出的对话框中将体量命名为"建筑形体"。如图 12-3-3 所示。

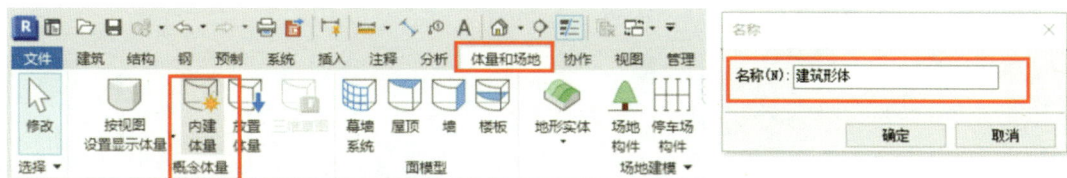

图 12-3-3　创建内建体量

（2）切换到"楼层平面：标高 1"视图，在"创建"选项卡中的"绘制"面板中确认绘制样式为"线"，绘制如图 12-3-4 所示模型线 1，选择"模型线 1"，单击"形状"面板中的"创建形状"命令，在下拉菜单中选择"实心形状"选项，完成实心形状的创建。

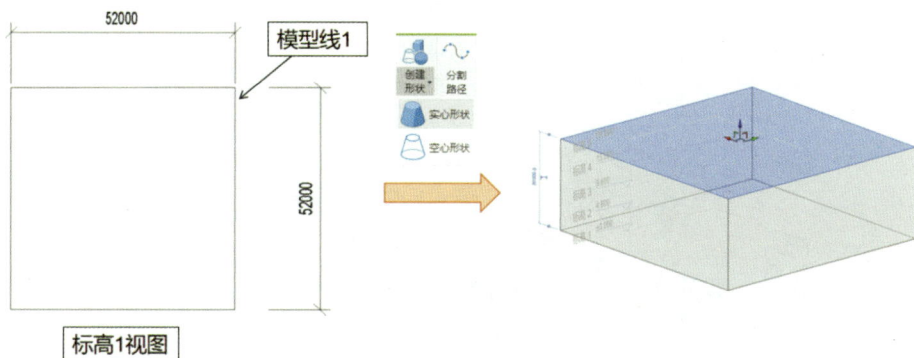

图 12-3-4　创建实心体量

（3）切换至三维视图，查看创建完成的实心形状的高度。配合"Tab"键选择形体上表面，拖动操纵柄，将形体高度修改为 20000。如图 12-3-5 所示。

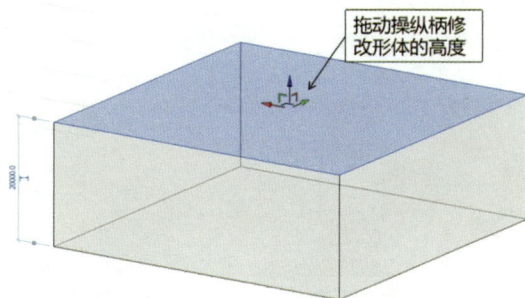

图 12-3-5　修改实心体量的高度

（4）切换到"楼层平面：标高 4"视图中，在"创建"选项卡中的"绘制"面板中确认绘制样式为"线"，绘制如图 12-3-6 所示模型线 2，选择模型线 2，单击"形状"面板中的"创建形状"命令，在下拉菜单中选择"空心形状"选项，完成空心形状的创建。

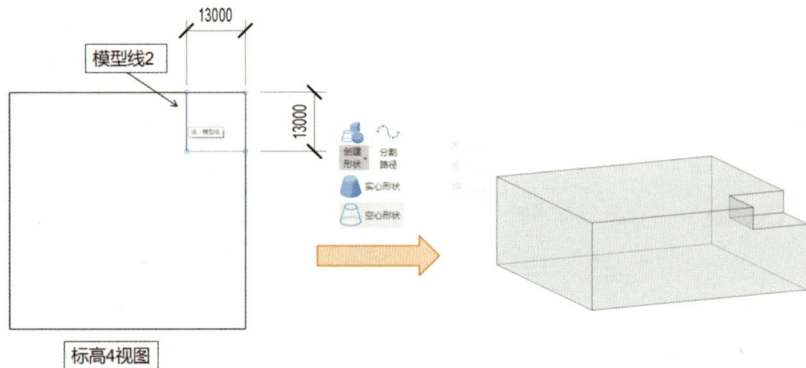

图 12-3-6　创建空心体量

（5）切换至三维视图，查看创建完成的空心形状的高度。配合"Tab"键选择空心形体上表面，拖动操纵柄，将形体高度修改为 5000。操作如图 12-3-7 所示。

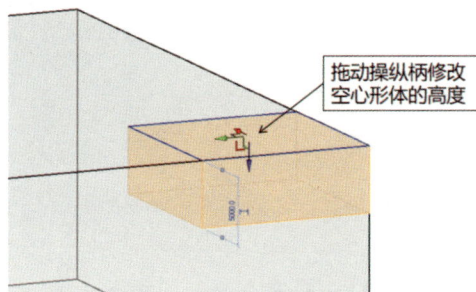

图 12-3-7　修改空心体量的高度

（6）按照同样方法，完成如图 12-3-8 黄色部分所示所有空心形体的创建，或采用复制的方法，创建所有的空心形体。点击"完成体量"命令，完成内建体量的创建。

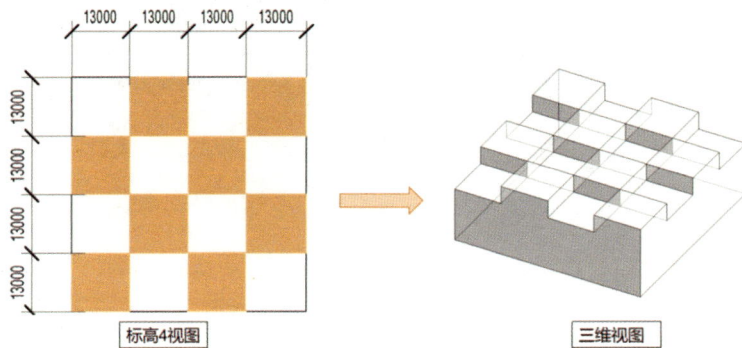

图 12-3-8　创建所有的空心体量

4. 创建体量楼层

选择体量，系统自动切换到"修改|体量"上下文关联选项卡，单击"模型"面板中的"体量楼层"命令，选择"标高1、标高2和标高3"三个标高，创建体量楼层，如图12-3-9所示。

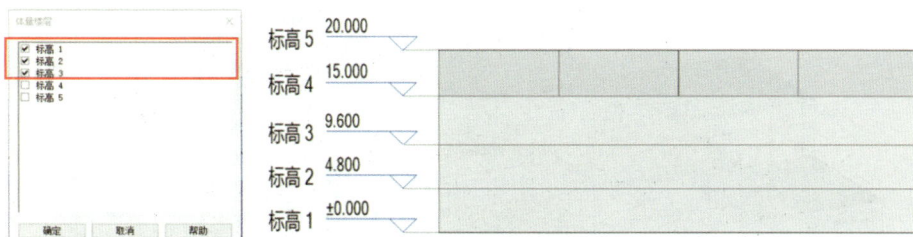

图 12-3-9 创建体量楼层

5. 创建体量楼板

单击"体量和场地"选项卡，选择"面模型"面板中的"楼板"命令，选择三个体量楼层，属性栏内选择"常规-150 mm"楼板，单击"创建楼板"命令，为建筑形体创建出体量楼板。操作如图12-3-10所示。

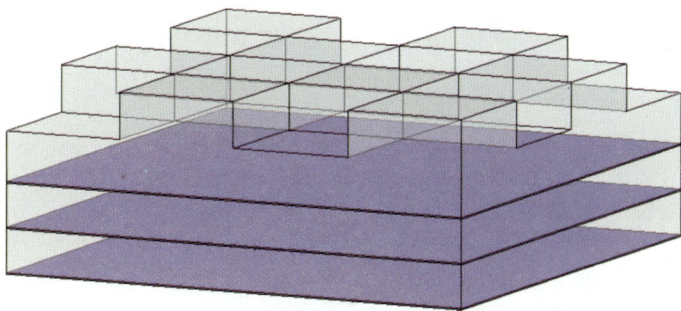

图 12-3-10 创建体量楼板

6. 创建体量屋顶

单击"体量和场地"选项卡，选择"面模型"面板中的"屋顶"命令，属性栏内选择"常规-125 mm"屋顶，拾取如图12-3-11所示所有绿色部分，单击"创建楼板"命令，为建筑形体创建出体量楼板。

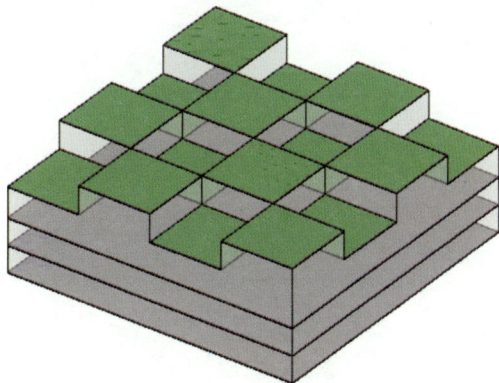

图 12-3-11 创建体量屋顶

（1）创建体量幕墙。单击"体量和场地"选项卡，选择"面模型"面板中的"幕墙系统"命令，在属性面板中，选择"1500×3000 mm"幕墙，依次拾取所有外墙面，单击"创建系统"命令，即可创建体量幕墙。幕墙效果如图 12-3-12 所示。

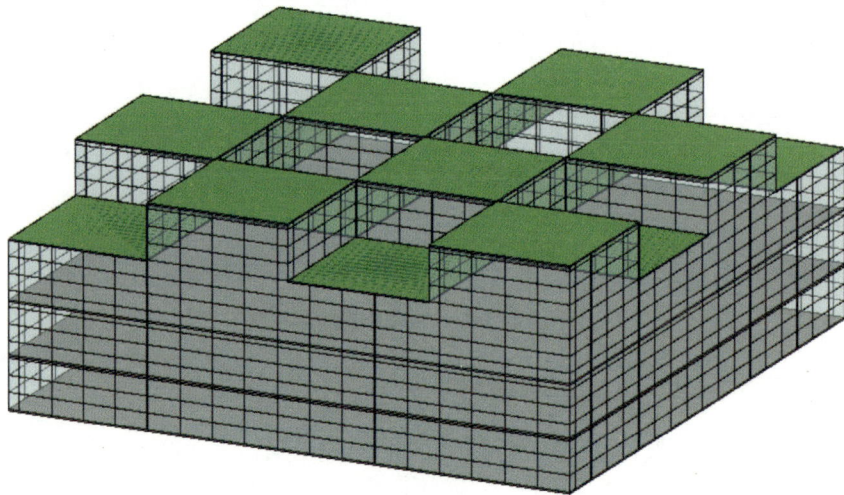

图 12-3-12　创建体量幕墙

（2）保存建筑形体模型。点击 Revit 2024 "文件"菜单按钮下拉列表，选择"另存为"项目，保存"建筑形体.rvt"文件。

参考文献

[1]柏慕进业.Autodesk Revit Architecture 2015 标准教程[M].北京：电子工业出版社，2015.

[2]廖小烽，王君峰.Revit 2013/2014 建筑设计火星课堂[M].北京：人民邮电出版社，2013.

[3]黄亚斌，徐钦.Autodesk Revit Architecture 实例详解[M].北京：中国水利水电出版社，2013.

[4]肖春红.Autodesk Revit Architecture 2015 中文版实操实练[M].北京：电子工业出版社，2015.

[5]何波.Revit 与 Navisworks 实用疑难 200 问[M].北京：中国建筑工业出版社，2015.

[6]刘孟良.建筑信息模型（BIM）AUTODESK REVIT 2019 全专业建模[M].北京：中国建筑工业出版社，2019.

[7]周佶，王静.建筑信息模型（BIM）建模技术[M].北京：高等教育出版社，2020.

[8]王君峰.建筑结构 BIM 设计思维课堂[M].北京：机械工业出版社，2023.

[9]陈瑜."1+X"建筑信息模型（BIM）职业技能等级证书学生手册（初级）[M].北京：高等教育出版社，2020.

[10]中华人民共和国住房和城乡建设部.建筑信息模型分类和编码标准[M].北京：中国建筑工业出版社，2018.

[11]中华人民共和国住房和城乡建设部.房屋建筑制图统一标准[M].北京：中国建筑工业出版社，2018.

[12]安娜，王全杰.BIM 建模基础[M].北京：北京理工大学出版社，2020.

[13]胡仁喜，刘炳辉.Revit 2020 中文版从入门到精通[M].北京：人民邮电出版社，2020.

图书在版编目(CIP)数据

建筑信息模型(BIM) Revit Architecture 2024 操作
教程 / 刘孟良主编. —长沙：中南大学出版社，
2024.5

ISBN 978-7-5487-5838-9

Ⅰ. ①建… Ⅱ. ①刘… Ⅲ. ①建筑设计—计算机辅助
设计—应用软件—高等职业教育—教材 Ⅳ. ①TU201.4

中国国家版本馆 CIP 数据核字(2024)第 096089 号

建筑信息模型(BIM)
Revit Architecture 2024 操作教程

刘孟良　主编

□出 版 人	林绵优	
□责任编辑	周兴武	
□责任印制	李月腾	
□出版发行	中南大学出版社	
	社址：长沙市麓山南路	邮编：410083
	发行科电话：0731-88876770	传真：0731-88710482
□印　　装	湖南省众鑫印务有限公司	

□开　　本	787 mm×1092 mm 1/16	□印张 15	□字数 378 千字
□版　　次	2024 年 5 月第 1 版	□印次 2024 年 5 月第 1 次印刷	
□书　　号	ISBN 978-7-5487-5838-9		
□定　　价	58.00 元		